教育部 财政部职业院校教师素质提高计划
职教师资培养资源开发项目
《机械工程》专业职教师资培养资源开发（VTNE006）
机械工程专业职教师资培养系列教材

数控机床
故障诊断与维修

主　编　王士军　董玉梅

副主编　王　旭　王中营

科学出版社

北　京

内 容 简 介

本书是教育部、财政部机械工程专业职教师资本科培养资源开发项目(VTNE006)规划的主干核心课程教材之一。全书共三个学习情境,按简单到复杂的内容结构体系构建,遵循项目引领任务驱动的行动导向教学理念和工作过程系统化的课程开发理念编写。所选知识点和能力目标对形成中等职业学校机械工程类专业教师岗位职业能力、专业能力和教学能力起到举一反三、触类旁通的促进作用。本书内容丰富,层次清晰,重点突出,重视实践技能的培养。在取材上,通过大量工程实例,力求理论联系实际运用。

本书可作为机械工程专业职教师资本科培养的教材,也可作为从事数控机床故障诊断与维修工作的工程技术人员的参考书。

图书在版编目(CIP)数据

数控机床故障诊断与维修/王士军,董玉梅主编. —北京:科学出版社,2018.4

机械工程专业职教师资培养系列教材

ISBN 978-7-03-055828-2

Ⅰ.①数… Ⅱ.①王… ②董… Ⅲ.①数控机床-故障诊断-中等专业学校-师资培养-教材②数控机床-维修-中等专业学校-师资培养-教材 Ⅳ.①TG659

中国版本图书馆 CIP 数据核字(2017)第 300374 号

责任编辑:邓 静 张丽花 / 责任校对:郭瑞芝
责任印制:吴兆东 / 封面设计:迷底书装

科学出版社 出版
北京东黄城根北街 16 号
邮政编码:100717
http://www.sciencep.com

北京建宏印刷有限公司 印刷
科学出版社发行 各地新华书店经销
*

2018 年 4 月第 一 版 开本:787×1092 1/16
2018 年 4 月第一次印刷 印张:17 3/4
字数:420 000

定价:69.00 元
(如有印装质量问题,我社负责调换)

教育部 财政部职业院校教师素质提高计划成果系列丛书

机械工程专业职教师资培养系列教材

项目牵头单位：山东理工大学

项目负责人：王士军

项目专家指导委员会

主　任：刘来泉

副主任：王宪成　郭春鸣

成　员：(按姓氏笔画排列)

刁哲军　王继平　王乐夫　邓泽民　石伟平　卢双盈

汤生玲　米　靖　刘正安　刘君义　孟庆国　沈　希

李仲阳　李栋学　李梦卿　吴全全　张元利　张建荣

周泽扬　姜大源　郭杰忠　夏金星　徐　流　徐　朔

曹　晔　崔世钢　韩亚兰

丛 书 序

《国家中长期教育改革和发展规划纲要（2010—2020 年）》颁布实施以来，我国职业教育进入加快构建现代职业教育体系、全面提高技能型人才培养质量的新阶段。加快发展现代职业教育，实现职业教育改革发展新跨越，对职业学校"双师型"教师队伍建设提出了更高的要求。为此，教育部明确提出，要以推动教师专业化为引领，以加强"双师型"教师队伍建设为重点，以创新制度和机制为动力，以完善培养培训体系为保障，以实施素质提高计划为抓手，统筹规划，突出重点，改革创新，狠抓落实，切实提升职业院校教师队伍整体素质和建设水平，加快建成一支师德高尚、素质优良、技艺精湛、结构合理、专兼结合的高素质专业化的"双师型"教师队伍，为建设具有中国特色、世界水平的现代职业教育体系提供强有力的师资保障。

目前，我国共有 60 余所高校正在开展职教师资培养，但教师培养标准的缺失和培养课程资源的匮乏，制约了"双师型"教师培养质量的提高。为完善教师培养标准和课程体系，教育部、财政部在职业院校教师素质提高计划框架内专门设置了职教师资培养资源开发项目，中央财政划拨 1.5 亿元，系统开发用于本科专业职教师资培养标准、培养方案、核心课程和特色教材等系列资源。其中，包括 88 个专业项目、12 个资格考试制度开发等公共项目。该项目由 42 家开设职业技术师范专业的高等学校牵头，组织近千家科研院所、职业学校、行业企业共同研发，一大批专家学者、优秀校长、一线教师、企业工程技术人员参与其中。

经过三年的努力，培养资源开发项目取得了丰硕成果。一是开发了中等职业学校 88 个专业(类)职教师资本科培养资源项目，内容包括专业教师标准、专业教师培养标准、评价方案，以及一系列专业课程大纲、主干课程教材及数字化资源；二是取得了 6 项公共基础研究成果，内容包括职教师资培养模式、国际职教师资培养、教育理论课程、质量保障体系、教学资源中心建设和学习平台开发等；三是完成了 18 个专业大类职教师资资格标准及认证考试标准开发。上述成果，共计 800 多本正式出版物。总体来说，培养资源开发项目实现了高效益：形成了一大批资源，填补了相关标准和资源的空白；凝聚了一支研发队伍，强化了教师培养的"校—企—校"协同；引领了一批高校的教学改革，带动了"双师型"教师的专业化培养。职教师资培养资源开发项目是支撑专业化培养的一项系统化、基础性工程，是加强职教师资培养培训一体化建设的关键环节，也是对职教师资培养培训基地教师专业化培养实践、教师教育研究能力的系统检阅。

自 2013 年项目立项开题以来，各项目承担单位、项目负责人及全体开发人员做了大量深入细致的工作，结合职教教师培养实践，研发出很多填补空白、体现科学性和前瞻性的成果，有力推进了"双师型"教师专门化培养向更深层次发展。同时，专家指导委员会的各位专家以及项目管理办公室的各位同志，克服了许多困难，按照教育部、财政部对项目开发工作的总体要求，为实施项目管理、研发、检查等投入了大量时间和心血，也为各个项目提供了专业的咨询和指导，有力地保障了项目实施和成果质量。在此，我们一并表示衷心的感谢。

编写委员会

2016 年 3 月

前　　言

根据教育部、财政部《关于实施中等职业学校教师素质提高计划的意见》(教职成[2006]13号)，山东理工大学"数控技术"省级精品课程教学团队王士军博士主持承担了教育部、财政部机械工程专业职教师资本科培养资源开发项目(VTNE006)，教学团队联合装备制造业专家、企业工程技术人员、全国中等职业学校和高职院校双师型教师、高等学校专业教师、政府管理部门、行业管理和科研等部门的专家学者成立了项目研究开发组，研究开发了机械工程专业专职教师资本科培养资源开发项目规划的核心课程教材之一。

《数控机床故障诊断与维修》的内容体现了中等职业学校机械工程专业培养专业理论水平高、实践教学能力强，在教育教学工作中起"双师型"作用的职教师资。书中内容充分考虑中等职业学校机械工程专业毕业生的就业背景和岗位需求，行业有典型代表性的机电设备及其发展趋势、岗位技能需求、专业教师理论知识、实践技能现状和涉及的国家职业标准等；也充分考虑了该专业中等职业学校专业教师的知识能力现状，将行动导向、工作过程系统化、项目引领、任务驱动等先进的教育教学理念，理实一体化地将多门学科、多项技术和多种技能有机融合在一起。本书将内容与实际工作系统化过程的正确步骤相吻合，既体现了专业领域普遍应用的、成熟的核心技术和关键技能，又包括了本专业领域具有前瞻性的主流应用技术和关键技能，以及行业、专业发展需要的"新理论、新知识、新技术、新方法"。本书撰写到了可操作的层面，每个项目、任务后有归纳总结，使得知识点和能力目标脉络清晰，逻辑性强，对形成职业岗位能力具有举一反三、触类旁通的学习效果，便于职教师资本科生培养的教学实施和学生自学。

全书共有三个学习情境，其结构体系如图1所示。

本书的编写融入了理念、设计、内容、方法、载体、环境、评价和教学策略等要素。它既不是各种技术资料的汇编，也不是培训手册，而是包含了工作过程相关知识，体现完整工作过程，实现教、学、做一体化的教材。本书为"数控机床故障诊断与维修"课程提供了工学结合实施的整体解决方案，书中内容融汇了职教师资本科培养的职业性、专业性和师范性的特点。

本书由山东理工大学的王士军、北京联合大学的董玉梅任主编，天津职业技术师范大学附属技工学校的王旭、河南工业大学的王中营任副主编，山东理工大学的赵国勇和赵庆志、吉林省桦甸市职业教育中心的孙宏伟、烟台轻工业学校的刘炳强、滨州技师学院的尚川川等参加了教材的编写。

由于编者学识和经验有限，书中疏漏之处在所难免，恳请专家和读者批评指正。

编　者

2016 年 12 月

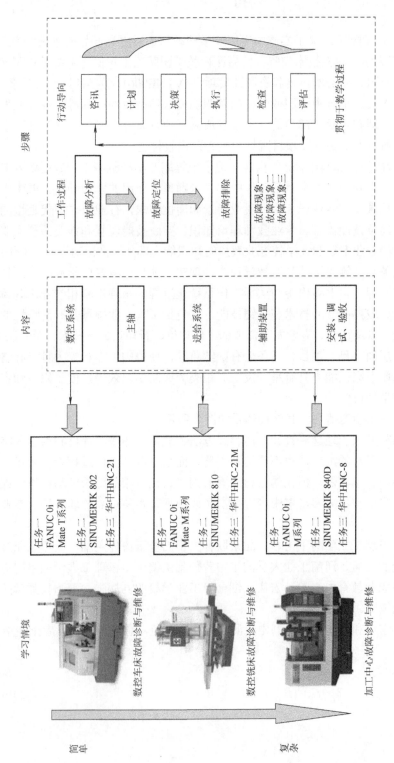

图 1　工作过程系统化课程结构体系

目　录

学习情境三　加工中心故障诊断与维修

学习情境一

数控车床故障诊断与维修

数控车床是目前使用较为广泛的数控机床，适合加工形状复杂、加工精度要求高的轴类、盘类、套类等回转体零件，结构如图 1-1 所示。

(a)外观图

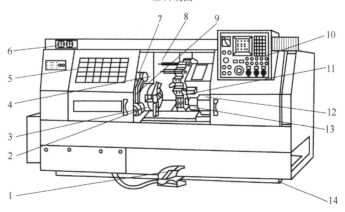

(b)数控车床的组成

1-主轴卡盘夹紧与松开踏板；2-对刀仪；3-主轴卡盘；4-主轴箱；5-机床防盗门；
6-液压系统压力表；7-对刀仪防护罩；8-导轨防护罩；9-对刀仪摆臂；
10-操作面板；11-回转刀架；12-尾座；13-倾斜滑板；14-平床身

图 1-1　数控车床

数控车床由数控系统、主轴控制系统、伺服进给系统、辅助控制装置、机床本体 5 部分组成，它们的工作关系如图 1-2 所示。

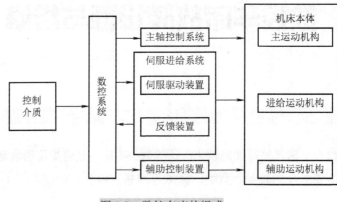

图 1-2　数控车床的组成

项目(一) 数控车床数控系统故障诊断与维修

数控车床是将编制好的加工程序输入数控系统中,由数控系统通过 X、Z 坐标轴的伺服电动机控制车床进给运动部件的动作顺序、移动量和进给速度,同时控制主轴的转速和转向。数控车床大多是两轴联动,采用的数控系统多是性价比较高的经济型数控系统。

我国常用的数控系统有日本 FANUC 0i Mate T 系列数控系统、德国西门子公司的 SIMENS 802 系列数控系统、国产华中数控系统和广州数控系统。

任务1 FANUC 0i Mate T 系列数控系统故障诊断与维修

FANUC 0i Mate T 数控系统是可靠性强、集成度高、性价比卓越的数控系统,也是目前世界上最小的数控系统。国内数控机床生产厂家正逐步以该系列数控系统作为性能要求不高的数控车床、数控铣床的主要配置,从而取代步进电机驱动的开环数控系统。

1. 技能目标
(1)认识 FANUC 0i Mate T 系列数控系统的接口。

(2)能够读懂 FANUC 0i Mate T 系列数控系统说明书。

(3)能够连接数控系统与外围设备。

(4)能够诊断和调试 FANUC 0i Mate T 系列数控系统的故障。

2. 知识目标
(1)了解 FANUC 0i Mate T 系列数控系统的硬件结构。

(2)理解 FANUC 0i Mate T 系列数控系统软、硬件的工作过程。

(3)掌握 FANUC 0i Mate T 系列数控系统连接及调试方法。

3. 引导知识
1)FANUC 0i Mate T 系列系统的功能和主要特点

(1)系统功能包为 B 包功能,具备两个计算机数字控制轴控制功能和两轴联动。系统只有基本单元扩展功能。

(2)具有网络功能和 USB 接口。

(3)可以选择变频主轴电机和交流伺服主轴电机。

(4)只能选择一个伺服附加轴。

2)FANUC 0i Mate T 系列系统的构成

数控系统配置如图 1-1-1 所示。

3)系统功能连接

硬件构成如图 1-1-2 所示。

系统与其他配置设备的综合连线情况如图 1-1-3 所示。

4)FANUC 0i Mate T 系列系统的参数及设定

数控系统的参数设置完成机床结构和机床各种功能的匹配,这些参数在数控系统中按一定的功能组进行分类。例如,伺服轴参数配置数控机床的轴数,各轴伺服电机数据、速度及位置反馈元件类型及反馈元件数据,串行通信口参数对串行口进行数据传输时的波特率、停止位等进行赋值等。

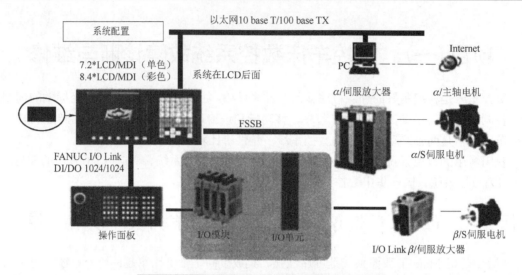

图 1-1-1　FANUC 0i Mate T 系列数控系统配置图

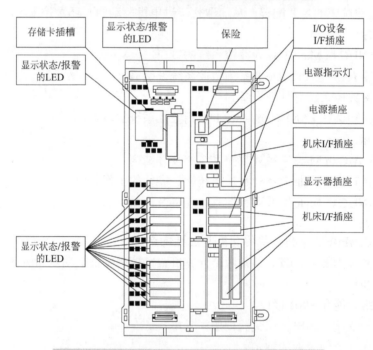

图 1-1-2　FANUC 0i Mate T 系列系统结构及功能接口

（1）参数的显示：按 MDI 面板的【SYSTEM】键几次或一次后，再按【参数】键选择参数画面。

（2）定位期望参数的方法：①按翻页键至期望的参数号；②使用键盘输入期望的参数号码，再按【NO.搜索】键。

（3）参数的输入：

① 在 MDI 方式或急停状态，首先修改参数写保护设定。按【OFFSET SETTING】键，再按【SETTING】软键，修改写保护参数：PARAMETERWRITE=1。此时，系统会出现报警信息。

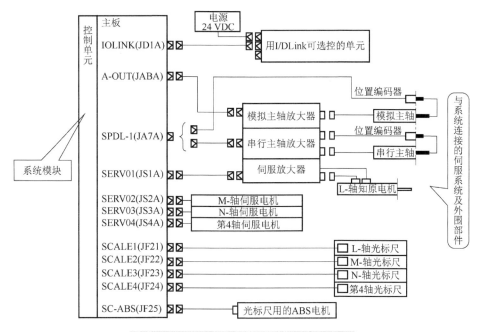

图 1-1-3　FANUC 0i Mate T 系列系统连接图

② 再进入参数显示画面，找到希望修改的参数，使用键盘输入数据，按【INPUT】键。

③ 完成设定之后，要按①的方法把参数保护设置为 0，即 PARAMETERWRITE=0，重新启动数控系统，新设置的参数生效。

（4）参数的存储：人工抄录参数清单、使用存储卡、利用串行通信，将参数传入计算机。

4. 故障诊断与维修

【故障现象一】　一台上海第二机床厂生产的 CK6150A 数控车床，配置 FANUC 0i Mate TD 系统。开机后，系统 CRT 出现"系统没准备好"报警。观察接口 LED 灯，发现存储卡 LED 红灯亮。

（1）故障分析　FANUC 0i Mate TD 系统在开机时先执行自检，包括各接插板、电缆接插件的情况。存储卡 LED 红灯亮，可能是存储卡接触不良造成的。

（2）故障定位

① 检查并紧固存储卡，开机，故障依旧。

② 考虑存储卡本身故障，用备件置换的方法，将一块正常的存储卡插上，LED 红灯仍然亮，说明不是存储卡故障。

③ 故可断定是存储卡的插口电路的故障。检测插口的插脚及电路板，发现有一插孔失效。

（3）故障排除　排除方法有两个：一是清理插孔，采用锌粉刷入孔内补救，但这一方法不保证一定奏效；二是更换或修复电路板，该方法周期长、成本高。维修时，建议先用第一种方法，最后用第二种方法。

【故障现象二】　上海第二机床厂生产的 CK6150A 数控车床，配置 FANUC 0i Mate TD 系统，开机后，屏幕显示"C-MOS PARITY（存储器奇偶校验出错）"。

（1）故障分析　当数据从主印刷板上存放参数和程序的随机存取存储器 RAM 中读出时，检测到奇偶误差，会产生此报警号，即说明 C-MOS 芯片中有故障。

(2) 故障定位

① 将相关芯片取下。将参数写入开关置到【ON】。

② 合上机床电源的同时，按 MDI 键盘上的【DELETE】键和【RESET】键。这一操作将清除所有的参数、刀具偏移数据和程序等区域。如果屏幕仍显示"存储器奇偶校验出错"，说明不是取下芯片的问题，需继续取下芯片。

③ 再做第二项操作。报警号消除说明该芯片为故障芯片。

(3) 故障排除 这时数控系统以 1KB 存储容量运行，输入机床参数和加工程序，机床即可正常运行。

如果要恢复正常的存储容量，可用新的芯片替代找出的不良芯片。

【故障现象三】 牡丹江迈克机床制造有限公司生产的 CKS6132 数控车床，配置 FANUC 0i Mate TD 系统，开机后，系统处于死机状态，按任何键均无效。

(1) 故障分析 该现象说明机内 CNC 内部参数已混乱或丢失。

(2) 故障定位

① 卸下 PT 主系统检查，发现 CPU 模块板的指示红灯已亮，说明此故障为 CPU 模块板故障。

② 卸下 CPU 模块板检查，发现印刷电路板的集成电路芯片的管脚处有较多的粉尘和油污，插板框和本底板也是如此。

③ 进一步检查存储器模块板，也存在上述问题。

经仔细检查确定故障起因是系统的冷却风扇位置发生变化，往下压风，在冷却的同时把空间的粉尘和油雾带入系统。由于集成电路芯片管脚之间排列较密，导电的粉瓣肯定要造成电路的逻辑混乱，致使故障发生。

(3) 故障排除

① 对 CPU 模块板、存储器模块板、主底板、冷却风扇进行清洗，干燥处理。

② 用印刷板专用薄膜防护剂对 CPU 模块板、存储器模块板进行绝缘处理。

③ 因系统存储的信息已全部丢失，首先对系统进行初始化处理，然后使用编程器通过 RS-232C 接口将本机的数控系统参数、机床参数、报警文本、加工程序、PLC 程序等逐个输送到系统，机床即恢复运行。

【故障现象四】 一台数控车床配 FANUC 0i Mate TC 系统，在调试中时常出现 CRT 闪烁、发亮，没有字符出现的现象。

(1) 故障分析 分析其原因主要有：

① CRT 亮度与灰度旋钮在运输过程中出现振动。

② 系统在出厂时没有经过初始化调整。

③ 系统的主板和存储板有质量问题。

(2) 故障排除 调整 CRT 的亮度和灰度旋钮，如果没有反应，将系统进行初始化一次，同时按【RESET】键和【DELETE】键，进行系统启动，如果 CRT 仍没有正常显示，则需要更换系统的主板或存储板。

【故障现象五】 一台数控车床配 FANUC 0i Mate TC 系统，数控系统运行中断且无报警故障。

(1) 故障分析 机床自动或手动运行中断且无报警信号，一般是 CPU 控制系统异常。

(2)故障定位　查位控板(01GN710)，发现 PCB 上 LED 故障显示发光,提示位控板或 CPU 及其连接电路发生故障。经查连接电路无异常，更换位控板后故障仍存在，推断 CPU 板(01GN710)有故障。经分析，由于能正常工作几分钟，估计是板上某个元器件存在热稳定性差的问题。打开数控柜门，采用风冷散热后试机，CNC 果然能延长工作达数小时。采用测温及降温法，确诊故障部位在 CPU 板上的 ROM 存储器，集成电路型号为 MB7122E。

(3)故障排除　更换 ROM 上热稳定性差的集成电路，故障排除。

5. 维修总结

(1)根据设备的具体情况，采取应急修理措施，是一种满足生产急需的有效方法。

(2)定期进行清洁保养，定期进行参数和加工程序的传输和备份。

(3)经清洁后，仍有故障，要特别注意线路板被粉尘污染部位，可用高倍放大镜仔细观察，寻找故障点。

(4)数控系统故障往往维修时间长、价格高，所以在维修中，一定要注意避免故障扩大，有条件的尽量在数控系统生产厂家或机床生产厂家技术人员指导下进行维修。

6. 知识拓展

1)配置 FANUC 0i Mate T 系列数控系统数控车床的基本操作

(1)电源接通前后的检查：在机床主电源开关接通之前，操作者需检查机床的防护门等是否关闭、卡盘的夹持方向是否正确、油标的液面位置是否符合要求及切削液的液面是否高于水泵吸入口。当检查以上各项均符合要求时，方可合上机床主电源开关，机床工作灯亮，风扇启动，润滑泵、液压泵启动。机床通电后，按下【ON】启动键，在 CRT 显示器上是否出现机床的初始位置坐标，检查机床上部的总压力表。

(2)手动操作机床：当机床按照加工程序对工件进行自动加工时，机床的操作基本上是自动完成的，其他情况下，要靠手动来操作机床。

① 手动返回机床参考点。机床断电后，数控系统会失去对参考点的记忆，再次接通电源后，操作者必须进行返回参考点的操作。另外，当机床遇到急停信号或超程报警信号后，待故障排除、机床恢复工作时，也必须进行返回参考点的操作。

(a)将"MOD"开关转到"ZERO RETURN"方式，当滑板上的挡块距离参考点不足 30mm 时，应首先用【JOG】按钮使滑板向参考点的负向移动，直到距离大于 30mm 时停止，然后再返回参考点。

(b)设置"RAPID OVERIDE"开关位置，选择返回参考点的快速移动速度。

(c)按下正向 X 轴和 Z 轴的【JOG】按钮，使滑板在所选的轴向自动快速移动回零。当滑板停在参考点位置时，相应轴的回零指示灯亮。同时，当滑板移到参考点附近时，会自动减速。

② 滑板手动进给操作。手动进给有两种方式：一种是用【JOG】按钮使滑板快速移动；另一种是用手摇轮移动滑板。

a. 快速移动：

(a)将"MODE"开关置于"RAPID"方式。

(b)用"RAPID OVERIDE"开关选择滑板的快移速度。

(c)按下【JOG】按钮，使刀架快速移动到预定位置。

b. 手摇轮进给：

(a)将"MODE"开关转到"HANDLE"位置，可选择 3 个位置。

(b)通过"FEEDRATE OVERRID"开关选择手摇轮每转动一格滑板的移动量。

(c)选择要移动方向的坐标轴。

(d)转动手摇轮，使刀架按指定的方向快速移动。

③ 主轴的操作。主轴的操作主要包括主轴的启动与停止和主轴的点动。

a. 主轴的启动与停止：

(a)将"MODE"开关置于手动方式中的任意位置。

(b)用主轴功能中的"FWD-RVS"开关确定主轴的旋转方向。在"FWD"位置主轴正转，在"RVS"位置主轴反转。

(c)旋转主轴至低速区，防止主轴突然加速。

(d)按下【启动】按钮，主轴正转。在主轴转动过程中，可以通过【SPEED】旋钮改变主轴的转速，且主轴的实际转速显示在 CRT 显示器上。

b. 主轴的点动：用于使主轴旋转到便于装卸卡爪的位置或检查工件的装夹情况。

(a)将"MODE"开关置于自动方式中的任意位置。

(b)将主轴"FWD-RVS"开关指向所需的旋转方向。

(c)按下【启动】按钮，主轴转动，否则主轴停止。

④ 刀架的转位。装卸、测量刀具的位置及测试工件等都要靠手动操作来实现刀架的转位。

(a)将"MODE"开关置于手动方式中的任意位置。

(b)将刀具选择开关置于指定的刀具位置。

(c)按下【INDEX】按钮，则刀盘顺时针转动到指定的刀位。

⑤ 手动尾座的操作，包括尾座体的移动和尾座套筒的移动。

a. 尾座体的移动：用于轴类零件加工时调整尾座的位置。

(a)将"MODE"开关置于手动方式中的任意位置。

(b)按下【TAIL STALK INTERLOCK】按钮，松开尾座，其上方的指示灯亮。

(c)移动滑板带动尾座移到预定的位置。

(d)再次按下【TAIL STALK INTERLOCK】按钮，尾座被锁紧，指示灯灭。

b. 尾座套筒的移动：

(a)将"MODE"开关置于手动方式中的任意位置。

(b)按下【QUILL】按钮，尾座套筒带着顶尖伸出，指示灯亮。

(c)再次按下【QUILL】按钮，套筒退回，指示灯灭。

⑥ 卡盘的夹紧与松开。机床在手动操作或自动运转时，卡盘的夹紧与松开是通过脚踏开关实现的，操作步骤如下。

(a)扳动电箱内卡盘正、反卡开关，选择卡盘的正卡或反卡。

(b)若第一次踏下开关卡盘松开，则第二次踏下开关卡盘夹紧。

2) FANUC 0i Mate T 系列数控系统的 PLC

数控系统除了对机床各坐标轴的位置进行连续控制外，还需要对机床主轴正反转控制与启停、工件的夹紧与松开、刀具更换、自动工作台交换、液压与气动、切削液开关、润滑等辅助工作进行顺序控制。现代数控系统均采用可编程控制器(PLC)完成。数控机床的可编程控制器还可以实现主轴的可编程机床控制器(PMC)控制、附加轴(如刀库的旋转、机械手的转臂、分度工作台的转位等)的 PMC 控制。

数控系统中 PLC 的信息交换是指以 PLC 为中心，是 PLC、CNC 和机床三者之间的信息交换。

PLC 与 CNC 之间的信息交换分为两部分，其中 CNC 传送给 PLC 的信息主要包括各种功能代码 M、S、T 的信息，手动/自动方式信息的各种使能信息等；PLC 传送给 CNC 的信息主要包括 M、S、T 功能的应答信息和各坐标轴对应的机床参考点等。所有 CNC 送至 PLC 或 PLC 送至 CNC 的信息含义和地址(开关量地址或寄存器地址)均由 CNC 厂家确定，PLC 编程者只可使用，不可改变和增删。

同样，PLC 与机体之间的信息交换也可分为两部分，其中由 PLC 向机床发送的信息主要是控制机床的执行元件，如电磁阀、继电器、接触器以及各种状态指标和故障报警等；由机床传送给 PLC 的信息主要是机床操作面板输入信息和其他各种按钮的信息，如机床启停、主轴正反转和停止、各坐标轴点动、刀架卡盘的夹紧与松开、切削液的开关、倍率选择及运动部件的限位开关信号等信息。

FANUC 系统中的 PLC 均为内装型 PMC。内装型 PMC 的性能指标(如输入/输出点数、程序最大步数、每步执行时间、程序扫描时间、功能指令数目等)是由所属的 CNC 系统的规格、性能、适用机床的类型等确定的。其硬件和软件都作为 CNC 系统的基本组成，与 CNC 系统统一设计制造，因此系统结构十分紧凑。PMC 常用的规格有 PMC-L/M、PML-SAl/SA3 和 PMC-SB7 等几种。

任务 2 SINUMERIK 802 系列数控系统故障诊断与维修

SINUMERIK 802 系列数控系统是 SIEMEMS(西门子)公司专门为中国数控机床市场新开发的经济型、集成式 CNC 控制系统，用于控制带步进驱动(S=Stepper)的经济型机床(如数控车床)。

1. 技能目标
(1)认识 SINUMERIK 802 系列数控系统的接口。
(2)能够读懂 SINUMERIK 802 系列数控系统说明书。
(3)能够连接数控系统与外围设备。
(4)能够诊断和调试 SINUMERIK 802 系列数控系统的故障。

2. 知识目标
(1)了解 SINUMERIK 802 系列数控系统的硬件结构。
(2)理解 SINUMERIK 802 系列数控系统软、硬件的工作过程。
(3)掌握 SINUMERIK 802 系列数控系统的连接及调试方法。

3. 引导知识
1)SINUMERIK 802 系列数控系统功能和主要特点
该系列系统可以控制 2～3 个步进电动机轴和一个伺服主轴或变频器，连接步进驱动 STEPDRIVER。

(1)CNC 控制器：高度集成于一体的数控单元，配置数字控制(NC)操作面板、机床控制面板(MCP)、液晶显示器、输入输出单元。

(2)驱动器和电动机：步进驱动 STEPDRIVER 和五相混合式步进电动机。

(3)电缆：连接 CNC 控制器到步进驱动器的电缆和连接步进驱动器到步进电机的电缆。

2）SINUMERIK 802 系列系统的构成

SINUMERIK 802 系列包括硬件和软件两部分，硬件组成如图 1-1-4 所示。

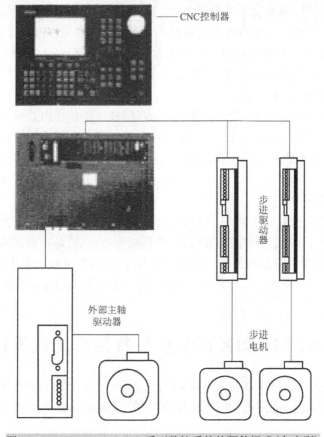

图 1-1-4　SINUMERIK 802 系列数控系统的硬件组成（车床型）

3）CNC 控制模块

SINUMERIK 802 具有集成式操作面板，分为 3 个区域，分别为 LED 显示区、NC 键盘区和机床控制面板区，如图 1-1-5 所示。系统背面接口如图 1-1-6 所示。

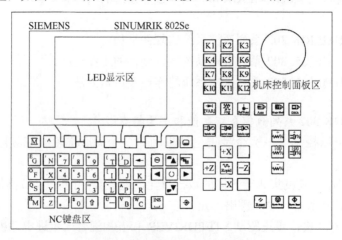

图 1-1-5　CNC 系统集成式操作面板

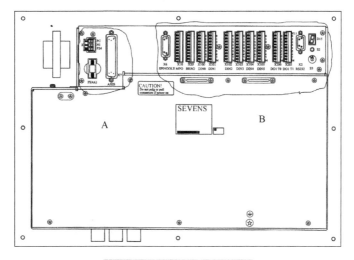

图 1-1-6　CNC 系统背面接口

(1)NC 键盘区：如图 1-1-7 所示。

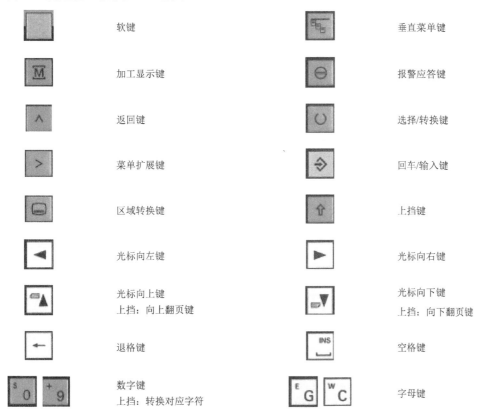

软键　　　　　　　　　　　　　　　垂直菜单键

加工显示键　　　　　　　　　　　　报警应答键

返回键　　　　　　　　　　　　　　选择/转换键

菜单扩展键　　　　　　　　　　　　回车/输入键

区域转换键　　　　　　　　　　　　上挡键

光标向左键　　　　　　　　　　　　光标向右键

光标向上键　　　　　　　　　　　　光标向下键
上挡：向上翻页键　　　　　　　　　上挡：向下翻页键

退格键　　　　　　　　　　　　　　空格键

数字键　　　　　　　　　　　　　　字母键
上挡：转换对应字符

图 1-1-7　NC 键盘

(2)机床控制面板(MCP)区域，如图 1-1-8 所示。

(3)系统接口布局：系统的接口位于机箱的背面，如图 1-1-9 所示。

① X1 源接口(DC24V)：3 芯螺钉端子块，用于连接 24V 负载电源。

② X2 RS232 接口(24V)：9 芯 D 型插座，数据通信或编写 NC 程序时使用。

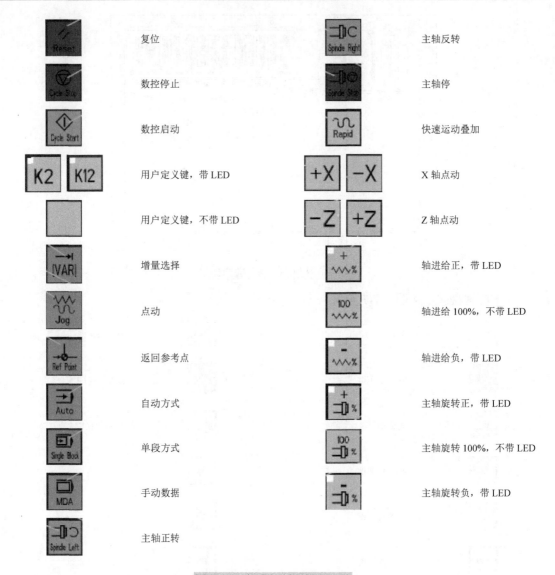

图 1-1-8　机床控制面板（MCP）

③ X6 主轴接口（ENCODER）：15 芯 D 型插座，用于连接一个主轴增量式编码器（RS422）。

④ X7 驱动接口（AXIS）：50 芯 D 型插座，用于连接具有包括主轴在内最多 4 个模拟驱动的功率模块。

⑤ X10 手轮接口（MPG）：10 芯插头，用于连接手轮。

⑥ X20 数字输入（DI）：10 芯插头，用于连接 NC READY 继电器盒 DERO。

⑦ X100～X105：10 芯插头，用于连接数字输入。

⑧ X200～X201：10 芯插头，用于连接数字输出。

⑨ S3：调试开关。

⑩ 熔丝：熔丝 F1，外部设计使用户可以方便地更换。

⑪ S2 和 D15：此元件只用于内部调试。

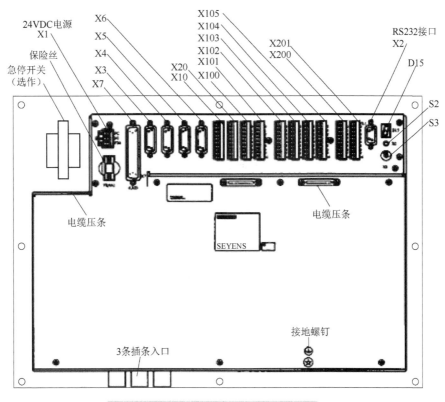

图 1-1-9　SINUMERIK 802 系统接口布局

4)驱动模块

步进电动机的控制信号为脉冲信号(PULS)、方向信号(DIR)和使能信号(ENA)。电动机每转给出 1000 个脉冲,步距角为 0.36°。图 1-1-10 为数控车床的驱动器电缆连接图,按图示分别连接电源、信号电缆、电动机电缆。所有的电缆都必须在断电状态下连接。电缆正确连接完毕后,通过 DIL 开关设定与电动机型号相对应的电流。

驱动模块上各接线端子及 LED 指示灯含义如下。

(1)主电源端子:

① L:AC85V 相线输入。

② N:AC85V 零线输入。

③ PE:接地。

(2)控制信号输入端子:

① +PULS、-PULS:脉冲基本信号与取反信号,+PULS 控制步进电动机顺时针旋转速度,-PULS 控制步进电动机逆时针旋转速度。

② +DIR、-DIR:方向基本信号与取反信号,+DIR 有效时控制步进电动机顺时针方向旋转,-DIR 有效时控制步进电动机逆时针方向旋转。

③ +ENA、-ENA:使能控制基本信号与取反信号,+ENA 有效时步进电动机顺时针有效,-ENA 有效时步进电动机逆时针有效。

④ RDY:运行准备,接 24V 电源。

⑤ +24V、+24V GND、FE:24V 信号接口。

由 CNC 系统 X7 接口输出的控制信号 P1、P1N、D1、D1N、E1、E1N 用于 X 轴控制,P3、P3N、D3、D3N、E3、E3N 用于 Z 轴控制。

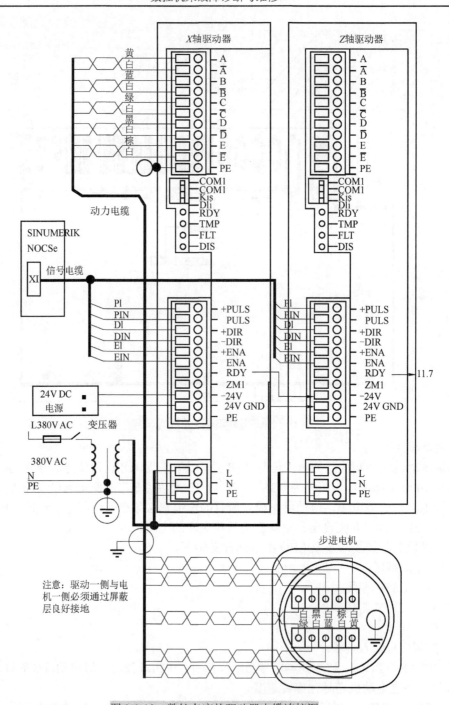

图 1-1-10　数控车床的驱动器电缆连接图

(3)动力输出端子:

① A、$\overline{A}$:输出电流至步进电动机 A 相绕组。

② B、$\overline{B}$:输出电流至步进电动机 B 相绕组。

③ C、$\overline{C}$:输出电流至步进电动机 C 相绕组。

④ D、$\overline{D}$:输出电流至步进电动机 D 相绕组。

⑤ E、$\overline{E}$:输出电流至步进电动机 E 相绕组。

(4)DIL 开关设定：

CURR.1、CURR.2：电流设定开关，根据所选用的步进电动机的类型，通过 CURR.1、CURR.2 开关设定相应的电流值，见表 1-1-1。

表 1-1-1　DIL 开关设定电动机与电流对应

步进电动机类型	CURR.1	CURR.2	电流/A
3.5N·m	OFF	OFF	1.35
6N·m	OFF	ON	1.35
9N·m	ON	OFF	2.00
12N·m	ON	ON	2.55

(5)LED 显示：状态显示，用于显示驱动模块的工作状态，进行报警，操作人员可根据 LED 的显示进行故障处理，见表 1-1-2。

表 1-1-2　LED 故障报警

LED	颜色	状态	意义
RDY	绿色	单独亮	驱动处于运行准备
TMP	红色	亮	步进电机温度过高
FLT	红色	亮	过压或欠压 电动机相线之间短路 电动机相线对地线短路
DIS	黄色	单独亮	驱动处于运行准备但电动机无电流
所有		都不亮	没电

4. 故障诊断与维修

【故障现象一】　一台数控车床，配置 SINUMERIK 802 数控系统。启动时，在显示面板上除 READY 灯不亮外，其余所有指示灯全亮。

(1)故障分析　由于故障发生在启动阶段，应检查开机清零信号"RESET"是否异常。又因为主板上的 DP6 指示灯亮，它是直流电源的指示灯，因此，也需要对 DP6 的相关电路以及有关电源进行必要的检查。

(2)故障定位

① 对 DP6 相关电路进行检查，经检查确认是驱动 DP6 的双稳态触发器 LA10 逻辑状态不对，已经损坏。用新件更换后，DP6 已经熄灭，但故障现象还是存在，数控系统还是不能启动。

② 对"RESET"信号及数控柜内各连接器的连接情况进行检查，连接状况良好，但"RESET"信号不正常。发现与其相关的 A38 位置上的 LA01 与非门电路逻辑关系不正确。

③ 检查±15V、±5V、+5R、+6R、+12V、+24V，发现-5V 电压只有-4.2V，已经超出±5%的范围。进一步检查发现，该电路整流桥后有一个滤波电容 C19(10000μF、24V)，该电容的引脚焊接处电路板铜箔断裂。

(3)故障排除　将其焊接好后，数控系统能正常启动。至此，故障排除。

【故障现象二】　一台数控车床，配置 SINUMERIK 802 数控系统，系统开机后，黑屏或花屏。

(1)故障分析　根据故障现象可以推断可能是 LCD 故障，也可能是参数或软件的问题。

(2) 故障定位

① 检查 LCD，没发现任何异常。

② 断电后将系统后的红色小拨码开关拨到 I 的位置。

③ 上电，系统能启动，说明用户数据有问题。

(3) 故障排除　将备份的软件和参数重新传入数控系统，机床正常工作。

【故障现象三】　一台配置 SINUMERIK 802C 数控系统的 CKS6136 数控车床，向负方向移动时无任何反应，并且还出现 25060 号报警。

(1) 故障分析　查 SINUMERIK 802C 数控系统说明书中报警信息表，25060 号报警的内容是坐标轴转速给定极限报警，是指转速给定值超出了 MD36210 的上限值，并已远远大于所允许的范围，给定的坐标轴速度超过了 MD32260 中的电机额定转速。根据故障现象可以推断故障的可能原因有：

① 数控系统参数数据丢失或错误。

② 位移传感器有误动作。

③ 有误输入使转速过大。

(2) 故障定位

① 降低进给编程的速度或在此轴运行时将倍率开关打到 1%，观察是否还报警，可以将此轴 F 值适当降低，直到正常运行。但速度太慢，显然不是正常的速度。

② 增加 MD32260 的值(最好不要超过电机的额定转速)，问题没有根本解决。

③ 检查滑扳(导轨、丝杆、轴承等运动部件)是否局部不平滑，在工件与刀具接触时速度下降，造成报警。

④ 检查传感器，没发现异常。

⑤ 检查 MD32200，伺服增益，发现该轴数值过大。

(3) 故障排除　改正后，重新启动系统，工作正常，故障排除。

【故障现象四】　数控车床配备 SINUMERIK 802C 系统。在安装调试时，CRT 显示器突然出现无显示故障，而机床还可以继续运转。停机后再开，又一切正常。

(1) 故障分析　在设备运转过程中经常出现这种故障。采用直观法进行检查，发现每当车间上方的门式起重机经过时，环境振动大，就会出现此故障，由此初步判断是元件连接不良。

(2) 故障定位　检查显示板，用手触动板上元件，当触动某一集成块管脚时，CRT 显示器上的显示就会消失。经观察发现该管脚没有完全插入插座中。另外，发现此集成块旁边的晶振有一个端子没有焊锡。

(3) 故障排除　将松动集成块插牢，晶振端子焊牢，这两处故障原因排除后故障消除。

5. 维修总结

(1) 数控机床由于采用的控制系统品种较多，控制要求各不相同，对于不同的机床、不同的系统，维修时应根据机床与系统的实际情况，分别进行处理。

(2) 机床维修者必须熟悉各种系统的电源控制要求，维修时做到心中有数。

(3) 对于控制较复杂的机床，不仅要掌握系统的电源 ON/OFF 要求，还必须对照机床电气原理图进行维修处理，若非万不得已，不宜改变机床的原操作方式与原设计功能。

(4) 维修数控机床应是多方位的，既要掌握系统生产厂家推荐的线路与控制方法，还必须根据机床、系统的实际情况灵活处理，不可教条。

6. 知识拓展

1）SINUMERIK 802 数控系统操作面板

（1）软菜单键：在 CRT 屏幕最下面一行显示有 5 项内容。要进入某项功能中去，则按下相应的软菜单键，屏幕就进入相应的功能画面。

（2）【加工显示】键：此键在软菜单键的左侧，按此键后，显示当前加工位置的机床坐标值（或工件坐标值），指示出当前的位置。在自动方式下，还显示正在执行的程序段和将要执行的程序段。

（3）【返回】键：用于返回到当前目录菜单的上一级菜单。

（4）【菜单扩展】键：在某一菜单的同一级有超过 5 项内容时，用此键可以看到同级菜单的其他内容。

（5）【区域转换】键：用此键可以在任何区域返回主菜单，再连续按两次，则返回到以前的操作区。

（6）【光标向上】键/【向上翻页】键：控此键光标向上移一行。按【上挡】键同时按此键则向上翻页。

（7）【光标向左】键：按此键光标向左移动一个字符。

（8）【上挡】键：按此键的同时按双字符键，则将双字符键左上角（或左下角）对应的字符输入操作输入区。

（9）【光标向下】键/【向下翻页】键：按此键则光标向下移动一行。按【上挡】键同时按此键则向下翻页。

（10）【光标向右】键：按此键光标向右移动一个字符。

（11）【删除】键（【退格】键）：此键主要用来修改程序，或者在参数设定时修改错误。输入数据时，按一下此键，则光标所在位置的前一个字符被删除。而光标位于最左端时，按一下此键，则光标移至上一行，光标所在行的其他内容并入上一行。

（12）【垂直菜单】键：当出现垂直菜单键的提示符时，按此键，可出现一个垂直菜单，选择相应的内容，可输入一些特定的内容。

（13）【报警应答】键：在右下部，数控系统（包括机床）的一些报警可以用此键来消除。

（14）【选择/转换】键：当屏幕出现带有"U"作为尾缀的数据时，只有按此键可以修改。此键在用户编程和操作时一般不用。

（15）【回车/输入】键：可以对输入的内容进行确认。编程时按此键，光标另起一行。

（16）【空格（插入）】键：按此键，则在光标处输入一个空格。

（17）【数字】键：可输入数字 0～9。若同时按【上挡】键，则可转换对应的字符。

（18）【字母】键：可以输入字母 A～Z。若同时按【上挡】键，则可转换对应的字母或字符。

2）机床操作面板

用来控制机床的运行状态及机床的各种功作，如图 1-1-10 所示（同 SINUMERIK 802s 系统）。

（1）【复位】键：按下此键可以使系统复位。这时，正在运行的加工程序被中断。同时，机床的报警也可以按此键来解除。

（2）【数控停止】键：在程序运行时，按此键可以暂停加工，再按【数控启动】键可以恢复程序的运行。

　　(3)【数控启功】键：在自动或 MDI 方式下，按此键可以启动加工程序的运行。

　　(4)【主轴速度修调】开关：对于配置变频器的机床，可以用此开关调节主轴的转速。

　　(5)【用户定义】键(带有发光二极管)：

　　① T1：【降低主轴转速】键，按一次此键，主轴转速降低一挡。

　　② T2：【主轴点动】键，在手动方式时，按下此键，主轴正转；放开，主轴停转。

　　③ T3：【升高主轴转速】键，按一下，主轴转速升高一挡。

　　④ T4：【手动换刀】键，在手动方式时，按下此键，刀架正转，放开后刀架在相应位置反转锁紧。快速按此键，刀架自动换一个刀位。

　　⑤ T5：【导轨润滑】键，按下此键，将喷出导轨润滑液。

　　⑥ T6：【冷却开关】键，在手动方式时，按此键冷却液喷出。

　　(6)【增量选择】键：在手动方式时，重复按此键，可以使机床在手动与增量之间切换。

　　(7)【点动】键：按此键，系统进入手动方式。

　　(8)【返回参考点】键：按此键，系统进入回参考点方式，与坐标轴配合可完成回零动作。系统通电后自动处于该状态。

　　(9)【自动方式】键：按此键，系统进入自动运行方式。在此方式下，机床根据零件加工程序自动加工零件。

　　(10)【单段方式】键：在自动方式下按此键，系统可在单段运行(屏幕右上角显示 SBL)和连续运行(屏幕右上角不显示 SBL)之间切换。

　　①【手动数据】键：按此键，系统进入手动运行方式，可以手动输入一段程序让机床自动执行。

　　②【主抽正转】键：在手动或回参考点方式下，按此键可以使机床正转。

　　③【主轴反转】键：在手动或回参考点方式下，按此键可以使机床反转。

　　④【主轴停止】键：在手动或回参考点方式下，按此键可以使机床主轴停止转动。

　　⑤【快速运行叠加】键：手动运行时，按住某轴【点动】键的同时按此键，该轴按设定的快进速度运动。

　　⑥ X 轴【点动】键：在手动或回参考点方式下，按此键可以使机床 X 轴正向或负向运动。

　　⑦ Z 轴【点动】键：在手动或回参考点方式下，按此键可以使机床 Z 轴正向或负向运动。

　　⑧【进给速度修调】开关：用此开关，可以控制轴运动的快慢，指向零时，轴无法运动。

　　⑨【急停】按键：在任何方式时，按下此键，机床紧急停止，该按键将保持被压状态，这时屏幕右上方显示 3000 报警。向左转动此按键可以使被压下的状态释放。

　　3) 参数的设置

　　参数的设置主要包括对机床、刀具参数的输入和修改。

　　(1)建立新刀具与刀具补偿参数：

　　① 按【参数】键，进入参数功能的第一级子菜单后，打开刀具补偿窗口，按【新刀具】键，建立一个新刀具。屏幕出现输入窗口，显示所给定的刀具号。

　　② 输入新的刀具号 T××，并定义刀具类型。

　　③ 按【回车】键确认输入，同时刀具补偿参数窗口打开。

　　刀具补偿参数分为长度补偿和刀具半径补偿。输入刀具补偿参数的操作方法为：移动光标到要修改的区域，输入数值，按【Enter】键确认。

(2)输入/修改零点偏置值：在回参考点之后实际值存储器与实际值的显示均以机床零点为基准，而工件的加工出现则以工件零点为基准，这之间的差值就作为可设定的零点偏移量输入。

① 按【参数】键和【零点偏置】键，打开零点偏置窗口，通过此窗口可以打开并设置零点偏置。

② 把光标移到待修改的输入区，输入零点偏置量。

③ 按【回车】键确认。

任务 3　华中 HNC-21 数控系统故障诊断与维修

华中数控系统是我国为数不多具有自主版权的高性能数控系统之一。它以通用的工业PC(IPC)和 DOS、Windows 操作系统为基础，采用开放式的体系结构，使华中数控系统的可靠性和质量得到了保证。它适合多坐标(2~5)数控镗铣床和加工中心，在增加相应的软件模块后，也能适用于其他类型的数控机床(如数控磨床、数控车床等)以及特种加工机床(如激光加工机、线切割机等)。

1. 技能目标

(1)认识 HNC-21 系列数控系统的接口。

(2)能够读懂 HNC-21 系列数控系统说明书。

(3)能够连接数控系统与外围设备。

(4)能够诊断和调试 HNC-21 系列数控系统的故障。

2. 知识目标

(1)了解 HNC-21 系列数控系统的硬件结构。

(2)理解 HNC-21 系列数控系统软、硬件的工作过程。

(3)掌握 HNC-21 系列数控系统连接及调试方法。

3. 引导知识

1)华中数控系统的硬件构成

系统的硬件由工业 PC(IPC)、主轴驱动单元和交流伺服单元等几个部分组成。

图 1-1-11 为一台 IPC 的基本配置，其中 ALL-IN-ONE CPU 卡的配置是 CPU80386 以上、内存 2MB 以上、Cache 128KB 以上、软硬驱接口、键盘接口、二串一并通信接口、DMA 控制器、中断控制器和定时器；外存是包括软驱、硬驱和电子盘在内的存储器件。

系统总线是一块四层印刷电路板制成的无源母板，数控系统的操作面板中数控键盘通过COM2 口直接写标准键盘的缓冲区。

可根据用户特殊要求而定制功能模块。

位置单元接口根据伺服单元的不同而有不同的具体实施方案。当伺服单元为数字交流伺服单元时，位置单元接口可采用标准 RS232C 串口；当伺服单元为模拟式交/直流伺服单元时，位置单元接口采用位置环板；当用步进电机为驱动元件时(经济型数控机床)，位置单元接口采用多功能数控接口板。

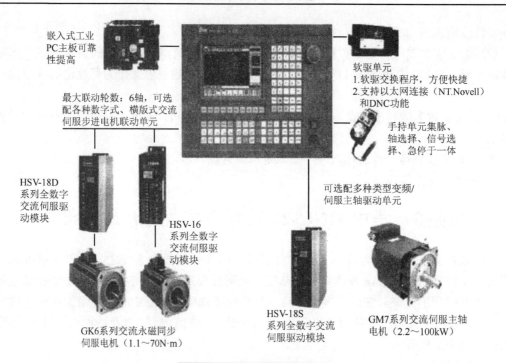

嵌入式工业
PC主板可靠
性提高

最大联动轮数：6轴，可选
配各种数字式、横版式交流
伺服步进电机联动单元

HSV-18D
系列全数字
交流伺服驱
动模块

HSV-16
系列全数字
交流伺服驱
动模块

GK6系列交流永磁同步
伺服电机（1.1～70N·m）

HSV-18S
系列全数字交流
伺服驱动模块

软驱单元
1.软驱交换程序，方便快捷
2.支持以太网连接（NT.Novell）
和DNC功能

手持单元集脉、
轴选择、信号选
择、急停于一体

可选配多种类型变频/
伺服主轴驱动单元

GM7系列交流伺服主轴
电机（2.2～100kW）

图 1-1-11　IPC 的基本配置图

　　I/O 板主要处理控制面板上以及机床测量的开关量信号。多功能板主要处理主轴单元的模拟或数字控制信号，并回收来自主轴编码器、手摇脉冲发生器的脉冲信号。

2）华中数控系统的软件结构

　　华中数控系统的软件包括底层软件和过程控制软件。图 1-1-12 是华中数控系统的软件平台，其中 RTM 模块为自行开发的实时多任务管理模块，负责 CNC 系统的任务管理调度。NCBIOS 模块为基本输入输出系统，管理 CNC 系统所有的外部控制对象，包括设备驱动程序（I/O）控制、位置控制、PLC 控制、插补计算以及内部监控等。过程控制软件（或上层软件）包括编辑程序、参数设置、译码程序、PLC 管理、MDI、故障显示等与用户操作有关的功能子模块。对不同的数控系统，其功能的区别都在这一层，系统功能的增减均在这一层进行；各功能模块通过 NCBASE 的 NCBIOS 与底层进行信息交换。

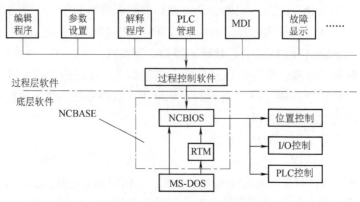

图 1-1-12　华中数控系统软件结构

3)华中数控系统的接口及连接

(1)华中数控系统与外围设备的接口，如图1-1-13所示。

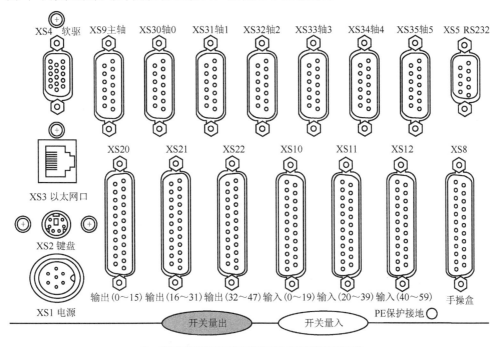

图1-1-13　华中数控系统与外围设备的接口

(2)华中数控系统与外围设备的连接，如图1-1-14所示。

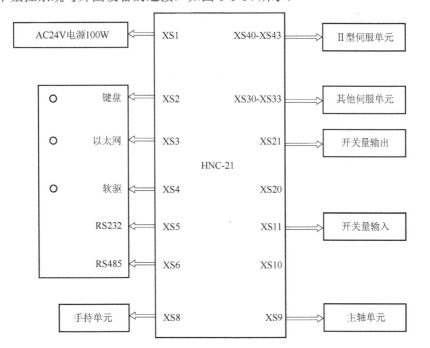

图1-1-14　华中数控系统与外围设备的连接

4. 故障诊断与维修

【故障现象一】　　一台数控车床，配置 HNC-21 数控系统，在运行过程中出现死机，重新启动后，运行一段时间又死机，这种现象重复出观。

（1）故障分析　　由于现象重复出现，说明不是外围设备故障导致的死机，也不是系统硬件的原因引起的死机。故障原因应该在软件或参数上。

（2）故障定位　　调出机床参数画面，步骤如下：

① 在图 1-1-15 所示的主操作界面下，按【F3】键进入参数功能子菜单。

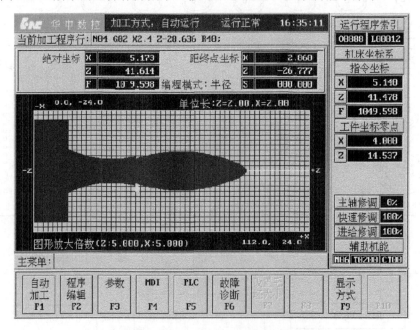

图 1-1-15　HNC-21 数控系统主操作界面

② 在参数功能子菜单下，按【F1】键，系统弹出参数索引子菜单。

③ 用【↑】、【↓】键选择要查看或设置的选项，按【Enter】键进入下一级菜单或窗口。

④ 如果所选的这项有下一级菜单，如"坐标轴参数"，系统会弹出该坐标轴参数选项的下一级菜单，如图 1-1-16 所示。用同样的方法选择、确定选项，直到所选的选项没有更下一级的菜单，此时，图形显示窗口将显示所选参数块的参数名及参数值，例如，在坐标轴参数菜单中选择轴 0，则显示如图 1-1-17 所示的"坐标轴参数→轴 0"窗口；用【↑】、【↓】、【←】、【→】、【PgUp】、【PgDn】等键移动蓝色光标条，到达所要查看或设置的参数处。

⑤ 继续用【↑】、【↓】、【←】、【→】、【PgUp】、【PgDn】等键在本窗口内移动蓝色光标条，到达需要查看或设置的其他参数处，直至完成窗口中各项参数的查看和修改。

⑥ 按【Esc】或【F1】键，退出本窗口。如果本窗口中有参数被修改，系统将提示是否保存所修改的值，按【Y】键存盘，按【N】键不存盘；然后，系统提示是否将修改值作为默认值保存，如图 1-1-18 所示。按【Y】键确定，按【N】键取消。

⑦ 系统回到参数索引菜单，可以继续进入其他菜单或窗口，查看或修改其他参数；若连续按【Esc】键，将最终退回到参数功能子菜单。如果有参数已被修改，则需要重新启动系统，以便使新参数生效。此时，系统将出现如图 1-1-19 所示的提示。

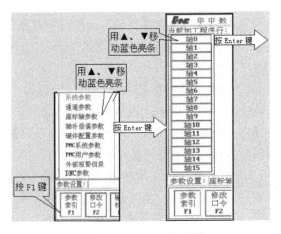

图 1-1-16　参数查看方法

图 1-1-17　参数界面

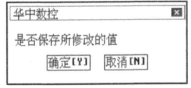

(a) 是否保存参数修改值

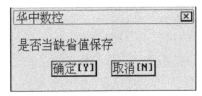

(b) 是否当默认值保存参数修改值

图 1-1-18　参数保存界面

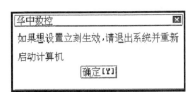

图 1-1-19　参数设置生效提示

查看结果，参数没有异常，怀疑系统软件被破坏。重新安装系统软件后，机床恢复正常工作，可是几天后又出现原来的故障现象。与华中数控技术人员沟通后，怀疑病毒导致该故障。

(3)故障排除　在技术人员的指导下将数控系统与 PC 相连接，用杀毒软件查杀数控系统软件，发现系统有病毒，完全杀毒后，重新安装系统软件，数控机床恢复正常。

【故障现象二】　一台数控车床，配置 HNC-21 数控系统，在调试过程中出现启动后 LCD 没有任何显示，但机床控制面板可以正常使用。

(1)故障分析　由于机床控制面板可以正常使用，说明故障的原因可能与显示有关。查机床维修手册，得到可能原因有显示器损坏、主板分辨率设置不当等。

(2)故障定位　根据上述可能原因，由于显示器的检测很复杂，所以先进行主板分辨率的设定。按系统说明书的要求进行设置后，再启动系统，故障消失。

(3)故障排除　按系统说明书的要求和步骤，对主板分辨率进行设置。

【故障现象三】　CK6150 数控车床，配置 HNC-21 数控系统。数控机床在调试过程中出现系统处于急停状态不能复位。

(1)故障分析　分析故障原因可能是机床本身存在急停开路因素，也可能是 PLC 参数错误，也可能是急停的控制电路错误。

(2)故障定位　检查机床是否存在急停开路因素。检查各轴限位开关，限位都处于正常状态；检查机床控制面板和手持单元上急停按钮电路及控制电路上的元器件，未发现异常；检查信号输入端口及 PMC 参数，均未发现异常。最后决定利用 PLC 程序诊断故障，诊断过程中发现 PLC 程序错误。写入程序的过程中操作错误导致故障发生。

(3)故障排除　改写 PLC 程序后，急停报警能够通过复位消除。

5. 维修总结

简易数控机床出现急停报警的原因一般为：安全问题，人为按压【急停】键，行程开关控制急停。半闭环或闭环数控机床产生急停报警还有其他因素，如伺服驱动系统出现故障产生的飞车急停等。简易数控机床的急停报警处理可按下述方法进行。

(1)安全原因：人为按压【急停】键后，要解除急停报警，则要顺着【急停】键箭头指示的方向转抬，即可解除。

(2)有急停报警：一种是硬超程，另一种是软超程。解除硬超程，需在点动工作方式下，按住超程解除键不放，再按超程的反方向进给键，使工作台或刀架(车床)向超程的反方向移动，直至"超程"指示灯熄灭。解除软超程，需按如下步骤进行：数控系统基本功能菜单【F3】键→【F3】键(输入权限)→数控厂家→输入密码(密码一般为数控厂家给定用户)→【F1】键(参数索引)→轴(为软超程的轴序号)→软极限位置(为软超程的正极限位置或负极限位置方向)，输入值 1000(输入值比原来值大一些)→【F10】键，保存退出→【Alt】+【X】键(退出数控系统)→【E】键，【Enter】键(从内存中退出)→【n】键，【Enter】键(更新启动数控系统)，即可解除软超程。

6. 知识拓展

华中数控系统型号的意义如图 1-1-20 所示。

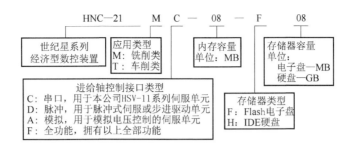

图 1-1-20　华中数控系统型号的意义

任务 4　广州数控系统 GSK980TD 故障诊断与维修

广州数控是发展比较迅速的国产数控系统,在我国特别是广大南方地区有着众多的用户。广州数控的主要产品有 GSK 系列车床、铣床、加工中心数控系统,DA98 系列全数字式交流伺服驱动装置,DY3 系列混合式步进电机驱动装置,DF3 系列反应式步进电机驱动装置,GSK SJT 系列交流伺服电动机。加工中心数控系统 GSK218M 是广州数控自主研发的普及型数控系统(适配加工中心及普通铣床),采用 32 位高性能的 CPU 和超大规模可编程器件 FPGA,其实时控制和硬件插补技术保证了系统微米级精度下的高效率;可在线编辑的 PLC 使逻辑控制功能更加灵活强大;内置 PLC 实现机床的各种逻辑功能控制;梯形图可在线编辑、上传、下载;I/O 口可扩展;标准梯形图可适配斗签式刀库和机械手刀库;手动干预返回功能使自动和手动方式灵活切换;手轮中断和单步中断功能可完成自动运行过程中的坐标系平移;指定程序段的顺序号或程序段号,以便当刀具破损或休息后在指定的程序段重新启动加工操作;背景编辑功能允许在自动运行时编辑程序;刚性攻丝和主轴跟随方式攻丝可由参数设定;三级自动换挡功能,可由设定主轴转速随时切换变频输出电压;具有旋转、缩放、极坐标和多种固定循环功能。

1. 技能目标

(1)认识 GSK980TD 系列数控系统的接口。

(2)能够读懂 GSK980TD 系列数控系统说明书。

(3)能够连接数控系统与外围设备。

(4)能够诊断和调试 GSK980TD 系列数控系统的故障。

2. 知识目标

(1)了解 GSK980TD 系列数控系统的硬件结构。

(2)理解 GSK980TD 系列数控系统软、硬件的工作过程。

(3)掌握 GSK980TD 系列数控系统连接及调试方法。

3. 引导知识

GSK980TDb 是基于 GSK980TDa 升级软硬件推出的新产品,可控制 5 个进给轴(含 C 轴)、两个模拟主轴,2ms 高速插补,0.1μm 控制精度,显著提高了零件加工的效率、精度和表面质量。新增 USB 接口,支持 U 盘文件操作和程序运行。作为 GSK980TDa 的升级产品,GSK980TDb 是经济型数控车床技术升级的最佳选择。

产品特点如下。

(1)X、Z、Y、第 4 轴、第 5 轴五轴控制,Y、第 4 轴、第 5 轴的轴名、轴型可定义。

(2)2ms 插补周期,控制精度有 1μm、0.1μm 可选。

(3)最高速度为 60m/min(0.1μm 时最高速度为 24m/min)。

(4)适配伺服主轴可实现主轴连续定位、刚性攻丝、刚性螺纹加工。

(5)内置多 PLC 程序,当前运行的 PLC 程序可选择。

(6)G71 指令支持凹槽外形轮廓的循环切削。

(7)支持语句式宏指令编程,支持带参数的宏程序调用。

(8)支持公制/英制编程,具有自动对刀、自动倒角、刀具寿命管理功能。

(9)支持中文、英文、西班牙文、俄文显示,由参数选择。

(10)具备 USB 接口、支持 U 盘文件操作、系统配置和软件升级。

(11)两路 0~10V 模拟电压输出,支持双主轴控制。

(12)一路电子手轮输入,支持手持式电子手轮。

(13)40 点通用输入/32 点通用输出。

GSK980TD 系列系统的构成如图 1-1-21 所示,GSK980TD 系列系统连接及接口布置如图 l-1-22 所示。

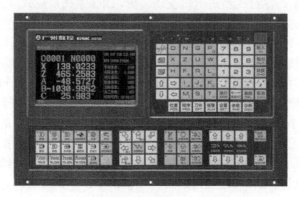

图 1-1-21　GSK980TD 系列系统的构成

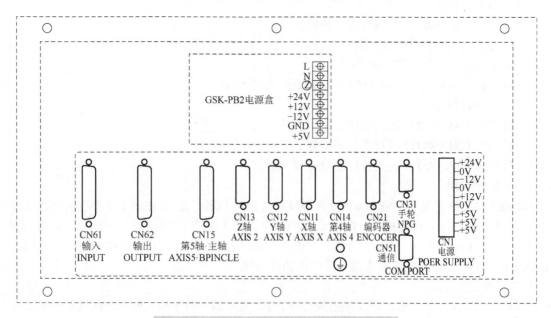

图 1-1-22　GSK980TD 系列系统连接及接口布置

4. 故障诊断与维修

【故障现象一】　一台配置 GSK980TD 数控系统的 CK6140D 数控车床，调试过程中，系统处于急停状态不能复位。

(1) 故障分析　故障原因可能是机床本身存在急停报警 ESP 开路因素，也可能是 PLC 参数错误，也可能是急停的控制电路错误。

(2) 故障定位　检查机床是否存在急停开路因素。检查各轴限位开关，限位都处于正常状态；检查机床控制面板和手持单元上急停按钮电路及控制电路上的元器件，对照原理图发现控制电路中有一个中间继电器短路，保险烧坏。

(3) 故障排除　更换中间继电器和保险，故障现象消失。

【故障现象二】　一台配置 GSK980TD 数控系统且工作多年的 CK6140D 数控车床，开机工作半小时后 CRT 中部变白，逐渐严重，最后全部变暗，无显示。关机数小时之后再开，工作半小时之后，故障依旧。

(1) 故障分析　故障发生时机床其他部分工作正常，估计故障在 CRT 箱内，且与温度有关。

(2) 故障定位　检查 CRT 箱内，两处装有冷却风扇，分别冷却电源部分和接口板。人为地将接口板冷却风扇停转，使温度上升，发现开机后仅几分钟就出现上述故障，可见该电路板热稳定性差。

(3) 故障排除　调换此接口板，故障消除。

【故障现象三】　一台配置 GSK980TDa 数控系统且工作多年的 CK6150D 数控车床不显示故障。机床通电开机后屏幕无显示。

(1) 故障分析　CRT 显示电路与普通黑白电视机显示电路相差无几，根据维修手册，首先检查 CRT 高压电路、行输出电路、场输出电路及 I/O 接口，以上部位均无异常，并且该机床除 CRT 不显示外，各种加工程序和动作均正常。从以上检查情况分析可以看出，该故障可能发生在数控系统内部。

(2) 故障定位　使用仪器检查，发现 PC-2 模板上的 CRT 视放电路无输出电压，怀疑是 PC-2 模板内部故障。采用交换法，用相同功能模板 PX-2 替换怀疑有故障的 PC-2 板，CRT 恢复显示。

(3) 故障排除　更换 PC-2 模板，故障排除。

【故障现象四】　数控车床 CJK6032 配置 GSK980TD 系统，在加工过程中，控制柜中交流接触器的触头突然跳开，数控车床自动退出系统，无报警显示，当打开复位开关后又可进入系统。

(1) 故障分析　系统无报警显示，则控制系统工作正常。再次打开复位开关，系统又可正常运行，则分析系统正常。于是针对故障特征检测交流接触器。

(2) 故障定位　经检测，交流接触器能正常工作。根据交流接触器的工作特性及工作参数，检测工作电压，发现其电压远远低于正常工作电压 380V，判断故障是电网电压不稳引起的。

(3) 故障排除　为数控车床安装稳压器，故障消除。

5. 维修总结

(1) 有时出现的故障并无明显特点供参考，或出现故障的部位是电路板，其上面元器件非常多，无法精确判断故障所在位置。对这些故障一定要认真分析原因，找出特点，进行登记并且备档。

（2）设备在使用过程中所出现的故障都会及时地反馈给生产厂家，生产厂家都会对这些故障做出相应的解决方法，和生产厂家保持经常联系对解决已知和未知故障有很大帮助。

（3）在设备使用中，通过故障发生时的各种光、声、味等异常现象的观察，认真查看系统的各个部分，尽可能地缩小故障范围。

（4）整个数控设备是由许多个元件构成的。充分了解每个元件的工作原理及所控制的部分对判断故障及解决故障有着重要的作用。判断元件是否完好，必须借助各种检测仪器。通过对故障的初步判断及检测来缩小故障范围，进一步确定故障的位置。

6. 知识拓展

合格的维修工具是进行数控机床维修的必备条件，数控机床是精密设备，它对各方面的要求比普通机床高，不同的故障所需要的维修工具亦不尽相同。常用的工具主要有以下几类。

（1）常用仪表类：维修数控机床需要一些仪器、仪表。

① 万用表：数控机床的维修涉及弱电和强电领域，最好配备指针式万用表和数字式万用表各一块。指针式万用表除了用于测量强电回路之外，还用于判断二极管、晶体管、晶闸管、电容器等元器件的好坏，测量集成电路端子的静态电阻值等。指针式万用表的最大好处是反应速度快，可以很方便地用于监视电压和电流的瞬间变化及电容的充放电过程。数字式万用表不仅可以准确测量电压、电流、电阻值，还可以测量晶体管的放大倍数和电容值；它的短路测量蜂鸣器可方便测量电路通断，也可以利用其精确的显示测量电动机三相绕组阻值的差异，从而判断电动机的好坏。

② 示波器：数控系统修理通常使用频带为 10～100MHz 范围内的双通道示波器，它不仅可以测量电平、脉冲上下沿、脉宽、周期、频率等参数，还常用来观察主开关电源的振荡波形，直流电源的波形，测速发电机输出的波形，伺服系统的超调、振荡波形，编码器和光栅尺的脉冲等。

③ PLC 编程器：很多数控系统的 PLC 必须使用专用的机外编程器才能对其进行编程调试、监控和动态状态监视，如西门子 810 系统可以使用 PG685、PG7101、PG750 等专用编程器，也可以使用西门子专用编程软件利用通用计算机作为编程器。使用编程器可以对 PLC 程序进行编辑和修改，可以跟踪梯形图的变化，以及在线监视定时器、计数器的数值变化，在运行状态下修改定时器和计数器的设置值，可强制内部输出，对定时器和计数器进行置位和复位等。西门子的编程器都可以显示 PLC 梯形图。

④ 逻辑测试笔和脉冲信号笔：逻辑测试笔可测量电路是处于高电平还是低电平，或是不高不低的浮空电平，判断脉冲的极性是正脉冲还是负脉冲，输出的脉冲是连续脉冲还是单个脉冲，还可以大概估计脉冲的占空比和频率范围。脉冲信号笔可发出单脉冲和连续脉冲，可以发出正脉冲和负脉冲，它和逻辑测试笔配合起来使用，就能对电路输入和输出的逻辑关系进行测试。

⑤ 集成电路测试仪：这类测试仪可以离线快速测试集成电路的好坏。在数控系统进行片级维修时，是必要的仪器。

⑥ 集成电路在线测试仪：这是一种使用计算机技术的新型集成电路在线测试仪器。它的主要特点是能够对焊接在电路板上的集成电路进行功能、状态和外特性测试，确认其功能是否失效。它所针对的是每个器件的型号及该型号器件应具备的全部逻辑功能，而不管这个器

件应用在何种电路中。因此，它可以检查各种电路板，而且无需图样资料或了解其工作原理，为缺乏图样而使维修工作无从下手的数控机床维修人员提供了一种有效的手段，目前在国内应用日益广泛。

⑦ 短路跟踪仪：短路是电气维修中经常遇到的问题，使用万用表寻找短路点往往费时费力。如果遇到电路中某个元器件击穿，由于在两条连线之间可能并接有多个元器件，用万用表测量出哪一个元器件短路是比较困难的。再如，对于变压器绕组局部轻微短路的故障，用一般万用表测量也是无能为力的，而采用短路故障跟踪仪可以快速找出电路中的任何短路点。

⑧ 逻辑分析仪：它是专门用于测量和显示多路数字信号的测试仪器。它与测量连续波形的通用示波器不同，逻辑分析仪显示各被测试点的逻辑电平、二进制编码或存储器的内容。维修时，逻辑分析仪可检查数字电路的逻辑关系是否正常，时序电路的各点信号的时序关系是否正确，信号传输中是否有竞争、毛刺和干扰。通过测试软件的支持，对电路板输入的给定数据进行监测，同时跟踪测试其输出信息，显示和记录瞬间产生的错误信号，找到故障所在。

(2) 维修工具类：维修数控机床除了需要一些常用的仪表、仪器外，一些维修工具也是必不可少的，主要有如下几种：

① 螺钉旋具：常用的是大、中、小、一字口和十字口的螺钉旋具各一套，特别是维修进口检查需要一个刚性好、窄口的一字螺钉旋具。拆装西门子的一些模块时，需要一套外六角形的专用螺钉工具。

② 钳类工具：常用的有平口钳、尖嘴钳、斜口钳、剥线钳等。

③ 电烙铁：常用 25～30W 的内热式电烙铁。为了防止电烙铁漏电将集成电路击穿，电烙铁要良好接地，最好在焊接时拔掉电源。

④ 吸锡器：将集成电路从印制电路板上焊下时，常使用吸锡器。另外，现在还有一种热风吹锡器比较好用，高温风将焊锡吹化并且吹走，很容易将焊点脱开。

⑤ 扳手：大小活扳手、内六角扳手各一套。

⑥ 其他：镊子、刷子、剪刀、带鳄鱼夹子的连线等。

项目(二)　数控车床主轴故障诊断与维修

金属切削机床的主运动是形成机床切削速度或消耗主要动力的工作运动。数控车床的主运动是主轴的旋转,形成安装在主轴前端卡盘上的工件的切削力矩和切削速度,是零件加工的成形运动之一。主运动对零件的加工精度有较大影响。

任务 1　数控车床主轴机械故障诊断与维修

数控车床主轴单元机械组件由主轴、支承轴承、传动和减速装置、卡盘构成。数控车床主轴支承结构,前支承采用双列短圆柱滚子轴承承受径向载荷和 60° 角接触双列向心推力球轴承承受轴向载荷,后支承采用双列短圆柱滚子轴承。这种结构主轴刚性高,能承受较大的切削负载,适用于中等转速。

1. 技能目标

(1)能够读懂数控车床主轴装配图。

(2)能够正确选择和使用主轴机械部件维修工具。

(3)能够拆装主轴机械组件。

(4)能够分析、定位和维修数控车床主轴机械故障。

2. 知识目标

(1)了解数控车床主轴传动方式配置特点。

(2)理解主轴支承的布置形式及特点。

(3)掌握主轴机械故障的常见故障表现。

(4)掌握主轴机械故障诊断和排除的原则及方法。

3. 引导知识

1)数控机床主轴传动方式配置及特点

(1)普通笼型异步电动机配齿轮变速箱:这是一种最经济的主轴配置方式,电动机可以是单速电动机,也可以是双速电动机,通过主轴箱上的变速手柄进行主轴变速的粗调控,系统通过加工程序的特殊 S 码进行细调(一般每一挡内有 4 种 S 码),但只能实现有级调速。由于电动机始终工作在额定转速下,经齿轮减速后,主轴在低速时输出力矩大,切削能力强,非常适合粗加工和半精加工的要求。如果加工产品比较单一,对主轴转速没有太高的要求,这种配置方式在数控机床上也能起到很好的作用。它的缺点是噪声比较大,而且电动机工作在工频下,主轴转速范围不大,不适合有色金属和需要频繁变换主轴速度的加工场合。这种传动方式目前主要应用在普通型数控车床的主轴上,如图 1-2-1 所示。

(2)普通笼型异步电动机配变频器:这种配置方式一般会采用带传动,经过传送带一级降速,提高低速主轴的输出转矩。系统可以通过加工程序指令的 S 码(主轴速度值)控制主轴速度,从而实现主轴的无级调速。主轴电动机只有工作在 200r/min 以上才能有比较满意的力矩输出,否则,因为受到普通电动机最高转速的影响,主轴的转速范围受到较大的限制,特别是车床粗加工时很容易出现堵转。

这种方案适用于需要无级调速且对低速和高速都不要求的场合，如普通型数控车床主轴变速控制，如图 1-2-2 所示。

图 1-2-1　普通笼型异步电动机配齿轮变速箱　　　图 1-2-2　普通笼型异步电动机配变频器

（3）三相异步电动机配齿轮变速箱及变频器：采用这种配置时，电动机可以是普通型异步电动机，也可以是变频器专用的变频电动机。主轴的速度换挡控制是通过系统加工程序的 M 代码进行自动选择的，如数控车床中 M41 为低速挡、M42 为中速挡、M43 为高速挡，再通过变频器实现每一挡位内的无级调速控制。变频器采用电流矢量控制。

这种主轴配置方式不仅满足了低速大切削量的要求（如数控车床的粗加工过程），而且扩大了机床的加工范围，提高了主轴的调速范围，目前主要应用于普通型数控车床或要求比较高的普通型数控车床上，如图 1-2-3 所示。

图 1-2-3　三相异步电动机配齿轮变速箱及变频器

（4）伺服主轴驱动系统：这种主轴配置方式应用于中、高档的数控铣床和加工中心上，如图 1-2-4 所示。

图 1-2-4　伺服主轴驱动系统

伺服主轴驱动系统具有响应快、速度高、过载能力强的特点，主轴速度通过加工程序的 S 码(主轴速度值)实现无级调速控制，当然价格比较高，通常是同功率变频器主轴驱动系统的 3 倍以上。伺服主轴驱动方式还可以实现主轴定向停止(又称主轴准停)、刚性攻螺纹、主轴 C 轴进给功能等对主轴控制性能要求很高的加工。为了满足低速大转矩输出并扩大加工范围，有的数控机床主轴还配置了齿轮变速。主轴挡位控制是通过系统加工程序的 M 代码(数控车床)或 S 码的数值范围(数控铣床或加工中心)进行自动选择的，而且在每一挡位上实现电气无级调速控制。

(5)电主轴：电主轴单元将电动机和高精度主轴结合在一起，使主轴单元向高速、高效、高精度加工迈出了可喜的一步。电主轴单元是数控机床的核心功能部件，它使机床摆脱了机械传动的束缚，简化了机床结构，同时消除了由机械传动产生的振动噪声。典型的电主轴的

图 1-2-5　电主轴

结构如图 1-2-5 所示。电主轴的结构十分紧凑，通常又在高速下运转，因而它的关键技术是如何解决电动机本身的发热问题。解决的方法首先是改进轴承材料，轴承的内外环采用高氮合金钢制造，配以陶瓷滚动元件；其次是减少电动机的发热，在电动机铁心中有油冷却通道，通过机床外部冷却装置把电动机本身产生的热量带走。电主轴端部安装有传感器，可以直接作为主轴的速度和位置反馈及各种功能的控制。

电主轴驱动器可以是变频器或主轴伺服放大器。近几年又开发出磁悬浮轴承的电主轴，使得主轴的最高转速能够达到 50 000~60 000r/min，从而满足现在数控机床更高速度和更高精度的要求。

安装电主轴的机床主要用于精加工和高速加工，如高速精密加工中心及五轴联动数控机床。

2)主轴轴承的配置形式

(1)前支承采用双列圆柱滚子轴承和 60°角接触球轴承的组合，后支承采用成对角接触球轴承，如图 1-2-6(a)所示。这种结构配置形式是现代数控机床主轴结构中刚性最好的一种。它使主轴的综合刚度得到大幅度提高，可以满足强力切削的要求，所以目前各类数控机床的主轴普遍采用这种配置形式。

(2)前支承采用高精度双列(或 j 列)角接触球轴承，后支承采用单列(或双列)角接触球轴承，如图 1-2-6(b)所示。这种结构配置形式具有较好的高速性能，主轴最高转速可达 4000r/min，但这种轴承的承载能力小，因而适用于高速、轻载和精密的数控机床主轴。

(3)前后支承采用双列和单列圆锥滚子轴承，如图 1-2-6(c)所示。这种轴承径向和轴向刚度高，能承受重载荷，尤其能承受较大的动载荷，安装与调整性能好。但是这种轴承配置方式限制了主轴的最高转速和精度，所以仅适用于中等精度、低速与重载的数控机床主轴。

4.故障诊断与维修

【故障现象一】　某厂有一台 CK6136 车床车削工件粗糙度总不合格。

(1)故障分析　考虑到故障现象是经常性的，不是偶发的，而且该机床在车削外圆时，车削纹路不清晰，精车后粗糙度达不到要求。在排除工艺方面的因素(如刀具、转速、材质、进给量和背吃刀量等)后，怀疑是主轴机械故障导致工件粗糙度总不合格。

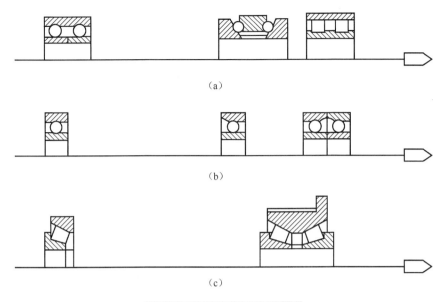

图 1-2-6　主轴轴承的布置形式

（2）故障定位　将主轴挡位挂到空挡，用于旋转主轴，感觉主轴较松。

（3）故障排除　打开主轴防护罩，松开主轴止退螺钉，收紧主轴锁紧螺母，用手旋转主轴，感觉主轴松紧度合适后，锁紧主轴止退螺钉，重新精车，粗糙度达到要求，故障排除。

【故障现象二】　某厂有一台 CK6161 数控车床加工过程中出现主轴漏油故障。

（1）故障分析　该数控车床为手动换挡变速，通过主轴箱盖上方的注油孔加入润滑油。在加工时只要速度达到 400r/min，油就会顺着主轴流出来，观察油箱油标，显示油在上线位置。

（2）故障定位　拆开主轴箱上盖，发现润滑油已注满了主轴箱，油标也被油浸没，说明油加得过多，在达到一定速度时油弥漫。

（3）故障排除　放掉多余的油后，主轴运转时的漏油问题解决。外部观察油标正常，是因为加油过急使油标的空气来不及排出，油将油标浸没，从而给加油者假象，加油过多，导致漏油。

【故障现象三】　某厂有一台 CK6140 数控车床运行在 1200r/min 时主轴噪声变大。

（1）故障分析　出于 CK6140 数控车床采用的是齿轮变速传动。主轴产生噪声的噪声源主要有齿轮在啮合时的冲击和摩擦产生的噪声、主轴润滑油箱的油不到位产生的噪声、主轴轴承的不良引起的噪声。

（2）故障定位　将主轴箱上盖的固定螺钉松开，卸下上盖，发现油箱的油在正常水平。检查该挡位的齿轮及变速拨叉，看看齿轮有无毛刺及啮合硬点，结果正常。拨叉上的铜块没有摩擦痕迹，且移动灵活。在排除以上故障后，卸下主轴，检查主轴轴承，发现轴承的外环滚道表面上有一个细小的凹坑碰伤。噪声的根源大概是这个凹坑。

（3）故障排除　更换轴承，重新安装好后，噪声减小，问题解决。

【故障现象四】　有一台数控车床在工作过程中出现主轴自动停转的现象。

（1）故障分析　经检查，在机床主轴停转时，主轴电机仍然在正常旋转，可以断定故障在主轴机械传动系统上。

（2）故障定位　检查后，确认主轴停转时主轴箱内的机械变挡滑移齿轮已经脱离啮合，引起了主轴的停转。由于该机床采用的是液压缸推动滑移齿轮进行变速的齿轮变挡形式，检查确认变挡滑移齿轮脱离啮合的原因是液压缸内压力变化引起的。进一步检查发现，液压缸的换向阀(三位四通)在中位不能闭死，导致了液压缸前后两腔油路间的渗漏，造成了液压缸的上腔推力大于下腔推力，使活塞杆逐渐向下移动，引起了滑移齿轮脱离啮合。

(3)故障排除　更换新的三位四通换向阀后，机床恢复正常，问题解决。

【故障现象五】　某车床变挡多次后，主轴箱噪声变大。

(1)故障分析　该机床采用的是液压缸推动滑移齿轮进行变速的变速换挡形式。机床接到变挡指令后，液压缸通过拨叉带动滑移齿轮移动。因此，变挡时啮合的齿轮间必然会发生冲击和摩擦。如果齿轮表面硬度不够，或齿端倒角、倒圆不好，或者是变挡速度太快、冲击过大，都将造成齿轮表面破坏，从而使主轴箱噪声变大。

(2)故障定位　检查轮齿啮合面的硬度，发现硬度过低。

(3)故障排除　通过提高轮齿表面硬度(应大于 55HRC)，认真做好齿端的倒角、倒圆，调节变挡速度，故障被排除。

【故障现象六】　某机床发出主轴变挡指令后，主轴处于慢速来回摆动状态，一直挂不上挡。

(1)故障分析　该机床采用变速齿轮传递主运动，为了保证滑移齿轮移动顺利啮合于正确位置，机床接到变挡指令后，在电气设计上使主电动机带动主轴做慢速来回摇摆运动。此时，如果电磁阀发生故障，油路不能切换，液压缸不动作，或者液压缸动作，发出反馈信号的无触点开关失效，滑移齿轮变挡到位后不能发出反馈信号，都会造成机床循环动作中断。

(2)故障定位　断开电气控制电路，给电磁阀独立电源，检查电磁阀，工作状态正常，油路能切换。又检查反馈信号，发现没有信号，无触点开关无开关动作。

(3)故障排除　更换新的无触点开关后，故障排除。

5. 知识拓展

1)主轴机械部件常见故障

主轴机械部件常见故障见表 1-2-1。

表 1-2-1　主轴机械部件常见故障

序号	故障现象	故障原因	排除方法
1	主轴发热	主轴前后轴承损伤或轴承不清洁	更换清洗轴承
		主轴前端盖与主轴箱体压盖研伤	修磨主轴前端盖，使其压紧主轴前轴承，轴承与后盖应保持 0.02～0.05mm 间隙
		轴承润滑油脂耗尽或涂抹过多	涂抹润滑油脂，每个轴承 3ml
2	主轴在强力切削时丢转或停转	主轴传动皮带过松	移动电动机机座，张紧皮带，然后将电动机机座重新锁紧
		皮带表面有油	用汽油清洗，擦干净后再装上
		皮带使用过久而失效	更换新皮带
3	主轴噪声	摩擦离合器调整过松或磨损	调整摩擦离合器，修磨或更换摩擦片
		缺少润滑	涂抹润滑油脂，保证每个轴承涂抹润滑油脂量不超过 3ml
		小带轮与大带轮传动平衡情况不佳	带轮上的动平衡块脱落，重新进行动平衡
		主轴与电动机连接的皮带过紧	移动电动机机座，皮带松紧度合适
		齿轮啮合间隙不均匀或齿轮损坏	调整啮合间隙或更换新齿轮
		传动轴承损坏或传动轴弯曲	修复或更换轴承，校直传动轴
4	主轴没有润滑油或润滑不足	油泵转向不正确或间隙太大	将吸合油管插入油面以下 2/3 处
		吸油管没有插入油箱的油面以下	消除堵塞物
		润滑油压不足	调整供油压力

2) 数控机床主轴 C 轴控制

数控机床主轴 C 轴控制是指主轴实现准确位置控制及进给伺服轴的插补控制，完成任意曲线和轮廓的加工，如多功能数控车床中实现对工件螺旋槽的加工。根据机床的配置不同，主轴 C 轴控制分为 C_f 轴控制和 C_s 轮廓控制两种方式。

(1) C_f 轴控制：主轴的回转位置(转角)控制和其他进给轴一样由进给伺服电机实现。该轴与其他进给轴联动进行插补，加工任意曲线，一般应用在多轴加工数控机床中。

(2) C_s 轮廓控制：主轴的回转位置(转角)控制不是由伺服电动机来实现，而是由主轴电动机实现的。主轴的位置(角度)由装于主轴(不是主轴电动机)上的高分辨率编码器检测，此时主轴作为进给伺服轴工作，运动速度单位为(°)/min，并可与其他进给轴一起插补，加工出轮廓曲线。

任务 2　数控车床变频主轴常见故障诊断与维修

在数控机床主轴驱动系统中，采用变频调速技术调节主轴的转速，具有高效率、宽范围、高精度的特点。变频调速技术是现代电力传动技术的重要发展方向，随着电力电子技术的发展，交流变频技术从理论到实际逐渐走向成熟。变频器广泛用于交流电机的调速，不仅调速平滑、调速范围大、效率高、启动电流小、运行平稳，而且节能效果明显。因此，交流变频调速已逐渐取代了过去的传统滑差调速、变极调速、直流调速等调速系统，越来越广泛地应用于机床、冶金、纺织、供水空调等领域。

1. 技能目标

(1) 能够读懂数控车床变频主轴电气控制的原理图。

(2) 能够识别变频主轴系统常见故障。

(3) 能够分析、定位和维修数控车床变频主轴故障。

2. 知识目标

(1) 了解变频主轴的工作过程。

(2) 理解变频器的工作原理。

(3) 掌握变频主轴常见的故障表现。

(4) 掌握变频主轴故障诊断和排除的原则及方法。

3. 引导知识

1) 通用变频器的构造

(1) 主回路：通用变频器的主回路包括整流部分、直流环节、逆变部分、制动或回馈环节等部分，如图 1-2-7 所示。其中，$VD_1 \sim VD_6$ 是全桥整流电路中的二极管；$VD_7 \sim VD_{12}$ 这 6 个二极管为续流二极管，用于消除三极管开关过程中出现的尖峰电压，并将能量反馈给电源；R_L 为平波电抗器，作用是抑制整流桥输出侧输出的直流电流，使之平滑；$V_1 \sim V_6$ 是晶体管开关元件，开关状态由基极注入的电流控制信号来确定。

(2) 整流部分：整流部分通常又称为电网侧变流部分，是把三相交流电整流成直流电。常见的低压整流部分是由二极管构成的不可控三相桥式电路或由晶闸管构成的三相可控桥式电路。而对中压大容量的整流部分则采用多重化 12 脉冲以上的变流器。

若电源的进线电压为 U_L，则三相全波整流后平均直流电压 $U_D=1.35U_L$，我国三相电源的线电压为 380V，故全波整流后的平均电压为 $U_D=1.35 \times 380 = 513(V)$。

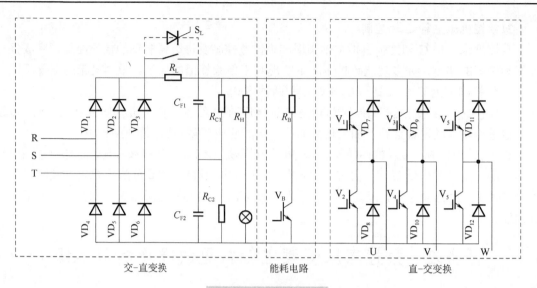

图 1-2-7　变频器主电路

（3）直流环节：由于逆变器的负载是异步电动机，属于感性负载，因此在中间直流部分与电动机之间总会有无功功率的交换，这种无功能量的交换一般需要中间直流环节的储能元件（如电容或电感）来缓冲。其中，滤波电容 C_{F1} 和 C_{F2} 的作用是滤平（除）全波整流后的电压纹波；当负载变化时，使直流电压保持平稳。

在变频器合上电的瞬间，滤波电容器 C_{F1} 和 C_{F2} 上的充电电流比较大，过大的冲击电流将可能导致三相整流桥损坏。为了保护整流桥，在变频器刚接通电源的一段时间里，电路内串入平波电抗器 R_L，以限制电容器 C_{F1} 和 C_{F2} 上的充电电流。当滤波电容 C_{F1} 和 C_{F2} 充电电压达到一定值时，触电开关 S_L 接通，将 R_L 短路。

（4）逆变部分：逆变部分通常又称为负载侧变流部分，它通过不同的拓扑结构实现逆变元件的规律性关断和导通，从而得到任意频率的三相交流电输出，如图 1-2-8 所示。常见的逆变部分是由 6 个半导体主开关器件组成的三相桥式逆变电路。

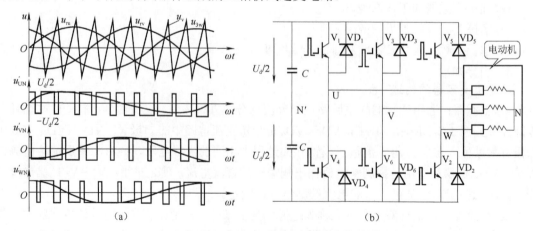

图 1-2-8　逆变波形及电路

（5）制动或回馈环节：由于制动形成的再生能量在电动机侧容易聚集到变频器的直流环节，形成直流母线电压的泵升，需要及时用制动环节将能量以热能形式释放或通过回馈环节转换到交流电网中。

制动环节在不同的变频器中有不同的实现方式,通常小功率变频器都内置制动环节,即内置制动单元,有时还内置短时工作制的标配制动电阻;中功率段的变频器可以内置制动环节,但属于标配还是选配需根据不同品牌变频器的选型手册而定;大功率段的变频器制动环节大多为外置。至于回馈环节,则大多属于变频器的外置回路。

2)控制回路

变频器控制回路由变频器的核心软件算法电路、检测传感电路、控制信号的输入/输出电路、驱动电路和保护电路组成,如图 1-2-9 所示。

(1)开关电源:变频器的辅助电源采用开关电源,具有体积小、效率高等优点。电源输入为变频器主回路直流母线电压或将交流 380V 整流,通过脉冲变压器的隔离变换和变压器副边的整流滤波可得到多路输出直流电压。其中,+15V、−15V、−5V 共地,±15V 给电流传感器、运放等模拟电路供电,+5V 给 DSP 及外围数字电路供电。相互隔离的 4 组或 6 组+15V 电源给 IPM 驱动电路供电。+24V 为继电器、直流风机供电。

(2)DSP(数字信号处理器):TD 系列变频器采用的 DSP 为 TMS320F240,主要完成电流、电压、温度采样、六路 PWM 输出,各种故障报警输入,电流电压频率设定信号输入,还完成电动机控制算法的运算等功能。

(3)输入/输出端子:变频器控制电路输入/输出端子包括:

① 输入多功能选择端子、正反转端子、复位端子等。

② 继电器输出端子、开路集电极输出多功能端子等。

③ 模拟量输入端子,包括外接模拟量信号用的电源(12V、10V 或 5V)及模拟电压量频率设定输入和模拟电流量频率设定输入。

④ 模拟量输出端子,包括输出频率模拟量和输出电流模拟量等,用户可以选择 0～1mA 的直流电流表或 0～10V 的直流电压表,显示输出频率和输出电流,当然也可以通过功能码参数进行选择输出信号。

(4)SCI 口:TMS320F240 支持标准的异步串口通信,通信波特率可达 625Kbit/s。具有多机通信功能,通过一台上位机可实现多台变频器的远程控制和运行状态监视功能。

(5)操作面板部分:DSP 通过 SPI 口,与操作面板相连,完成按键信号的输入、显示数据输出等功能。

3)数控车床变频器的接线

变频器接线如图 1-2-10 所示。

4. 故障诊断与维修

【故障现象一】　某数控车床,主轴驱动是额定功率 33kW 的变频器,无线路图,变频器无输出又有电压不正常的故障提示(F2)。

(1)故障分析　根据变频器工作原理分析故障现象,可以判断是变频器的电路出现故障。需要对变频器整个电路进行检测。

(2)故障定位

① 送上三相交流电,检查中间直流电压,发现无直流电压,说明整流滤波环节出现故障。断电,进一步检查主回路,发现熔丝及阻容滤波的电阻都已损坏,换上相应的元器件,中间直流电压正常。但此时切勿急于通电,应再检查逆变器主回路。

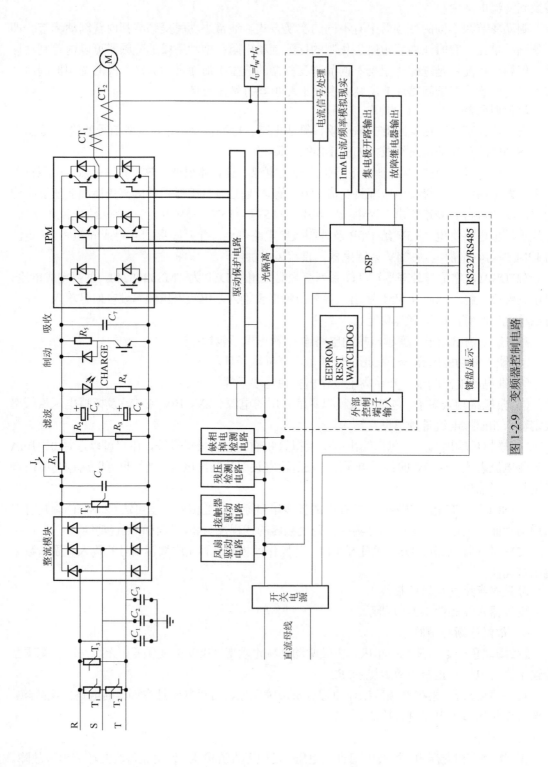

图 1-2-9 变频器控制电路

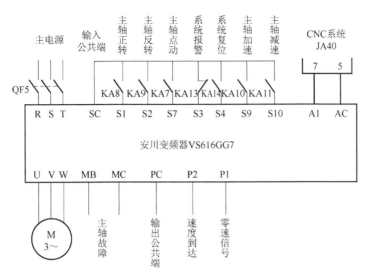

图 1-2-10　数控车床变频器接线

② 检查逆变器主回路，发现有一组功率模块已击穿短路，换上功率模块后，逆变器主回路已正常。但凡有模块损坏的必须检查相应的前置放大回路。

③ 找到损坏回路的光耦输入端及前置输出端，断开所有控制输出端与主回路的连接。加上控制电源后，发现该回路的一块厚膜组件及一个电阻损坏，更换后，进一步在光耦处加上正信号，模拟测试 6 路控制回路状态均相同。此时可判定控制回路已正常。

(3)故障排除　接好测试时拆下的线路，接上所有外围线路。通电试车，驱动器已正常。

【故障现象二】　一台数控车床变频主轴控制系统，在数控系统操作面板无论手动还是自动方式下，主轴均不转，但数控系统和变频器显示均正常。

(1)故障分析　向机床操作者了解到该机床刚刚进行了搬迁，第一次开机运行主轴工作正常，但第二次开机运行就出现了上述故障现象。怀疑有虚接或断开线路。

(2)故障定位　对数控系统与变频器及变频器与主轴电动机的连接线路一一进行排查，未发现故障。接着用万用表测量了变频器输出电压，测量方法如图 1-2-11 所示。测得 U 相无电压输出，造成缺相，电动机不转。将变频器上盖打开，检查主回路电路板，发现逆变输出模块芯片有一插脚有焦煳痕迹，仔细检查发现，有一细小金属切屑将相邻插脚短路，导致了故障。

(3)故障排除　由于芯片故障无法修复，联系了变频器生产厂家购买更换新的芯片。

芯片安装后，必须将外部控制电路断开，仔细核对变频器参数；或者把参数恢复为出厂值，重新设定。参数无误，方可接通外部控制电路，通电试车。

【故障现象三】　一台配置 FANUC 0i TD 的数控车床主轴低速段不转，高速段运转。数控系统和变频器显示工作正常，无报警信息。

(1)故障分析　维修人员到达现场后，看到数控机床采用 PLC 和变频器共同控制主轴高、中、低 3 段变速，低速位时，主轴没有响应，高速段主轴运转。仔细观察发现，高速段内主轴的转速也与数控系统操作面板的指令和反馈的显示值不符，主轴实际转速固定为 1200 r/min，不变速。

(2)故障定位　仔细检查了变频器与 PLC、变频器与电动机的线路未发现异常。将变频器与电动机的电路断开，先按图 1-2-12 所示的方法测量变频器外接输入端子的电压，电压正常，说明 PLC 侧无故障。然后分别在低速、中速、高速状态下测量输出电压，在高速段有输出，但无频率变化。将盖子打开，发现电路板有腐蚀断路和短路的迹象，进一步检查，发现信号处理电路异常。

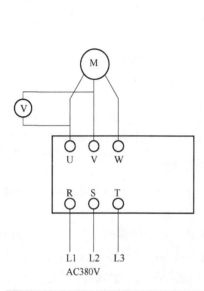

图 1-2-11　万用表测量变频器输出电压　　　　图 1-2-12　测量变频器外部输入端子电压

（3）故障排除　发生这类故障已经没办法修理，只能更换变频器。

【故障现象四】　一台数控车床主轴只能正向旋转控制，不能反向旋转控制。

（1）故障分析　车床主轴能正向旋转说明变频器的主电路和主轴机械部件没有故障，故障应该在反转控制电路或参数设定，可能在反转控制端子外围电路，也可能在反转控制端子输入内部电路。

（2）故障定位　先根据变频器说明书检查变频器参数，反转功能参数设定正确。再检查变频器反转控制端子的外围电路，未发现异常。再根据原理图检查端子输入电路，发现输入电路限流电阻电压不正常，可能是电阻烧坏了。检查下游的电路，所幸没有异常。

（3）故障排除　更换了限流电阻，故障消除。

【故障现象五】　配套某系统的数控车床，主轴电动机驱动采用三菱公司的 E540 变频器，在加工过程中，变频器出现过压报警。

（1）故障分析与定位　仔细观察机床故障产生的过程，发现故障总是在主轴启动、制动时发生，因此，可以初步确定故障的产生与变频器的加/减速时间设定有关。当加/减速时间设定不当时，如主电动机启/制动频繁或时间设定太短，变频器的加/减速无法在规定的时间内完成，则通常容易产生过电压报警。

（2）故障排除　修改变频器参数，适当增加加/减速时间后，故障消除。

5. 维修总结

（1）维修和调试时，必须仔细阅读说明书，确定电路的功能，选择合适的工具进行检测避免故障扩大。修复后通电，一定有防短路措施。

(2)保持变频器的清洁，不要让灰尘等其他杂质进入。

(3)特别注意避免断线或连接错误。

(4)牢固连接接线端和连接器。

(5)确保使用具有合适容量的熔断器、漏电断路器、交流接触器、电机连线。

(6)切断电源后应等待至少 5min，才能进行维护或检查。

(7)设备应远离潮湿和油雾、灰尘、金属丝等杂质。

6. 知识拓展

变频调速系统以其优越于直流传动的特点，在很多场合中都被作为首选的传动方案，现代变频调速都采用 16 位或 32 位单片机作为控制核心，从而实现全数字化控制，调速性能与直流调速基本相近，但使用变频调速器时，其维修工作要比直流复杂，一旦发生故障，企业的普通电气人员就很难处理，这里就变频器常见的故障进行分析。

1)参数设置类故障

常用的变频器在使用中，是否能满足传动系统的要求，变频器的参数设置起到至关重要的作用，如果参数设置不正确，会导致变频器不能正常工作。

(1)参数设置：一般出厂时，厂家对每一个参数都有一个默认值，这些参数称为出厂值。在这些参数值下用户能以面板操作的方式正常运行，但不能满足大多数传动系统的要求，所以，用户在正确使用变频器之前，核对变频器参数时应从以下几个方面进行：

① 确认电机的参数。变频器在参数中设定的电机的功率、电流、电压、转速、最大频率，这些参数可以从电机铭牌中直接得到。

② 变频器采取的控制方式。即速度控制、转矩控制、PID 控制或其他方式，采取控制之后，一般要依据控制精度，进行静态或动态识别。

③ 设置变频器的启动力式。有固板、外部端子和通信方式等几种。一般变频器在出厂时设定从面板启动，用户可以依据实际情况选择启动方式。

④ 给定信号的选择。一般变频器的频率给定也可以有多种方式，即面板给定、外部给定、外部电压或电流给定、通信方式给定，当然对于变频器的频率给定也可以是这几种方式中的一种或几种。正确地设置以上参数之后，变频器基本上就能正常工作，要获得更好的控制效果，就要根据实际情况修改相关的参数。

(2)参数设置类故障的处理：一旦发生参数设置故障，变频器就不能正常运行，一般可根据说明书进行参数修改。如果以上方法无效，最好把所有的参数恢复出厂值，然后按上述步骤重设，不同公司的变频器参数恢复方式也不同。

2)OV 过压故障

首先要排除参数问题导致的故障，如减速时间过短以及由再生负载导致的过压等。然后可以看电压检测电路是否出现故障。变频器的过电压集中表现在直流母线的支流电压上。一般的电压检测电路的电压采用点都是中间直流取样后(530V 左右的直流)电压通过阻值较大的电阻降低后再由光耦进行隔离，当电压超过一定的值时，显示"5"过压(此机数码管显示)，可以看一下电阻是否氧化变值，光耦是否有短路现象。

变频器都有一个正常工作的电压范围，当电压超过这个范围时，很可能出现(易)损害变频器。常见的过电压有以下两类。

(1)输入交流电源过电压　这种情况是指输入电压超过正常的范围。一般发生在节假日、负载较轻、电压升高或降低而导致线路出现故障时，此时，最好断开电源，检查、处理。

(2) 发电类过电压 这种情况出现的概率较大。主要是电机的同步转速比实际转速还高，使电机处于发电的状态，而变频器没有安装制动单元。引起这一故障的原因，主要有以下两种情况：

① 当变频器拖动大惯性负载时，其减速时间设的比较小，在减速的过程中，变频器的输出速度比较快，而负载本身阻力减速比较慢，使负载拖动电机的转速比变频器输出的频率所对应的转速还要高，电机处于发电状态，而变频器没有能量回馈单元，因而变频支流直流回路电压升高，超出保护值，出现故障。处理这种故障，可以增加再生制动单元，或者修改变频参数，把变频器的减速时间设得长一些。再生制动单元包括能量消耗型、并联直流母线吸收型和能量回馈型。

能量消耗型在变频器直流回路中并联一个制动电阻，通过检测直流母线电压来控制功率管的通断。

并联直流母线吸收型应用于多电机传动系统，这种系统往往有一台或几台电机经常工作于发电状态，产生再生的能量，这些能量通过并联母线被处于电动状态的电机吸收。

能量回馈型变频器网侧变流器是可逆的，当有再生能量产生时，可逆变流器就将再生能量回馈给电网。

② 多个电动机拖动同一个负载时，也可能出现这一故障，主要是没有负荷分配引起的。以两台电动机拖功一个负载为例，当一台电动机的实际转速大于另一台电动机的同步转速时，转速高的电动机相当于原动机，转速低的处于发电状态，引起故障。处理时需加负荷分配控制。

3) OC 过流报警故障

过流故障可分为加速、减速和恒速过流。这是变频最常见的故障，首先排除参数问题导致的故障，例如，电流限制，加速时间短有可能导致过流的产生。然后必须判断电流检测电路是否有问题。以 FVR-075G7S-4RX 为例，在不接电机运行的时候，面板会有电流的显示，这时要测试一下 3 个霍尔传感器是否出现问题。若以上两者均正常，就要考虑其他的因素，如由于变频器的负载发生突变，负荷分配不均或传输短路等。这时一般可采取减少负荷的突变外加能耗制动元件和进行负荷分配设计等方法处理。

(1) 如果负载很轻，却又过电流跳闸 首先检查电动机磁路是否饱和。励磁电流或磁通大幅度增加往往导致磁路饱和，此时铁心和线圈会过热。若磁路饱和，可通过反复调整 U/f，使变频器正常启动。

(2) 重载情况下过电流 有些生产机械在运行过程中负荷突然加重甚至卡住，电动机的转速大幅度下降，电流急剧增加，过载保护来不及动作，导致过电流跳闸。

首先了解机械本身是否有故障，如果有故障，则修理机器；如果这种过载属于生产过程中经常出现的现象，则应考虑加大电动机和负载之间的传动比。适当加大传动比，可减轻电动机轴上的转矩，避免出现带不动的情况。若无法加大传动比，则考虑增大电动机和变频器的容量。

(3) 升速或降速中过电流 这往往是升速或降速过快引起的。可通过延长升(降)速时间或准确预置升(降)速自处理(防失速)功能解决。

如果不能确定故障，则断开负载，变频器如果还是过流故障，说明变频器逆变电路已坏，需要更换变频器。

4）过载故障

过载故障包括变频过载和电机过载。原因可能是加速时间太短、直流制动量过大、三相电压不平衡、电网电压太低、负载过重以及变频器的内部电流检测部分发生故障而引起的误动作等。一般可通过延长加减速时间、延长制动时间和检查电网电压等方法解决。负载过重，多是因为选的电机和变频器不能拖动该负载，也可能是机械润滑不好引起的。若是前者，则必须更换大功率的电机和变频器；若是后者，则对生产机械进行检修。

5）其他故障

（1）UV 欠压故障：首先看一下输入端电压是否偏低、缺相，然后检测电路故障，其判断方法和电压相同。

（2）OH 过热故障：如电动机有温度检测装置，检测电动机的散热情况；变频器的温度过高，检查变频器的通风情况，即轴流风扇运转是否良好。有些变频器有电动机温度检测装置，可检查电动机的散热情况，然后检测电路各器件是否正常，检查变频器的通风情况。

（3）变频器在电机空载时工作正常，但不能带有负载启动：这种问题常常出现在恒转矩负载时。遇到此类问题，应重点检查加减速时间设定或提升转矩设定值。

（4）频率上升到一定数值，继续向上调解时，频率保持在一定值不断跳跃，转速不能提高。遇到上述问题，应检测最大转矩的设定是否偏小，变频器的容量是否偏小。

（5）SC 短路故障：可以检测一下变频器内部器件是否有短路现象。以安川 616G545P5 为例，模块、驱动电路、光耦出现故障一般为模块和驱动的问题。更换模块、修复驱动电路，SC 故障会消除。

（6）FU 快速熔断故障：现在的变频器大多推出了快熔故障的检查功能。特别是大功率的变频器，以 LG SV030IH-4 变频器为例，它主要是对快熔前面后面的电压进行采样检测。当快熔损坏时，必然会出现快熔一端电压丢失，此时隔离光耦，出现 FU 警报。更换快熔就能解决问题，应该注意的是，更换快熔前必须判断主回路是否有问题。

任务 3　数控车床伺服主轴常见故障诊断与维修

伺服主轴驱动系统具有响应快、速度高、过载能力强的特点，还可以实现定向和进给功能，当然价格也是最高的，通常是同功率变频器主轴驱动系统的 2~3 倍。伺服主轴驱动系统主要用以满足系统自动换刀、刚性攻丝、主轴 C 轴进给功能等对主轴位置控制性能要求很高的加工。

1．技能目标

（1）能够读懂数控车床伺服主轴电气控制的原理图。

（2）能够识别伺服主轴系统常见故障。

（3）能够分析、定位和维修数控车床伺服主轴故障。

2．知识目标

（1）了解主轴伺服驱动器的工作过程。

（2）掌握伺服主轴常见的故障表现。

（3）掌握伺服主轴故障诊断和排除的原则与方法。

3．引导知识

主轴伺服系统提供加工各类工件所需的切削功率，因此，只需完成主轴调速及正反转功能。但当要求机床有螺纹加工、准停和恒线速加工等功能时，对主轴也提出了相应的位置控制要求，因此，要求其输出功率大，具有恒转矩段及恒功率段，有准停控制，主轴与进给联动。与进给伺服一样，主轴伺服经历了从普通三相异步电动机传动到直流主轴传动的发展历程。随着微处理器技术和大功率晶体管技术的发展，现在又进入了交流主轴伺服系统的时代。

交流主轴电机一般采用感应式交流伺服电机。感应式交流伺服电机结构简单、便宜、可靠，配合矢量交换控制的主轴驱动装置，可以满足数控机床主轴驱动的要求。主轴驱动交流伺服化是数控机床主轴驱动控制的发展趋势。

矢量控制是根据异步电机的动态数学模型，利用坐标变换的方法将电机的定子电流分解为磁场分量电流和转矩分量电流，模拟直流电机的控制方式，对电机的磁场和转矩分别控制，使得异步电机的静态特性和动态特性接近于直流电机的性能。

矢量变换控制的正弦脉宽调制(SPWM)调速系统，是将矢量变换得到相应的交流电动机的三相电压控制信号，作为 SPWM 系统的给定基准正弦波，实现对交流电动机的调速。

该系统实现了转矩与磁通的独立控制，控制方式与直流电动机相同，可获得与直流电动机相同的调速控制特性，满足了数控机床进给驱动的恒转矩、宽调速的要求，也可以满足主轴驱动中恒功率调速的要求，因此在数控机床上得到了广泛应用。矢量变换调速系统的主要特性如下。

(1)速度控制精度和过渡过程响应时间与直流电动机大致相同，调速精度可达±0.1%。

(2)自动弱磁控制与直流电动机调速系统相同，弱磁调速范围为 4 : 1。

(3)过载能力强，能承受冲击负载、突然加减速和突然可逆运行，能实现四象限运行。

(4)性能良好的矢量控制的交流调速系统的效率比直流系统约高 2%，不存在直流电动机换向火花问题。

交流主轴伺服系统的原理如图 1-2-13 所示，来自 CNC 的转速给定指令在比较器中与测速反馈信号比较后产生转速误差信号，这一转速误差经比例积分调节器放大后，作为转矩给定指令电压输出。

转矩给定指令经绝对值回路将转矩给定指令电压转化为单极性信号。然后经函数发生器、V/F 转换器转换为转矩给定脉冲信号。

转矩给定脉冲信号在微处理器中与四倍频回路输出的速度反馈脉冲进行运算。同时，预先存储在微处理器 ROM 中的信息给出幅值和相位信号，分别送到 DA 振幅器和 DA 强励磁。

DA 振幅器用于产生与转矩指令相对应的电动机定子电流的幅值，而 DA 励磁强化回路用于控制增加定子电流的幅值。两者输出经乘法器处理后，形成定子的电流指令回路，另外，从微处理器输出的 U、V 相位信号 $\sin\theta$ 和 $\sin(\theta-120°)$ 分别送到 U 相和 V 相，电流给定指令与电流反馈信号比较之后的误差，经放大送到 PWM 控制回路，变成固定频率的脉宽调制信号，其中，W 相信号由 I_U、I_V 两信号合成产生。

上述脉宽调制信号经 PWM 转换器，最终控制电动机的三相电流。

作为检测器件的脉冲编码器产生每转固定的脉冲。这一脉冲经四倍频回路进行倍频后，经 F/V 转换器转换为电压信号，提供速度反馈电压。

由于低速时，F/V 转换器的线性度差，速度反馈信号一般还需要在微分电路和同步整流电路中进行相应的处理。

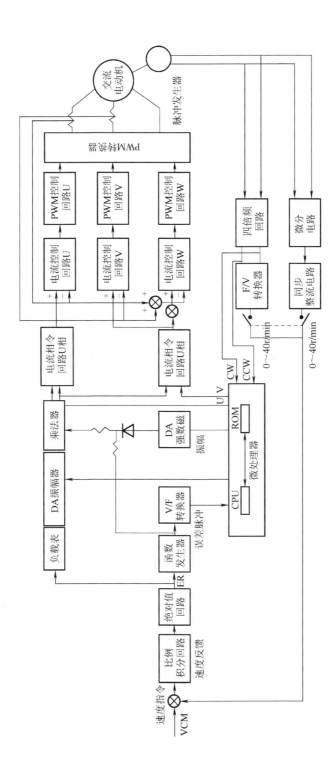

图 1-2-13 交流主轴伺服系统原理图

4. 故障诊断与维修

【故障现象一】 主轴在运动过程中出现无规律性的振动或转动。

(1)故障分析　主轴伺服系统受电磁、供电线路或信号传输干扰的影响，主轴速度指令信号或反馈信号受到干扰，主轴伺服系统误动作。

(2)故障定位　令主轴转速指令信号为零，调整零速平衡电位或漂移补偿量参数值，观察是否由系统参数变化引起故障。若调整后仍不能消除故障，则多为外界干扰信号引起主轴伺服系统误动作。

(3)故障排除　电源进线端加装电源净化装置，动力线和信号线分开，布线要合理，信号线和反馈线按要求屏蔽接地线要可靠。

【故障现象二】 主轴电动机过热，CNC 装置和主轴驱动装置显示过电流报警等。

(1)故障分析　主轴电动机通风系统不良、动力连线接触不良、机床切削用量过大、主轴频繁正反转等引起电流增加，电能以热能的形式散发出来，主轴驱动系统和 CNC 装置通过检测，显示过载报警。

(2)故障定位　根据 CNC 和主轴驱动装置提示报警信息，检查可能引起故障的各种因素。

(3)故障排除　保持主轴电动机通风系统良好，保持过滤网清洁干净；检查动力接线端子接触情况，严格按照机床的操作规程，正确操作机床。

【故障现象三】 主轴正常加工时没有问题，仅在定位时产生抖动。

(1)故障分析　主轴定位一般分机械、电气和编码器三种准停定位，当定位机械执行机构不到位，检测装置反馈信息有误时产生抖动。另外，主轴定位要有一个减速过程，如果减速或增益等参数设置不当，也会引起故障。

(2)故障定位　根据主轴定位的方式，主要检查各定位、减速检测元件的工作状况和安装固定情况，如限位开关、接近开关、霍尔元件等。

(3)故障排除　保证定位执行元件运转灵活，检测元件稳定可靠。

【故障现象四】 当进行螺纹切削、攻丝或要求主轴与进给有同步配合的加工时，出现进给停止，主轴仍继续运转，或加工螺纹零件出现乱牙现象。

(1)故障分析　当主轴与进给同步配合加工时，要依靠主轴上的脉冲编码器检测反馈信息，若脉冲编码器或连接电缆有问题，则会引起上述故障。

(2)故障定位　通过调用 I/O 状态数据，观察编码器信号线的通断状态；取消主轴与进给同步配合，用每分钟进给指令代替每转进给指令来执行程序，可判断故障是否与编码器有关。

(3)故障排除　更换维修编码器，检查电缆线接线情况，特别注意信号线的抗干扰措施。

【故障现象五】 实际主轴转速值超过指令给定的转速值范围。

(1)故障分析　电动机负载过大，引起转速降低，或低速极限值设定太小，造成主轴电动机过载，测速反馈信号变化，引起速度控制单元输入变化；主轴驱动装置故障，导致速度控制单元错误输出；CNC 系统输出的主轴转速模拟量($\pm10V$)没有达到与转速指令相对应的值。

(2)故障定位　空载运转主轴，检测、比较实际主轴转速值与指令值，判断故障是否由负载过大引起；检查测速反馈装置及电缆线，调节速度反馈量的大小，使实际主轴转速达到指令值；用备件替换法判断驱动装置故障部位；检查信号电缆线连接情况，调整有关参数使 CNC 系统输出的模拟量与转速指令值相对应。

(3)故障排除　更换维修损坏的部件，调整相关的参数。

【故障现象六】 主轴电动机不转。

(1)故障分析 CNC 系统至主轴驱动装置一般有速度控制模拟量信号和使能控制信号，主轴电动机不转，重点围绕这两个信号进行检查。主轴电动机不转的其他原因有主轴驱动装置故障或主轴电动机故障。

(2)故障定位 先检查主轴电机，用于转动主轴，很容易转动，并且运行平稳无异常。

检查 CNC 系统有速度控制信号输出；检查使能信号也是接通的。通过 I/O 状态，主轴的启动条件(如润滑、冷却等)也满足，那就是驱动装置有问题，用备件替代法，把备用主轴驱动装置换到机床上，机床主轴电动机正常工作，说明是驱动装置故障。

(3)故障排除 更换驱动装置，把坏的驱动装置返给生产厂家维修。

5. 维修总结

对怀疑有故障的部件或元、器件用相同的备件或同型号机床或本机床上其他部分的相同部件或元、器件来替换，以确定是否发生故障。注意替换时参数要一致。

6. 知识拓展

1)检查与测试 FANUCα/αi 系列数字式主轴驱动系统

电源电压的检查在 α/αi 系列数字式交流主轴驱动器主控制板上设有维修、检测用的测量检测端，在正常工作时，驱动器的电源电压检测端的电压值如下：

① +24V 检测端与 0V 间：+24(1± 5%) V。

② +15V 检测端与 0V 间：+15V (1± 5%) V。

③ +5V 检测端与 0V 间：+5V (1± 5%) V。

④ -15V 检测端与 0V 间：-15V (1± 5%) V。

驱动器的设定与调整在 FANUCα/αi 系列主轴器上设有设定开关 Sl~S7，用于设定驱动器的基本状态，其含义如下：

① S1：当一个串行口电缆连接有两只 SPM 驱动器时，第一只驱动器设 "ON"，第二只驱动器设 "OFF"；仅使用一个 SPM 驱动器模块时，设 "OFF"。

② S2：若负载表输出使用模拟量滤波器功能，设 "ON"，否则为 "OFF"。

③ S3：若转速表输出使用模拟量滤波器功能，设 "ON'，否则为 "OFF"。

④ S4、S5：第一主轴外部参考点信号的类型选择。若为 NPN 型输入，则 S4 设为 "ON"，S5 设为 "OFF"；若为 PNP 型输入，则 S4 设为 "OFF"，S5 设为 "ON"；若不使用外部参考点信号接收器功能，则 S4 设为 "OFF"，S5 也设为 "OFF"。

⑤ S6、S7：第二主轴(子主轴)外部参考点信号的类型选择。若为 NPN 型输入，则 S6 设为 "ON"，S7 设为 "OFF"；若为 PNP 型输入，则 S6 设为 "OFF"，S7 设为 "ON"；若不使用外部参考点信号接收器功能，则 S6 设为 "OFF"，S7 设为 "OFF"。

α/αi 系列数字式交流主轴驱动系统的调整与设定，一般通过系统与驱动器的参数设定进行，当维修时，若需要多驱动器进行更换或重新调整，则应按照以下步骤进行。

(1)检查与主轴有关的部件规格、型号，检查以下各项：

① CNC 的型号与功能。

② 主轴电动机的规格与型号。

③ 电源模块的规格与型号。

④ 主轴驱动模块的规格与型号。

⑤ 主轴测量系统的型号。

(2) 检查 CNC、驱动器、电动机、PMC、强电柜之间的连接。

(3) 检查机床 PMC 的控制程序。

(4) 检查数控系统中有关 α/αi 系列串行主轴的参数设定在常见系统中，设定参数为：

① FANUC 0C：机床参数 PRM071 bit4。

② FANUC l5/150：机床参数 PRM5064 bit0。

③ FANUC l6/18/160/180：机床参数 PRM3071 bit4。

(5) 进行 α/αi 系列串行主轴驱动器参数的初始化。参数初始化可以通过设定电动机型号代码与相应的初始化位自动进行，其操作步骤如下：

① 设定电动机代码参数。电动机代码可以从 FANUC 手册中查得。在不同系统中对应的电动机代码设定参数为：

FANUC 0C：机床参数 PRM6633。

FANUC15/150：机床参数 PRM313。

FANUC16/18/160/180：机床参数 PRM41330。

② 设定 α/αi 系列串行主轴驱动器参数初始化位。

FANUC 0C：机床参数 PRM6059 bit7。

FANUC15/150：机床参数 PRM5067 bit0。

FANUC16/18/160/180：机床参数 PRM4019 bit7。

③ 切断 CNC 电源，并再次接通 CNC，系统将根据选定的电动机代码自动进行驱动器参数的初始化。

(6) 设定与速度指令、速度检测系统有关的参数。

(7) 对照 FANUC 维修手册，检测测量系统的信号波形。

(8) 进行正常工作状态的检查，如正反转检查、加减速时间检查、主轴停止状态检查、主轴实际转速与转速漂移检查等。

(9) 进行主轴驱动器的选择功能检查，如主轴定向准停功能、C 轴控制功能、刚性攻螺纹功能、同步控制功能等。

检测端信号及含义在 α/αi 系列数字式交流主轴驱动器上安装有若干测试端，用于驱动器的检测与优化，检测端的含义见表 1-2-2。

表 1-2-2　α/αi 主轴驱动器检测端及其含义

检测端	含义	备注
LM	负载表输出	
SM	转速表输出	
+24	+24V 电源电压	+24（±5%）V
+15	+15V 电源电压	+15（±5%）V
+5	+5V 电源电压	+5（±5%）V
−15	−15V 电源电压	−15（±5%）V
GND	0V 电源电压	
CH1	内部数据检测端 1	
CH2	内部数据检测端 2	
CH1D	内部数据检测位 bit0 检测端 1	

续表

检测端	含义	备注
CH2D	内部数据检测位 bit0 检测端 2	
PA2	脉冲编码器 A 相正弦波 2	
PB2	脉冲编码器 B 相正弦波 2	
PS2	脉冲编码器 Z 相信号 2	
PA3	脉冲编码器 A 相正弦波 3	
VRM	基准电压	+2.5V
LSA1	磁性检测器件输出信号检测端 1	
LSA2	磁性检测器件输出信号检测端 2	
EXTSC1	外部参考信号检测端 1	
EXTSC1	外部参考信号检测端 2	
PAD	脉冲编码器 A 相等效信号	
PBD	脉冲编码器 B 相等效信号	
PSD	脉冲编码器 Z 相等效信号	
PA1	脉冲编码器 A 相正弦波 1	
PB1	脉冲编码器 B 相正弦波 1	
PS1	脉冲编码器 Z 相信号 1	
PB3	脉冲编码器 B 相正弦波 3	
PA4	脉冲编码器 A 相正弦波 4	
PB4	脉冲编码器 B 相正弦波 4	
OVR2	外部主轴倍率输入电压值	

2) 主轴伺服系统故障的表现形式

当主轴伺服系统发生故障时，通常有 3 种表现形式：一是在操作面板上用指示灯或 CRT 显示报警信息；二是在主轴驱动器装置上用指示灯或数码管显示故障状态；三是主轴工作不正常，但无任何报警信息。

项目(三) 数控车床进给系统故障诊断与维修

数控车床的进给系统一般由驱动控制单元、驱动元件、机械传动部件、执行元件和检测反馈环节等组成。驱动控制单元和驱动元件组成伺服驱动系统,机械传动部件和执行元件组成机械传动系统,检测元件与反馈电路组成反馈装置,亦称反馈系统。

进给运动是指刀具与工件之间产生的相对运动,是使工件切削层不断投入切削,从而加工出完整表面所需的运动。对于数控车床而言,进给运动就是车削时车刀的连续直线或曲线运动。

任务 1 数控车床进给系统机械故障诊断与维修

数控车床进给系统机械部分包括滚珠丝杠螺母副及其支承组件、床身导轨副、传动装置等。

1. 技能目标

(1)能够读懂数控车床进给系统机械装配图。

(2)能够正确选择和使用进给系统机械部件维修工具。

(3)能够拆装和调整进给机械组件。

(4)能够分析、定位和维修数控车床进给系统机械故障。

2. 知识目标

(1)了解数控车床床身的布置方式及特点。

(2)理解滚珠丝杠螺母副的工作原理及其支承的布置形式和特点。

(3)理解数控机床常用导轨的工艺及特点。

(4)理解进给系统传动装置的工作原理。

(5)掌握进给系统机械故障的常见故障表现。

(6)掌握进给系统机械故障诊断和排除的原则与方法。

3. 引导知识

1)滚珠丝杠螺母副

滚珠丝杠螺母副是回转运动与直线运动相互转换的传动装置,它是利用螺旋面的升角使旋转运动变为直线运动,是数控机床的丝杠螺母副最常见的一种形式。它的结构特点是在具有螺旋槽的丝杠螺母间装有滚珠,作为中间传动元件,以减少摩擦。

工作原理如图 1-3-1 所示。在丝杠 3 和螺母 1 上都加工有半圆弧形的螺旋槽,把它们套装在一起便形成了滚珠的螺旋滚道 c。螺母上有滚珠回路管道 b,将螺旋滚道的两端连接在一起构成封闭的循环滚道,在滚道内装满滚珠。当丝杠旋转时,滚珠在滚道内既自转又沿滚道循环转动,从而迫使螺母(或丝杠)轴向移动。

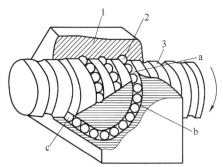

1-螺母；2-滚珠；3-丝杠；a-工作管道；b-回路管道；c-螺旋滚道

图 1-3-1 滚珠丝杠螺母副的原理图

滚珠丝杠螺母副是滚动摩擦，它的特点是：

(1)摩擦因数小，传动效率高，所需传动转矩小。

(2)磨损小，寿命长，精度保持性好。

(3)灵敏度高，传动平稳，不易产生爬行。

(4)丝杠和螺母之间可通过预紧和间隙消除措施提高轴向刚度和反向精度。

(5)运动具有可逆性，既可将旋转运动变成直线运动，又可将直线运动变成旋转运动。

(6)制造工艺复杂，成本高。

(7)在垂直安装时不能自锁，需附加制动机构，常用的制动方法有超越离合器、电磁摩擦离合器或者使用具有制动装置的伺服驱动电机。

该丝杠副滚珠的循环方式分为外循环和内循环两种。滚珠在返回过程中与丝杠脱离接触的为外循环；滚珠在循环过程中与丝杠始终接触的为内循环。循环中的滚珠称为工作滚珠，工作滚珠所走过的滚道圈数称为工作圈数。

外循环常见的有插管式和螺旋槽式。图 1-3-2(a)所示为插管式，它用弯管作为返回管道，这种形式结构工艺性好，但管道突出螺母体外，径向尺寸较大。图 1-3-2(b)所示为螺旋槽式，它是在螺母外圆上铣出螺旋槽，槽的两端钻出通孔并与螺纹滚道相切，形成返回通道。这种形式的结构比插管式的结构径向尺寸小，但制造较为复杂。

内循环结构如图 1-3-3 所示。在螺母的侧孔中装有圆柱凸键反向器，反向器上铣有 S 形回珠槽，将相邻螺纹滚道连接起来，滚珠从螺纹滚道进入反向器，借助反向器迫使滚珠越过丝杠牙顶进入相邻滚道，实现循环。

一般一个螺母上装有 2～4 个反向器，沿螺母圆周均布。这种结构径向尺寸紧凑，刚性好，且不易磨损，因返程滚道短，不易发生滚珠堵塞，摩擦损失小。但反向器结构复杂，制造困难，且不能用于多头螺纹传动。

2)数控机床的导轨

导轨主要用来支承和引导运动部件沿一定的轨道运动，它是数控机床的基本结构之一。数控机床的加工精度和使用寿命在很大程度上取决于机床导轨的质量。在导轨副中，运动的一方叫称为运动导轨，不动的一方称为支承导轨。运动导轨相对于支承导轨的运动，通常是直线运动和回转运动。各种形式导轨见表 1-3-1。

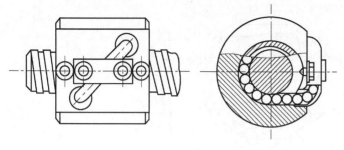

（a）插管式

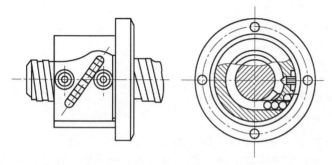

（b）螺旋槽式

图 1-3-2　外循环滚珠丝杠

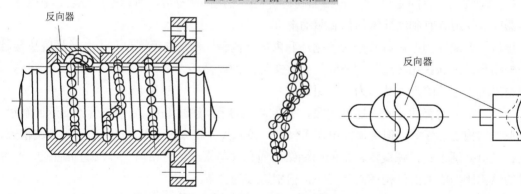

图 1-3-3　内循环滚珠丝杠

表 1-3-1　导轨的形式

导轨类型		特点	应用范围
滑动导轨	普通导轨	优点是结构简单，制造方便，刚度好，抗振性高；缺点是在低速运动时易出现爬行现象而降低运动部件的定位精度	广泛应用于各种类型普通机床，在数控机床中仅少量应用在精度要求不高的开环系统及小功率闭环系统中
	塑料滑动导轨	注塑导轨	（1）摩擦因数小，动、静摩擦因数差值小，运动平稳性和抗爬性能比铸铁导轨副好； （2）减振性好，具有良好的阻尼性； （3）耐磨性好，有自润滑作用，无润滑油也能工作，灰尘磨粒的嵌入性好； （4）化学稳定性好，耐磨，耐低温，耐强酸、强碱、强氧化剂及各种有机溶剂； （5）维修方便，经济性好	目前在大型和重型机床上应用很多
		贴塑导轨		应用广泛，不仅适用于数控机床，还适用于其他各种类型的机床导轨，在机床维修和数控化改造中还可以减少机床结构的修改，具有较显著的技术经济效益

续表

导轨类型	特点	应用范围
滚动导轨	优点是灵敏度高,摩擦阻力小,动、静摩擦因数小,因而运动均匀,低速运动时不易出现爬行现象;定位精度高,重复定位误差达 0.2μm;牵引力小,移动轻便;磨损小,精度保持性好,寿命长。缺点是抗振性差,对防护要求较高,结构复杂,制造比较困难,成本高	在立式车床上使用可提高加工速度
静压导轨	导轨之间为纯液体摩擦,不产生磨损,精度保持性好,摩擦因数低(一般为 0.0005~0.001),低速不易产生爬行,承载能力大,刚性好;承载油膜有良好的吸振作用,抗振性好。缺点是结构复杂且需要配置一套专门的供油系统	在车床上得到日益广泛的应用

4. 故障诊断与维修

【故障现象一】 某配套 FANUC 0T 系统的数控车床,在工作运行中,被加工零件的 Z 轴尺寸逐渐变小,而且每次的变化量与机床的切削力有关,当切削力增加时,变化量也随之变大。

(1)故障分析 根据故障现象分析,产生故障的原因应在伺服电动机与滚珠丝杠之间的细节连接上。由于采用的是联轴器直接连接的结构形式,当伺服电动机与滚珠丝杠之间的弹性联轴器未能锁紧时,丝杠与电动机之间将产生相对滑移,造成 Z 轴进给尺寸逐渐变小。

(2)故障排除 解决联轴器不能正常锁紧的方法是压紧锥形套,增加摩擦力。如果联轴器与丝杠、电动机之间配合不良,依靠联轴器本身的锁紧螺钉无法保证锁紧时,通常的解决方法是将每组锥形弹性套中的其中一个开一条 0.5mm 的缝,以增加锥形弹性套的收缩量,这样可以解决联轴器与丝杠、电动机之间配合不良引起的松动。

【故障现象二】 某厂有一台 CK6140 车床在 Z 向移动时有明显的机械颤抖。

(1)故障分析 分析这一现象产生的原因,可能是参数设置错误,导致机床无法执行指令而出现颤抖,也可能是机械故障导致颤抖。

(2)故障定位 该机床 Z 向移动时,明显感受到机械抖动,在检查系统参数无误后,将 Z 轴电动机卸下,单独转动电动机,电动机运转平稳。用扳手转动丝杠,震动手感明显。拆下 Z 轴丝杠防护罩,发现丝杠上有很多小铁屑及脏物,初步判断为丝杠故障引起的机械抖动。拆下滚珠丝杠副,打开丝杠螺母,发现螺母反向器内有很多小铁屑及脏物,造成钢球运转流动不畅,有阻滞现象。

(3)故障排除 用汽油认真清洁、清除杂物,重新安装,调整好间隙,故障被排除。

【故障现象三】 某 SINUMERIK 802D 数控车床,在手动移动时,CNC 出现 ALM25050 报警。

(1)故障分析 ALM25050 报警的含义是系统出现轮廓监控错误。机床故障时,手动方式移动坐标轴,工作台无任何动作。分析故障原因不外乎机械部件与控制系统两方面。

(2)故障定位 考虑该机床的伺服系统为半闭环系统,为了尽快确定故障原因,维修时松开了电机与丝杠间的联轴器,进行单独电气系统运行试验。检查发现,在松开联轴器后,电机可以正常旋转,且有足够的输出转矩,因此判定故障原因在机械传动系统上。检查机械传动系统,发生故障机床的滚珠丝杠螺母副已经损坏,使得滚珠丝杠无法转动,导致 CNC 出现 ALM25050 报警。

(3)故障排除 更换滚珠丝杠后,机床恢复正常。

【故障现象四】 某厂 CK6140 数控车床加工圆弧过程中 X 轴加工误差过大。

(1)故障分析 在自动加工过程中,从直线到圆弧时接刀处出现明显的加工痕迹,用千分表分别对车床的 X 轴、Z 轴的反向间隙进行检测,发现 Z 轴为 0.008mm,而 X 轴为 0.08mm。可以确定该现象是由 X 轴间隙过大引起的。

(2)故障定位 分别对电动机连接的同步带和带轮等检查无误后,将 X 轴分别移动至正、负极限处,将千分表压在 X 轴侧面,用手左右推拉 X 轴中拖板,发现有 0.06mm 的移动值。可以判断是 X 轴导轨镶条引起的间隙。

(3)故障排除 调整并紧固镶条止退螺钉,在系统参数里将反向间隙补偿值设为相当于 0.01mm 的值,重新启动系统运行程序,故障排除。

【故障现象五】 某厂 CK6140 数控机床运动工程中 Z 轴出现跟踪误差过大报警。

(1)故障分析及定位 该机床采用半闭环控制系统,在 Z 轴移动时产生跟踪误差报警,参数检查无误后,对电动机与丝杠的连接等部位进行检查,结果正常。将系统的显示方式设为负载电流显示,在空载时发现电流为额定电流的 40%左右,在快速移动时就出现跟踪误差过大报警。用手触摸 Z 轴电动机,明显感受到电动机过热。检查 Z 轴导轨上的压板,发现压板与导轨间隙不到 0.01mm。可以判断是压板压得太紧而导致摩擦力过大,使得 Z 轴移动受阻,导致电动机电流过大而发热,快速移动时产生丢步而造成跟踪误差过大报警。

(2)故障排除 松开压板,使得压板与导轨间隙在 0.02~0.04mm,锁紧紧固螺母,重新运行,故障排除。

【故障现象六】 某数控车床 X 轴电动机过热报警。

(1)故障分析 电动机过热报警,产生原因有很多种,除伺服单元本身问题外,可能是切削参数不合理,也可能是传动链上有问题。

(2)故障定位 机床的故障原因是导轨镶条与导轨间隙太小,调得太紧。

(3)故障排除 松开链条防松螺钉,调整镶条螺栓,使运动部件灵活,保证 0.03mm 的塞尺不得塞入,然后锁紧防松螺钉,故障排除。

5. 维修总结

检修机床一般是按逐一否定法进行的,也就是通常所说的排除法。具体做法是首先把故障的可能成因罗列出来,分析出哪一种原因可能性最大,作为故障环节对待,其他环节暂定为无故障完好部位,进行检测。逐一排查,直至找出故障点,并将故障排除。

6. 知识拓展

1)滚珠丝杠的支承方式

常用的滚珠丝杠的支承方式如图 1-3-4 所示。

(1)一端装推力轴承 如图 1-3-4(a)所示,这种安装方式的承载能力小,轴向刚度低,只适用于行程小的短丝杠。

(2)一端装推力轴承,另一端装向心球轴承 如图 1-3-4(b)所示,这种安装方式用于丝杠较长的情况,当热变形造成丝杠伸长时,其一端固定,另一端能进行微量的轴向浮动。为减少丝杠热变形的影响,止推轴承的安装位置应远离电机热源和丝杠工作时的常用段。

(3)两端装推力轴承 如图 1-3-4(c)所示,将推力轴承安装在滚珠丝杠的两端,并施加预紧力,有助于提高丝杠的轴向刚度,但此种安装方式对热变形较为敏感。

(4)两端装推力轴承及向心球轴承 如图 1-3-4(d)所示。为了提高刚度,丝杠两端均采用双重支承并施加预紧。这种方式可使丝杠的热变形转化为推力轴承的预紧，但设计时要注意提高推力轴承的承载力和支架刚度。

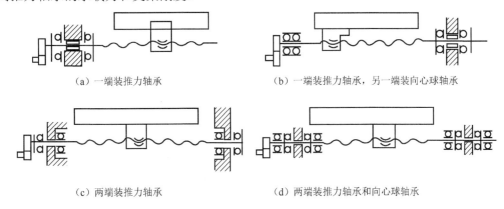

（a）一端装推力轴承　　　　　　　　（b）一端装推力轴承，另一端装向心球轴承

（c）两端装推力轴承　　　　　　　　（d）两端装推力轴承和向心球轴承

图 1-3-4　常用滚珠丝杠的支承方式

2）滚珠丝杠的防护

滚珠丝杠副用润滑剂来提高耐磨性及传动效率。润滑剂可分为润滑油和润滑脂，润滑油一般为机械油或 140 号主轴油，经过壳体上的油孔注入螺母的空间内；润滑脂常采用锂基润滑脂，一般加在螺纹滚道和安装螺母的壳体的空间内。滚珠丝杠副如果在滚道上落入了灰尘、切屑，或者使用了不干净的润滑油，不仅会妨碍滚珠的正常运转，还会使磨损急剧增加，因此必须有防护装置，通常采用密封圈对螺母进行防护。

密封圈装在滚珠螺母的两端，分为接触式的和非接触式的两种。接触式的弹性密封圈用耐油橡胶或尼龙制成，其内孔做成与丝杠螺纹滚道相配合的形状，与丝杠紧密接触，防尘效果好，但也增加了滚珠丝杠的摩擦阻力矩。非接触式的密封圈又称迷宫式密封圈，用硬质塑料制成，其内孔与丝杠螺纹滚道的形状相反，并稍有间隙，避免了摩擦阻力矩，但防尘效果差。对于在机床上外露的滚珠丝杠副，应采取封闭的防护罩，一般采用螺旋弹簧钢带套管、锥形套管以及折叠式套管等。安装时将防护罩的一端连接在滚珠螺母的端面，另一端固定在滚珠丝杠的支承座上。

3）滚珠丝杠副轴向间隙的调整

滚珠丝杠的传动间隙是轴向间隙。轴向间隙通常是指丝杠和螺母无相对转动时，丝杠和螺母之间的最大轴向窜动量。除了结构本身所有的游隙之外，还包括施加轴向载荷后产生弹性变形所造成的轴向窜动量。为了保证反向传动精度和轴向刚度，必须消除轴向间隙。

用顶紧方法消除间隙时应注意，预加载荷能够有效地减少弹性变形所带来的轴向位移，但预紧力不易过大，过大的预紧载荷将增加摩擦力，使传动效率降低，缩短丝杠的使用寿命。所以，一般需要经过多次调整才能保证机床在适当的轴向载荷下既消除了间隙又能灵活转动。

消除间隙的方法常采用双螺母结构，利用两个螺母的相对轴向位移，使两个滚珠螺母中的滚珠分别贴紧在螺旋滚道的两个相反的侧面上。常用的双螺母丝杠消除间隙的方法如下。

（1）垫片调隙式：如图 1-3-5 所示，在螺母处放入一垫片，调整垫片厚度使左右两个螺母产生方向相反的位移，则两个螺母中的滚珠分别贴紧在螺旋滚道的两个相反的侧面上，即可消除间隙和产生预紧力。这种方法结构简单、刚性好，但调整不便，滚道有磨损时不能随时消除间隙和进行预紧，调整精度不高，仅适用于一般精度的数控机床。

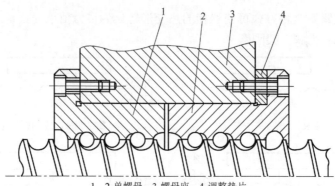

1、2-单螺母；3-螺母座；4-调整垫片

图 1-3-5　垫片调隙式

（2）螺纹调隙式：如图 1-3-6 所示，左螺母外端有凸缘，右螺母右端加工有螺纹，用两个圆螺母把垫片压在螺母座上，左右螺母通过平键和螺母座连接，使螺母在螺母座内可以轴向滑移仍不能相对转动。调整时，拧紧螺母 4 使右螺母向右滑动，就改变了两螺母的间距，即可消除间隙并产生预紧力，然后用锁紧螺母锁紧。这种调整方法结构简单紧凑、工作可靠、调整方便、应用较广，但调整预紧量不能控制。

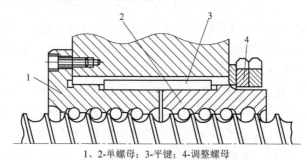

1、2-单螺母；3-平键；4-调整螺母

图 1-3-6　螺纹调隙式

（3）齿差调隙式：如图 1-3-7 所示，在两个螺母的凸缘上加工有圆柱外齿轮，分别与紧固在套筒内端的内齿圈相啮合，左右螺母不能转动。两螺母凸缘齿轮的齿数分别为 Z_1 和 Z_2，且相差一个齿。调整时，先取下内齿圈，让两个螺母相对于螺母座同方向都转动一个齿或多个齿，然后插入内齿圈并紧固在螺母座上，两个螺母便产生角位移，使两个螺母轴向间距改变，实现消除间隙和预紧的目的。

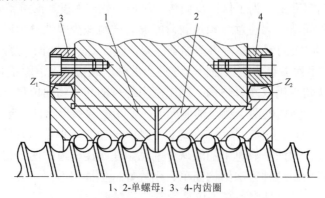

1、2-单螺母；3、4-内齿圈

图 1-3-7　齿差调隙式

设滚珠丝杠的导程为 t，两个螺母相对于螺母座同方向转动一个齿后，其轴向位移量为

$$S = \left(\frac{1}{Z_1} - \frac{1}{Z_2} \right) t$$

例如，$Z_1 = 99$，$Z_2 = 100$，滚珠丝杠的导程 $t = 10\text{mm}$ 时，则 $S = 10/9900 \approx 0.001(\text{mm})$，若间隙量为 0.002mm，则相应的两螺母沿同方向转过两个齿即可消除间隙。

齿差调隙式的结构较为复杂，尺寸较大，但是调整方便，可获得精确的调整量，预紧可靠，不会松动，适用于高精度传动。

任务 2　数控车床进给伺服系统故障诊断与维修

数控机床的进给伺服系统以机床移动部件的位置和速度为控制量，接受来自插补装置或插补软件生成的进给脉冲指令。经过一定的信号变换及电压、功率放大、检测反馈，最终实现工件相对于刀具运动的控制系统。

1. 技能目标

(1) 能读懂数控系统与交流伺服驱动的电气连接图。

(2) 能够判断交流伺服驱动器的工作状态。

(3) 能够检测伺服系统故障。

(4) 能够排除伺服系统的强电、弱电故障。

(5) 能够判断伺服电动机的工作状态。

2. 知识目标

(1) 了解进给伺服系统的位置环、速度环、电流环以及驱动装置。

(2) 了解伺服系统常见的类型及特点。

(3) 掌握伺服系统常用驱动装置，如步进电动机、直流伺服电动机、交流伺服电动机的结构及工作原理。

3. 引导知识

1) 伺服概述

伺服是英文 Servo 的译音，在数控系统中表示服从的意思。在数控机床中，由数控装置发出指令脉冲，通过伺服驱动单元控制执行机构拖动工作台运动，并且工作台运行的速度和距离完全按指令脉冲行事，能够非常准确无误地执行数控装置发出指令的要求。进给伺服系统是数控机床的重要组成部分，数控机床的进给伺服系统与一般机床的进给系统有本质上的差异，它能根据指令信号自动精确地控制执行部件运动的位移、方向和速度，以及数个执行部件按一定的规律运动以合成一定的运动轨迹。

伺服系统由伺服驱动电路、伺服驱动装置(电机)、位置检测装置、机械传动机构以及执行部件等部分组成。其作用是接受数控系统发出的进给位移和速度指令信号，由伺服驱动电路进行一定的转换和放大后，经伺服驱动装置(直流或交流伺服电机、直线电机、功率步进电机、电液伺服阀-液压马达等)和机械传动机构，驱动机床的工作台、主轴头架等执行部件进行工作进给和快速进给。

2) 伺服系统的组成和工作原理

闭环伺服系统结构原理如图 1-3-8 所示。

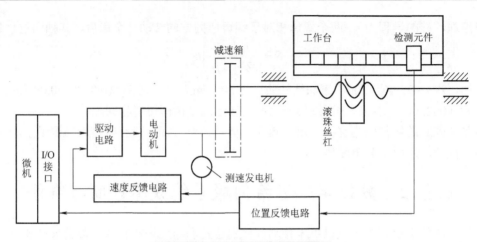

图 1-3-8　闭环伺服系统结构原理图

安装在工作台的位置检测元件把机械位移变成位置数字量，并由位置反馈电路送到微机内部，该位置反馈量与输入微机的指令位置进行比较；如果比较结果不一致，微机送出差值信号，经驱动电路将差值信号进行变换、放大后驱动电动机，经减速装置带动工作台移动。当比较后的差值信号为零时，电动机停止转动，此时，工作台移到指令所指定的位置。

测速发电机利用速度反馈电路组成的反馈回路可实现速度恒值控制。测速发电机和伺服电动机同步旋转，假如因外负载增大而使电动机的转速下降，则测速发电机的转速下降，经速度反馈电路，把转速变化的信号转变成电信号，送到驱动电路，与输入信号进行比较，比较后的差值信号经放大后，产生较大的驱动电压，从而使电动机转速上升，恢复到原先调定转速，使电动机排除负载变动的干扰，维持转速恒定不变。

从上述原理图可知，闭环伺服系统主要由以下几个部分组成。

(1) 微机　接收输入的加工程序和反馈信号，经系统软件运行处理后，由输出口送出指令信号。

(2) 驱动电路　接收微机发出的指令，并将输入信号转换成电压信号，经过功率放大后，驱动电动机旋转。转速的大小由指令控制。若要实现恒速控制功能，驱动电路应能接收速度反馈信号，将反馈信号与微机的输入信号进行比较，将差值信号作为控制信号，使电动机保持恒速转动。

(3) 执行元件　可以是直流电动机、交流电动机，也可以是步进电动机，采用步进电动机通常是开环控制。

(4) 传动装置　包括减速箱和滚珠丝杠等。

(5) 位置检测元件及反馈电路　位置检测元件有直线感应同步器、光栅和磁尺等。位置检测元件检测的位移信号由反馈电路转变成计算机能识别的反馈信号送入计算机，由计算机进行数据比较后送出差值信号。

(6) 测速发电机及反馈电路　测速发电机实际是小型发电机，发电机两端的电压值和发电机的转速成正比，故可将转速的变化量转变成电压的变化量。

3) 伺服系统的分类

(1) 按驱动方式分类，可分为液压伺服系统、气压伺服系统和电气伺服系统。

(2) 按执行元件的类别分类，可分为直流电动机伺服系统、交流电动机伺服系统和步进电动机伺服系统。

(3)按有无检测元件和反馈环节分类,可分为开环伺服系统、闭环伺服系统和半闭环伺服系统。

(4)按输出被控制量的性质分类,可分为位置伺服系统、速度伺服系统。

伺服系统类型对应的数控机床精度:

(1)步进电动机开环伺服系统的定位精度一般为 0.01～0.005mm。

(2)精度要求高的大型数控设备,通常采用交流或直流伺服电动机,闭环或半闭环伺服系统。闭环伺服系统定位精度可达 0.001～0.003mm。

4. 故障诊断与维修

【故障现象一】　某配套 FANUC 0T-C 系统,采用 FANUC 系列伺服驱动的数控车床,手动运动 X 轴时,伺服电动机不转,系统显示 ALM414 报警。

(1)故障分析　FANUC 0T-C 出现 ALM414 报警的含义是"X 轴数字伺服报警",通过检查系统诊断参数 DGN720～723,发现其中 DGN720 bit5=1,故可以确定本机床故障原因是 X 轴 OVC(过电流)报警。

(2)故障定位　分析造成故障的原因很多,但维修时最常见的是伺服电动机的制动器未松开。在本机上,由于采用斜床身布局,所以 X 轴电动机带有制动器,以防止停电时的下滑。经检查,本机床故障的原因的确是制动器未松开。根据原理图和系统信号的状态诊断分析,故障是中间继电器的触点不良造成的。

(3)故障排除　更换中间继电器后机床恢复正常。

【故障现象二】　一台采用三菱 MELDASL 3A 数控系统的数控车床,在使用过程中多次出现 S01 伺服报警 0032。

(1)故障分析　0032 报警是伺服系统的过电流报警。在通常情况下,若开机后每次都出现该报警,机床不能工作,则故障原因一般以驱动器的大功率晶体管模块损坏的情况居多。在本机机床上出于故障有时发生,有时又可以正常工作,因此初步判定故障原因不在晶体管模块本身。

(2)故障定位　经现场检查,发现伺服电动机的机壳与动力线的插头上有大量的切削液,测量电动机的电枢线与机床地线间的绝缘电阻只有数千欧姆,因此判定故障原因是电枢线的局部短路引起的过电流。

(3)故障排除　经清理、烘干电动机并对电动机加防水措施后,机床恢复正常。

【故障现象三】　机床运转正常,CRT 显示器参考点位置没变,但每次按程序加工时,Z 轴方向总是相差 5mm 左右。

(1)故障分析　该机床为沈阳第三机床厂生产的 S3-241 数控车床,数控系统原为美国 DYNAPATN 系统,后改造为日本 FANUC 0TD 系统。故障产生的这 5mm 误差显然不能由刀具补偿来解决,肯定有不正常的因素。经调查了解到,前一天加工时,因 Z 轴护挡板坏了,中间翘起,迫使 Z 轴走不到位(Z 轴丝杠转不动)而停机。修好护挡板,开机时就出现这故障。

(2)故障定位　检查 Z 轴的减速开关、挡板都未松动,实际参考点位置与 CRT 显示值也相差 5mm 左右,而丝杠的螺距是 8mm,因此差半圈左右。NC 发令 Z 轴电动机运转,而 Z 轴丝杠因挡板卡住而转不动,很可能造成联轴器打滑。打滑后机床返回参考点时,减速开关释放后,找编码器栅格"1 转"PC 信号。原来转小半圈就找到了"1 转"信号,现在估计要转大半圈才找到"1 转"PC 信号。这样参考点尺寸位置就相差半个螺距了。

(3)故障排除 松开 Z 轴联轴器，转动 Z 轴电动机轴半圈(丝杠轴不动)。再试返回参考点，出现有时小于 5mm 的现象。我们估计"1 转"信号处于临界位置，再松开联轴器，转 1/4 圈，再试返回参考点和各程序动作，位置尺寸正常，实践与分析一致，故障排除。

【故障现象四】 机床的 Z 轴回零不准，产生误差。误差在 0.37mm 左右，无定值，无规律。无任何系统报警，元驱动单元故障指示。

(1)故障分析 该车床伺服电动机带有位置编码器，构成半闭环伺服控制系统。根据故障现象按常规分析，似乎系统坐标分配或位置编码器有故障的可能性较大，但故障却发生在伺服单元内。位置编码器是绝对式位置测量单元，常被用来做主轴准停装置而替代传统的机械定向装置，在这台数控车床上用它作为伺服系统的位置反馈元件，形成半封闭环控制系统。当计数元件向伺服单元发出指令后，如果收不到编码器反馈的准确到达的信息，计数无法停止，而要使编码器有正确的反馈，则丝杠必须转动给定的圈数和角度，所以伺服单元的运动应该是没有问题，那么就应怀疑是显示电路的问题。从脉冲宽度跟踪分析原理图可以看到，显示电路是由控制电路来输出的，控制电路的一路输出及显示电路的跟踪均会造成显示器的显示值发生错误，而实际上却是正确的故障现象。误差是随机的，开始是偶发的，消除后重走，一切恢复正常，以后故障明显，达到每次运动均有误差产生。表现形式：当给定 Z 轴 +100mm，会出现运行显示到+99.654mm，系统就停止了。如果从这个值开始给定-100mm，则会在运行到-0.021mm 停止。

(2)故障定位 用替换法将系统的坐标分配板 1MUX 与 1MUZ 互换，故障无变化；检查所有 Z 坐标的连接电缆、插头插座、信号线均无异常；检查 Z 轴位置编码器也正常；与另一台同型号数控车床交换伺服系统 XE1 板，故障转移。进一步交换此板中的集成电路块逐一测试，找出了损坏的集成块。

(3)故障排除 更换损坏的集成电路，故障排除。

【故障现象五】 一台数控车床，用 FANUC 公司的 6M 系统，出现过载报警和机床有爬行现象。

(1)故障分析 引起过载的原因无非是：①机床负荷异常，引起电动机过载；②速度控制单元上的印制电路板设定错误；③速度控制单元的印制电路板不良；④电动机故障；⑤电动机的检测部件故障等。

至于机床爬行现象，先从机床机械部件着手寻找故障原因。

(2)故障定位 经详细检查，最后确认是电动机不良引起的。至于机床爬行现象，先检查进给的机械组件，结果机床进给传动链没有问题，随后想到对曲线的加工，是采用细微分段圆弧逼近来实现的，而在编程时采用了 G61 指令，指令使用不当。

(3)故障排除 更换电动机后过载报警消除；改用 G64 指令(连续切削方式)之后，爬行现象立即消除。

【故障现象六】 数控车床，配置 FANUC 系统。CRT 出现 401 报警，而且 Z 轴伺服单元上 HCAL 报警灯亮。

(1)故障分析 CRT 上出现 401 报警，说明 X、Z 等进给轴的速度控制准备信号(READY)变成切断状态，即说明伺服系统没有准备好，这表示伺服系统有故障。再根据 Z 轴伺服单元上 HCAL 报警灯亮，可以判断 Z 轴伺服单元上的晶体管模块损坏。

(2)故障定位 实测结果，证明上述判断正确，有两个晶体管模块烧毁。

(3)故障排除 更换 Z 轴伺服单元，调整 Z 轴伺服单元的参数设定，故障排除。

【故障现象七】 某配套 GSK980M 的数控车床，在自动加工过程中，CNC 经常出现 ALM33 报警。

(1)故障分析 GSK980M 33 号报警的含义是"Z 轴指令速度过大"。报警产生的原因通常是系统的参数设定不合适，但检测系统参数未发现问题。调整 Z 轴运动速度，报警仍然出现。进一步测量电动机三相绕组，发现其电阻值分别为 0.6Ω、1.1Ω、1.4Ω，明显不正确。

(2)故障定位 拆下电动机检查，发现该电动机引出线和内部绕组绝缘层已多处受损。

(3)故障排除 更换电动机后，故障排除。

【故障现象八】 沈阳第三机床厂生产的 CK6140 经济型数控车床，采用国产数控系统经济型数控装置，四工位电动刀架，出现 Z 轴不能工作现象。

(1)故障分析 经检查发现 Z 轴功放板熔断烧毁，进一步查找，发现有 4 个功放管被击穿。根据操作者反映，损坏前一个月以来，在操作时接触系统外壳有触电现象。据此判断可能情况如下：

① 机械负载过重，使步进电机电流过大，将功放管烧毁。

② 步进电机本身绝缘损坏。

③ 电路板、功放板及机床供电系统本身问题。

(2)故障定位

① 检查车床 Z 轴机械部分。用手盘绕电动机后端螺钉，没有感到力量过大、不均匀现象，排除机械故障。

② 用万能表和绝缘电阻表检变 Z 轴步进电动机绕组和绝缘情况很好，排除步进电机本身问题。

③ 将 Z 轴步进电动机连接到 Z 轴功放板上进行控制，一切正常，说明除功放板损坏外无其他元件损坏。

④ 仔细检查输入电源，发现系统外壳对地有 150V 交流电压；仔细检查连线，发现系统外壳对地电阻很大，500V 的绝缘电阻表在 0.5MΩ 左右，这就是故障原因。

(3)故障排除 因为系统接地不好，造成系统在高低压变化时或断电停车瞬间反向电动势升高，越过功放管的反向击穿电压，将功放管烧毁。将系统接地重新处理，故障排除。更换新功放板，机床恢复正常工作。

5. 维修总结

一旦遇到故障，一定要开阔思路，全面分析。一定要将与本故障有关的所有因素，无论是数控系统方面还是机械、气、液等方面的原因都列出来，从中筛选找出故障的最终原因。

6. 知识拓展

1)机床的急停

机床无论是在手动还是自动状态下，当遇到紧急情况时，需要机床紧急停止，可通过下面的操作来实现。

(1)按下紧急停止按钮：按下【EMERGE STOP】按钮后，除润滑油泵外，机床动作及各种功能均停止。同时 CRT 屏幕上出现 CNC 数控装置未准备好的报警信号。待故障排除后，顺时针旋转按钮，被按下的按钮弹起，则急停状态解除。但此时要恢复机床的工作，必须进行返回参考点的操作。

(2)按下复位键：机床在自动运转过程中，按下【RESETI】键，则机床全部操作均停止，因此可用此键完成急停操作。

(3)按下机床的电源键：按下机床的【OFF】键，则机床停止工作。

(4)按下机床进给保持按钮：按下【FEED HOLD】按钮，则滑板停止运动，但机床其他功能有效。当需要恢复机床运转时，按下【CYCLE START】按钮，机床从当前位置继续执行下面的程序。

2)程序的输入、检查和修改

(1)程序的输入：程序的输入有两种方法：一种是通过 MDI 键盘输入；另一种是通过纸带阅读机输入。使用 MDI 键盘输入程序的方法如下：

① 将"PHOG PROTECTION"开关置于"ON"位置。

② 将"MODE"开关置于"EDIT"方式。

③ 按下【PRGRM】键，用数据输入键输入程序号"O××××"之后按下【INPUT】键，则程序号被输入。

④ 按下【EOB】键，再按下【INPUT】键，则程序段结束符号";"被输入。

⑤ 依次输入各程序段，每输入一个程序段后，按下【EOB】键和【INPUT】键，直到全部程序段输入完成。

(2)程序的检查：程序的检查是正式加工前的必要环节，并对检查中发现的程序指令错误、坐标值错误、几何图形错误及程序格式错误等进行修正，待完全正确后才可进行仿真加工。仿真加工中，逐段地执行程序，以确定每条语句正确。

① 进行手动返回检查参考点的操作。

② 在不装工件的情况下，使卡盘夹紧。

③ 置"MODE"开关于"MEM"位置。

④ 置"MACHINE LOCK"开关于"ON"位置，置"SINGLE BLOCK"开关于"ON"位置。

⑤ 按下【PRGRM】键，输入被检索程序的程序号，CRT 屏幕显示存储器的程序。

⑥ 将光标移到程序号下面，按下【CYCLE START】按钮，机床开始自动运行，同时指示灯亮。

⑦ CRT 屏幕上显示正在运行的程序。

(3)程序的修改：程序的修改主要指对程序段的修改、插入、删除等操作。

① 将"PHOG PROTECTION"开关置于"ON"位置。

② 将"MODE"开关置于"EDIT"方式。

③ 按下【PRGRM】键，输入需要修改程序的程序号，CRT 屏幕显示该程序。

④ 移动光标到要编辑的位置，当输入要更改的字符后按下【ALTER】键；当输入新的字符后按下【INSERT】键；当要删除字符时，按下【DELET】键。

3)刀具补偿值的输入

为了保证加工精度和编程方便，在加工过程中必须进行刀具补偿，每把刀具的补偿量需要在空运行前输入数控系统中，以便在程序运行中自动进行补偿。

为了编程及操作的方便，通常是使 T 代码指令中的刀具编号与刀具补偿号相同。

(1)更换刀具后刀具补偿值的输入：更换刀具时引起刀具位置的变化，需要进行刀具的位置补偿。步骤如下：

按下功能键【MENU/OFFSET】，CRT屏幕上显示"OFFSET/WEAR"画面。

① 将光标移到设定的补偿号位置上。

② 分别输入X、Z、R、T的补偿值，按下【INPUT】键。

刀具补偿值输入数控系统后，刀具运行轨迹便会自动校正。刀具磨损后需要修改已存储在相应存储器里的刀具补偿值，操作顺序同上，修改后的刀具补偿值替换原刀具补偿值。

(2)刀具补偿值的直接输入：在实际编程时可以不使用G50指令设定工件坐标系，而是将任一位置作为加工的起始点，当然该点的设置要保证刀具与卡盘和工件不发生干涉。用试切法确定每一把刀具起始点的坐标值，并将此坐标值作为刀具补偿值输入相应的存储器内。过程如下：

① 手动返回参考点。

② 任选一把加工中所使用的刀具。

③ 按下【MENU/OFFSET】键，CRT屏幕上显示"OFFSET/GEOMETRY"画面。

④ 将光标移动到该刀具补偿号的Z值处。

⑤ 以手摇轮方式移动滑板，轻轻车一刀工件端面，沿X轴退刀，并停下主轴，按下【POSITION RECORD】按钮。

⑥ 测量工件端面到工件原点的距离。

⑦ 按下【M】键和【Z】键，输入工件原点到工件端面的距离，按下【INPUT】键。如果端面需留有精加工余量，则将该余量值加入刀具补偿值。

⑧ 将光标移动到该刀具补偿号的X值处。

⑨ 用于摇轮方式轻轻车一刀外圆，沿Z向退刀，主轴停转，按下【POSITION RECORD】按钮。

⑩ 测量切削后的工件直径。

⑪ 按下【M】键和【X】键，输入测量的直径值，按下【INPUT】键。

⑫ 对其他的刀具返回第二步，重复执行以上的操作，直到所有刀具的补偿值输入完毕。

4)机床的运转

工件的加工程序输入数控系统后，经检查无误，且各刀具的位置补偿值和刀尖圆弧半径补偿值已输入相应的存储器当中，便可进行机床的空运行和实际切削。

数控车床的空运行是指在不装工件的情况下，直接运行加工程序。在机床空运行之前，操作者必须完成以下准备工作：

(1)装夹刀具，将各刀具的补偿值输入数控系统。

(2)将"FEEDRATE OVERRIDE"置于适当位置，一般置于100%。

(3)将"SINGLE BLOCK"开关、"OPTIONAL STOP"开关、"MACHINE LOCK"开关和"DRY RUN"开关扳至"ON"位置。

(4)将"MODE"开关置于"ON"位置。

(5)按下【PRGRM】键，选择预加工的程序，并返回程序头。

(6)按下【CYCLE START】按钮，运行开始。

机床空运行完毕后，确认加工过程正确，即可装夹工件进行实际切削。加工程序正确且加工出的工件符合零件图样要求，便可连续执行加工程序进行正式加工。

5）数控车床加工操作注意事项

（1）开机、关机操作应按照机床使用说明书的规定进行。

（2）机床在断电后重新接通电源开关或解除急停状态、超程报警信号后，必须进行返回机床参考点的操作。

（3）主轴启动开始切削前必须关闭机床防护门，程序正常运行时严禁开启防护门。

（4）正常加工运行时不得开启电气箱门，禁止使用急停、复位操作。

（5）编程时应避免车床碰撞，要仔细计算换刀点、Z轴负向等坐标，以免机床损坏。

① 避免程序中的坐标值超越卡爪尺寸。

② 避免工件形状特殊时发生碰撞。

③ 防止程序中 G60 的负值引起碰撞。

6）电气控制系统故障

从所使用的元器件类型上，根据通常习惯，电气控制系统故障通常分为弱电故障和强电故障两大类。

弱电部分是指控制系统中以电子元器件、集成电路为主的控制部分。数控机床的弱电部分包括 CNC、PLC、MDI/CRT 以及伺服驱动单元、输入/输出单元等。

弱电故障又有硬件故障与软件故障之分。硬件故障是指上述各部分的集成电路芯片、分立电子元件、接插件以及外部连接组件等发生的故障。软件故障是指在硬件正常情况下所出现的动作错误、数据丢失等故障，常见的有加工程序出错、系统程序和参数的改变或丢失、计算机运算出错等。

强电部分是指控制系统中的主回路或高压、大功率回路中的继电器、接触器、开关、熔断器、电源变压器、电动机、电磁铁、行程开关等电气元器件及其所组成的控制电路发生故障。这部分的故障虽然维修、诊断较为方便，但由于处于高压、大电流工作状态，发生故障的概率要高于弱电部分，必须引起维修人员的足够重视。

7）用自诊断功能诊断数控机床故障

数控装置自诊断系统是向被诊断的部件或装置写入一串称为测试码的数据，然后观察系统相应的输出数据(称为校验码)，根据事先已知的测试码、校验码与故障的对应关系，通过对观察结果的分析来确定故障原因。系统自诊断的运行机制是：一般系统开机后，自动诊断整个硬件系统，为系统的正常工作做好准备；另外，在运行或输入加工程序过程中，一旦发现错误，数控系统自动进入自诊断状态，通过故障检测，定位并发出故障报警信息。故障自诊断技术是当今数控系统一项十分重要的技术，它是评价数控系统性能的一个重要指标。随着微处理器技术的发展，数控系统的自诊断能力越来越强，从原来简单的诊断朝着多功能和智能化的方向发展。数控系统一旦发生故障，借助系统的自诊断功能，往往可以迅速、准确地查明原因并确定故障部位。因此，对维修人员来说，熟悉和运用系统的自诊断功能是十分重要的。CNC 系统自诊断技术应用主要有 3 种方式，即启动诊断、在线诊断和离线诊断。

（1）启动诊断

所谓启动诊断是指 CNC 每次从通电开始进入正常的运行准备状态为止，系统内部诊断程序自动执行的诊断。利用启动诊断，可以测出系统大部分硬件故障，因此，它是提高系统可靠性的有力措施。从每次通电开始至进入正常的运行准备状态，系统内部的诊断程序自动执行对 CPU、存储器、总线和 I/O 单元等模块、印制电路板、CRT 单元、阅读机及软盘驱动器等外围设备进行运行前的功能测试，确认系统的主要硬件伺服可以正常工作，并将检测结果显示在 CRT 上。一旦检测通不过，即在 CRT 上显示出报警信息或报警号，指出哪个部件发生了故障。只有当全部开机诊断项目都正常通过后，系统才能进入正常运行准备状态。启动诊断通常可将故障原因定位到电路板或模块上，有些甚至可定位到芯片上，如指出哪块 EPROM 出现了故障，但在很多情况下仅将故障原因定位在某一范围内，维修人员需要通过维修手册中所提供的多种可能造成的故障原因及相应排除方法，找到真正的故障原因并加以排除。FANUC 公司 20 世纪 70 年代以后推出的 CNC 系统，自诊断技术都采用了启动诊断方式。

(2)在线诊断

在线诊断是指数控系统在工作状态下，通过系统内部的诊断程序和相应的硬件环境，对数控机床运行的正确性进行的诊断。CNC 装置和内置 PLC 分别执行不同的诊断任务。CNC 装置主要通过对各种数控功能和伺服系统的检测，检查数控加工程序是否有语法错误和逻辑错误。通过对位置、速度的实际值、相对指令值的跟踪状态来检测伺服系统的状态，若跟踪误差超过了一定的限度，表明伺服系统发生了故障。通过对工作台实际位置与位置边界值的比较，检查工作台的运行是否超出范围。内置 PLC 主要检测数控机床的开关状态和开关过程，如对限位开关、液压阀、气压阀和温度阀等工作状态的检查，对机床换刀过程、工作台交换过程的检测，对各种开关量的逻辑关系的检测等。

在线诊断按显示可以分为状态显示和故障信息显示两部分。状态显示包括接口状态显示和内部状态显示。接口状态是以二进制"1"和"0"表示信号的有无，在监视器上显示 CNC 装置与 PLC、PLC 与机床之间的接口信息传递是否正常。内部状态显示涉及机床较多的部分，例如，复位状态显示，外部原因造成不执行指令的状态显示等。故障信息显示涉及很多的故障内容。CNC 系统对每一条故障内容赋予一个故障编号(报警号)，当发生故障时，CNC 装置对出现的故障按其紧迫性进行判断，在监视器上显示最紧急的故障报警号和相应的故障内容说明。

(3)离线诊断

离线诊断是数控机床出现故障时，数控系统停止运行系统程序的停机诊断。离线诊断是把专用诊断程序通过 I/O 设备或通信接口输入 CNC 装置内部，用专用诊断程序替代系统程序来诊断系统故障，这是一种专业性的诊断。

任务 3　数控车床反馈装置故障与维修

检测元件的反馈电路组成反馈装置，亦称反馈系统。检测元件是数控机床进给系统反馈装置的重要组成部分，起着测量和反馈两个作用，在闭环系统中，其主要作用是检测位移量，并发出反馈信号，与数控装置发出的指令信号相比较，若有偏差，经放大后控制执行部件，使其向着消除偏差的方向运动，直至偏差等于零。检测元件(即传感器)发出的信号传送给数控装置或专用控制器，构成闭环控制。从一定意义上看，数控机床的加工精度主要取决于反馈装置的精度。

1. 技能目标

(1)能够完成反馈装置与数控系统和伺服驱动的电气连接。

(2)能够判断反馈装置的工作状态。

(3)能够维护和维修常用反馈装置。

2．知识目标

(1)了解常用的反馈装置。

(2)掌握常用反馈装置的工作原理。

3．引导知识

数控系统中的检测元件分为位移、速度和电流三种类型。按安装的位置及耦合方式分为直接测量和间接测量两种；按测量方法分为增量式和绝对式两种；按检测信号的类型分为模拟式和数字式两大类；按运动方式分为回转式和直线式检测元件；按信号转换的原理分为光电效应、光栅效应、电磁感应原理、压电效应、压阻效应和磁阻效应等类检测元件。

数控机床常用的检测元件见表 1-3-2。

表 1-3-2　数控机床检测元件的分类

分类		增量式	绝对式
位移传感器	回转式	脉冲编码器、自整角机、旋转编码器、圆感应同步器、光栅角度传感器、圆光栅、圆磁栅	多级旋转变压器、绝对脉冲编码器、绝对式光栅、三速圆感应同步器、磁阻式多级旋转变压器
	直线式	直线感应同步器、光栅尺、磁尺、激光干涉仪、霍尔传感器	三速感应同步器、绝对式磁尺、光电编码尺、磁性编码器
速度传感器		交/直流测速发电机、数字脉冲编码式速度传感器、霍尔速度传感器	速度-角度传感器、数字电磁传感器、磁敏式速度传感器
电流传感器		霍尔电流传感器	

(1)位置检测元件：数控机床伺服系统中采用的位置检测元件基本分为直线式和旋转式两大类。直线式位置检测元件用来检测运动部件的直线位移量；旋转式位置检测元件用来检测回转部件的转动位移量。常见的位置检测元件如图 1-3-9 所示。

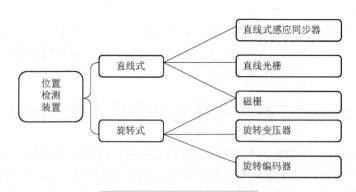

图 1-3-9　常用的位置检测元件

(2)速度检测元件：速度检测元件用以检测和调节电动机的转速，其目的是精确控制转速。常用的测速元件是测速发电机，测速发电机与驱动电动机同轴安装。也有用回转式脉冲发生器、脉冲编码器和频率-电压转换线路产生速度检测信号。

4．故障诊断与维修

【故障现象一】　一台数控机床，采用 MELDAS M3 控制器，该机床的特点是每个进给轴都有两个脉冲编码器，一个在电动机内部，用作速度检测，另一个编码器安装在丝杠端部，用作位置检测。使用时经常出现伺服报警 0052。

（1）故障分析　出现上述报警，说明位置反馈有问题，因此，首先将伺服参数 17 号设定为 0，即取消丝杠端编码器，使位置反馈与速度反馈同时使用电动机内的编码器，此时机床动作正常，无报警出现，说明问题出在位置编码器上。

（2）故障定位　检查反馈电缆，没有发现有断线或虚焊现象。因此，可确定故障出在位置编码器本身。卸下丝杠端部的位置编码器，发现连接编码器与丝杠的螺钉松动。

（3）故障排除　将松动的螺钉紧固，并恢复伺服参数 17 号为原设定值，机床恢复正常。

【故障现象二】　一数控车床，没到极限位置就出现 Z 轴超程报警。

（1）故障分析　超程报警一般可分为两种情况：一种是程序错误（即产生软件错误）；另一种是硬件错误。针对上述两种情况，根据"先易后难"的维修原则，首先对软件进行检查，软件无错误。其次对其硬件进行检查，该机床的 Z 轴硬件为行程开关。打开机床防护罩检查，用手触动行程开关，Z 轴能停止移动而不超程。用机床上的挡铁压行程开关，则 Z 轴不能停止移动而产生超程。

（2）故障定位　从上述检查分析，估计是行程开关或挡铁松动，致使行程开关不能动作，造成 Z 轴超程报警。检查挡铁无松动，将组合行程开关拆开，发现 X 轴终点行程开关的紧固部件已断裂一角，这样当挡铁压行程开关时，便产生移位。这也是挡铁与行程开关的压合距离未调整好所致。

（3）故障排除　更换一新的行程开关，重新调整好挡铁与行程开关的压合距离，至此故障再未发生。

【故障现象三】　一台数控车床 X 向切削零件时尺寸出现误差，达到 0.3mm/250mm，CRT 无报警显示。

（1）故障分析　该机床的 X、Z 轴为伺服单元控制直流伺服电动机驱动，用光电脉冲编码器作为位置检测。造成加工尺寸误差的原因一般为：

① X 向滚珠丝杠与螺母副存在比较大的间隙或电动机与丝杠相连接的轴承受损，实际行程与检测到的尺寸出现误差。

② 测量电路不良。

（2）故障定位　根据上述分析，经检查滚珠丝杠与螺母间隙正常，轴承也无不良现象，测量电路的电缆连接相接头良好，最后用示波器检查编码器的检测信号，波形不正常。于是拆下编码器，打开其外壳，发现光电盘不透光部分不知什么原因出现三个透明点致使检测信号出现误差。

（3）故障排除　更换编码器，问题解决。

【故障现象四】　该机床伺服系统为西门子 6SC610 驱动装置，采用 1FT5 交流伺服电动机。在机床运行中，X 进给轴很快从低速升到高速，产生速度失控报警。

（1）故障分析　在排除数控系统、驱动装置和速度反馈等故障因素后，将故障定位在位置检测装置。

（2）故障定位　经检查，编码器输出电缆及连接器均正常，拆开编码器（ROD329），发现一紧固螺钉脱落，造成+5V 与接地端之间短路，编码器无信号输出，数控系统位置环处于开环状态，从而引起速度失控的故障。

（3）故障排除　重装紧固螺钉，并检查所有的连接件，故障消除。

【故障现象五】　经济型数控车床主轴一般采用变频控制，使用外置光电编码器配合机床进行螺纹加工，在加工时出现乱牙。

(1)故障分析　乱牙的主要原因多是光电编码器与 CNC 装置的电缆接触不良，光电编码器损坏，光电编码器与弹性联轴器连接松动或其他因素。

(2)故障定位　先从电气和信号连接线等方面进行检查。检查光电编码器与 CNC 装置之间的连接线和+5V 电源是正常的；在主轴通电旋转后，用示波器测量光电编码器的 A 相或 B 相辨向输出端，该波形信号没有正常的辨向脉冲输出。关掉主轴电源，手动旋转主轴，再用示波器测量光电编码器的辨向脉冲信号，发现光电编码器的辨向信号是正常的。所以确定故障原因是电气干扰，判断干扰来自主轴调速所使用的变频器。

(3)故障排除　在光电编码器的辨向脉冲端、零输出脉冲端和+5V 电源端及信号零线之间并接滤波电容后，解决了螺纹乱牙问题，消除了故障。

5. 维修总结

当数控机床出现如下故障时，应考虑是否是由检测元件的故障引起的：

(1)加/减速时出现机械振荡。

(2)机械暴走也就是通常说的飞车。

(3)主轴不能定向或定向不到位。

(4)进给轴进给时振动。

(5)数控系统的报警中因程序错误、操作错误引起的报警，有些也与检测元件有关。

(6)伺服系统与检测元件有关的报警。

6. 知识拓展

1)对光栅尺的维护

(1)防污：光栅尺直接安装于工作台和机床床身上，因此，极易受到冷却液的污染，从而造成信号丢失，影响位量控制精度。

① 冷却液在使用过程中会产生轻微结晶，这种结晶在扫描头上形成一层薄膜且透光性差，不易清除，故在选用冷却液时要慎重。

② 加工过程中，冷却液的压力不要太大，流量不要过大，以免形成大量的水雾进入光栅。

③ 光栅最好通入低压压缩空气，以免扫描头运动时形成的负压把污物吸入光栅，压缩空气必须净化，滤芯应保持清洁并定期更换。

④ 光栅上的污物可以用脱脂棉蘸无水酒精轻轻擦除。

(2)防振：光栅拆装时要用静力，不能用硬物敲击，以免引起光学元件的损坏。

2)光电脉冲编码器

编码器的维护主要注意如下两个问题：

(1)防振和防污：由于编码器是精密测量元件，使用环境和拆装时要与光栅一样注意防振和防污问题，污染容易造成信号丢失，振动容易使编码器内的紧固件松动脱落，造成内部电源短路。

(2)连接松动：脉冲编码器用于位置检测时有两种安装形式，一种是与伺服电动机同轴安装，称为内装式编码器，如西门子 1FT5、1FT6 伺服电动机上的 ROD320 编码器；另一种是安装于传动链末端，称为外装式编码器，当传动链较长时，这种安装方式可以减少传动链累积的误差对位置检测精度的影响。不管是哪种安装方式，都要注意编码器连接松动的问题。

由于连接松动，往往会影响位量控制精度。另外，有些交流伺服电动机中，内装式编码器除了位置检测外，同时还具有测速和交流伺服电动机转子位置检测的作用，如三菱 HA 系列交流伺服电动机中的编码器(ROTARY ENCODER OSE253S)。因此，编码器连接松动还会引起进给运动的不稳定，影响交流伺服电动机的换向控制，从而引起机床的振动。

3) 感应同步器

感应同步器是一种电磁感应式的高精度位移检测元件，它由定尺和滑尺两部分组成且相对平行安装，定尺和滑尺上的绕组均为矩形绕组，其中定尺绕组是连续的，滑尺上分布着两个激励绕组，即正弦绕组和余弦绕组，分别接入交流电。对感应同步器的维护应注意如下几点：

(1)安装时，必须保持定尺和滑尺相对平行，且定尺固定螺栓不得超过尺面，调整间隙在 0.09～0.15mm 为宜。

(2)不要损坏定尺表面耐切削液涂层和滑尺表面一层带绝缘层的铝箔，否则会腐蚀厚度较小的电解铜箔。

(3)接线时要分清滑尺的正弦绕组和余弦绕组，其阻值基本相同，这两个绕组必须分别接入励磁电压。

4) 旋转变压器

对旋转变压器的维护应注意如下几点：

(1)接线时，定子上有相等匝数的励磁绕组和补偿绕组，转子上也有相等匝数的正弦绕组和余弦绕组，但转子和定子的绕组阻值却不同，一般定子电阻阻值稍大，有时补偿绕组自行短接或接入一个阻抗。

(2)由于结构上与绕线转子异步电动机相似，因此，碳刷磨损到一定程度后要更换。

5) 磁栅尺

对磁栅尺的维护应注意如下几点：

(1)不能将磁性膜刮坏，防止铁屑和油污落在磁性标尺和磁头上，要用脱脂棉蘸酒精轻轻地擦其表面。

(2)不能用力拆装或撞击磁性标尺和磁头，否则会使磁性减弱或使磁场紊乱。

(3)接线时要分清磁头上激磁绕组和输出绕组，前者绕在磁路截面尺寸较小的横臂上，后者绕在磁路截面尺寸较大的竖杆上。

项目(四)　数控车床辅助装置故障诊断与维修

机床在加工过程中所需的运动，可按其功用不同而分为表面成形运动和辅助运动。表面成形运动又可分为主运动和进给运动。辅助运动是指机床在切削加工中除表面成形运动以外的所有运动，如刀具趋近、切入、退刀、快速返回、对刀、多工位工作台和多工位刀架的转位等。

数控车床辅助装置的功用是实现车床加工中所需的辅助动作，根据数控装置输出主轴的转速、转向和启停指令，刀具的选择和交换指令，冷却、润滑装置的启停指令，工件的松开、夹紧、排屑、防护、照明等辅助指令所提供的信号，以及机床上检测开关的状态信号等，经过必要的编译和逻辑运算，经放大后驱动相应的执行元件，带动车床机械部件、液压气动等辅助装置完成指令规定的动作。它通常由 PLC 和强电控制回路构成，PLC 在结构上可以与CNC 一体化(内置式的 PLC)，也可以是相对独立(外置式的 PLC)。有的还配有编程机和对刀仪等辅助设备。

任务 1　数控车床刀架的故障诊断与维修

1. 技能目标

(1)能够读懂数控车床刀架结构图。

(2)能够读懂数控车床刀架电气控制原理图。

(3)能够分析数控车床刀架故障。

(4)能够维修数控车床刀架常见的故障。

2. 知识目标

(1)了解数控车床常用刀架结构。

(2)理解数控车床常用刀架工作原理。

(3)掌握数控车床常用刀架故障和诊断排除的方法。

3. 引导知识

刀架是数护车床的重要功能部件，其结构形式很多，下面介绍几种典型的刀架结构。

1)数控车床方刀架

数控车床方刀架是在普通车床方刀架的基础上发展的一种自动换刀装置，有 4 个刀位，能同时装夹 4 把刀具，刀架回转 90°，刀具变换一个刀位，转位信号和刀位号的选择由加工程序指令控制，其结构如图 1-4-1 所示。

其换刀过程如下：

(1)刀架抬起：当数控装置发出换刀指令后，电动机 1 启动正转，通过平键套筒联轴器 2使蜗杆轴 3 转动，从而带动蜗轮丝杠 4 转动。刀架体 7 的内孔加工有内螺纹，与蜗轮丝杠旋合。蜗轮丝杠内孔与刀架中心轴外圆是滑配合，在转位换刀时，中心轴固定不动，蜗轮丝杠绕中心轴空转。当蜗轮丝杠开始转动时，由于刀架体 7 和刀架体底座 5 上的端面齿处于啮合状态，且蜗轮丝杠轴向固定，因此刀架体 7 不能转动只能轴向移动，刀架体抬起。

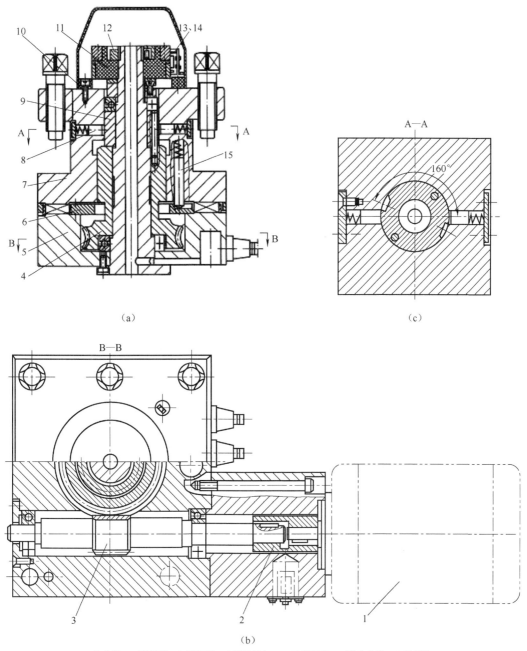

1-电动机；2-联轴器；3-蜗杆轴；4-蜗轮丝杠；5-刀架底座；6-粗定位盘；7-刀架体；
8-球头销；9-转位套；10-电刷座；11-发信体；12-螺母；13、14-电刷；15-粗定位销

图 1-4-1 数控车床方刀架结构

（2）刀架转位：当刀架体抬至一定距离后，端面齿脱开，转位套用销钉与蜗轮丝杠连接，随蜗轮丝杠一起转动，当端面齿完全脱开时，转位套 9 正好转过 160°，如图中 A—A 剖视图所示，球头销 8 在弹簧力的作用下进入转位套 9 的槽内，转位套通过弹簧销带动刀架体转位。

（3）刀架定位：刀架体 7 转动时带着电刷座 10 转动，当转到程序指令的刀号时，定位销 15 在弹簧的作用下进入粗定位盘 6 的槽中进行粗定位，同时电刷 13、14 接触导通，电动机 1 反转。由于粗定位槽的限制，刀架体 7 不能转动，使其在该位置垂直落下，刀架体 7 和刀架

底座 5 上的端面齿啮合实现精确定位。

(4)夹紧：刀架电动机 1 继续反转，此时蜗轮丝杠停止转动，蜗杆轴 3 继续转动，端面齿间夹紧力不断增加，转矩不断增大，达到一定值时，在传感器的控制下电动机 1 停止转动。

译码装置由发信体 11，电刷 13、14 组成。电刷 13 负责发信，电刷 14 负责位置判断。当刀架定位出现过位或不到位时，可松开螺母 12，调好发信体 11 与电刷 14 的相对位置。这种刀架在经济性数控机床及卧式车床的数控化改造中应用广泛。

2)数控车床盘形自动回转刀架

如图 1-4-2 所示，该刀架可配置 12 位(A 型或 B 型)、8 位(C 型)刀盘。A、B 型回转刀盘的外切刀可使用 25mm×150mm 标准刀具和刀杆截面为 25mm×25mm 的可调刀具，C 型可用尺寸为 20mm×20 mm×125mm 的标准刀具。镗刀杆最大直径为 22mm。刀架转位为机械传动，端面齿盘定位。

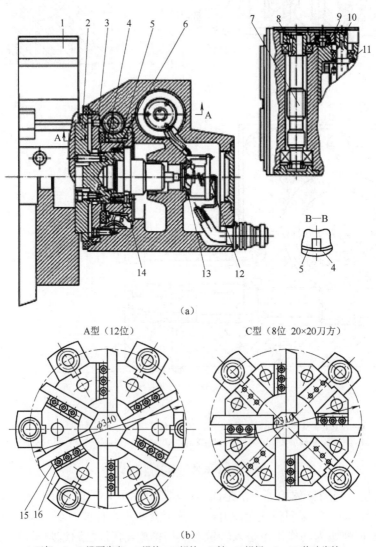

(a)

A型（12位）   C型（8位 20×20刀方）

(b)

1-刀架；2、3-端面齿盘；4-滑块；5-蜗轮；6-轴；7-蜗杆；8～10-传动齿轮；
11-电动机；12-微动开关；13-小轴；14-圆环；15-压板；16-楔块

图 1-4-2 回转刀架

转位过程如下：

（1）回转刀架的松开：转位开始时，电磁制动器断电，电动机 11 通电转动，通过齿轮 10、9、8 带动蜗杆 7 旋转，使蜗轮 5 转动。蜗轮内孔有螺纹，与轴 6 上的螺纹配合。端面齿盘 3 固定在刀架箱体上，轴 6 和端面齿盘 2 固定连接，端面齿盘 2 和 3 处于啮合状态，因此，蜗轮 5 转动时，轴 6 不能转动，只能和端面齿盘 2、刀架体 1 同时向左移动，直到端面齿盘 2 和 3 脱离啮合。

（2）转位：轴 6 外圆柱面上有两个对称槽，内装滑块 4。当端面齿盘 2 和 3 脱离啮合后，蜗轮 5 转过一定角度时，与蜗轮 5 固定在一起的圆环 14 左侧端面的凸块便碰到滑块 4，蜗轮继续转动，通过圆环 14 上的凸块带动滑块连同轴 6、刀架体 1 一起进行转位。

（3）回转刀架的定位：到达要求位置后，电刷选择器发出信号，使电机 11 反转，蜗轮 5 与圆环 14 反向旋转，凸块与滑块 4 脱离，不再带动轴 6 转动。

同时，蜗轮 5 与轴 6 上的旋和螺纹使轴 6 右移。端面齿盘 2 和 3 啮合并定位。当齿盘压紧时，轴 6 右端的小轴 13 压下微动开关，发出转位结束信号，电动机断电，电磁制动器通电，维持电动机轴上的反转力矩，以保持端面齿盘之间有一定的压紧力。

刀具在刀盘上由压板 15 及调节楔块 16 来夹紧，更换和对刀十分方便。刀位选择出刷型选择器进行，松开、夹紧位置检测由微动开关 12 控制。整个刀架控制是一个纯电气系统，结构简单。

4. 故障诊断与维修

【故障现象一】　某厂家数控车床刀架电动机不启动，刀架不能动作。

（1）故障分析　该数控车床配套的刀架为 LD4-I 四工位电动刀架。分析该故障产生的原因可能是刀架电动机相位接反或电源电压偏低。

（2）故障定位　调整电动机相位线及电源电压，故障不能排除。说明故障为机械原因所致。将电动机罩卸下，旋转电动机风叶，发现阻力过大。拆开电动机进一步检查发现，蜗杆轴承损坏，电动机轴与蜗杆联轴器质量差，使电动机出现阻力。

（3）故障排除　更换轴承，修复离合器，故障排除。

【故障现象二】　一台数控车床刀架上刀体抬起但不转动。

（1）故障分析　该机床为德州机床厂生产的 CKD6140 数控车床，与之配套的刀架为 LD4-I 四工位电动刀架。根据电动刀架的机械原理分析，上刀体不能转动可能是粗定位销在锥孔中卡死或断裂。

（2）故障定位　拆开电动刀架更换新的定位销后，上刀体仍然不能旋转。再重新拆卸时发现在装配时，上刀体与下刀体的四边不对齐，导致齿盘无法啮合。

（3）故障排除　按要求重新装配后，故障排除。

【故障现象三】　数控车床刀架定位不准。

（1）故障分析　这台车床所配的刀架是由盘形自动回转刀架，可装 6 把刀，机床刀架出现定位不准的故障，可能原因是刀架的定位装置故障。

（2）故障定位　经查定位不准的主要原因是刀架部分的机械磨损较严重，已不能通过常规的调整、刀具间隙补偿等手段来解决，需考虑进行整体更换。

（3）故障排除　用陕西省机械研究院生产的型号 WD75×6150 卧式数控电动刀架更换原刀架，恢复刀架定位精度使用一年多，一直正常。

【故障现象四】 经济型数控车床，刀架旋转不停。

（1）故障分析　刀架刀位信号未发出。应检查发讯盘弹性片触头是否磨坏、发讯盘地线是否断路。

（2）故障排除　针对检查的具体原因予以解决。

【故障现象五】 经济型数控车床刀架越位。

（1）故障分析　反靠装置不起作用。

（2）故障定位　应检查反靠定位销是否灵活，弹簧是否疲劳；反靠棘轮和螺杆连接销是否折断；使用的刀具是否太长。

（3）故障排除　针对检查的具体原因予以解决。

【故障现象六】 经济型数控车床刀架转不到位。

（1）故障分析与定位　发讯盘触头与弹簧片触头错位，应检查发讯盘夹紧螺母是否松动。

（2）故障排除　更新调整发讯盘与弹簧片触头位置，锁紧螺母。

【故障现象七】 南京 JN 系列数控车床加工过程中，刀具损坏。

（1）故障分析　该机床为采用南京江南机床数控工程公司的 JN 系列机床数控系统改造的经济型数控车床。其刀架为常州市武进机床数控设备厂为 JN 系列数控系统配套生产的 LB4-1型电动刀架。由故障现象，检查机床数控系统，X、Y 轴均工作正常。检查电动刀架，发现当选择 3 号刀时，电动刀架便旋转不停，而电动刀架在 1 号、2 号、4 号刀位置均选择正常。

（2）故障定位　采用替换法，用 1 号、2 号、4 号刀的控制信号任意去控制 3 号刀，3 号刀位均不能定位，而 3 号刀的控制信号却能控制任意刀号。故判断是 3 号刀失控，导致在加工过程中刀具损坏。根据电动刀架驱动器电气原理检查+24V 电压正常，1 号、2 号刀所对应的霍尔元件正常，而 3 号刀所对应的霍尔元件不正常。

（3）故障排除　更换一只霍尔元件后，故障排除。

5. 维修总结

在电动刀架中，霍尔元件是个关键的定位检测元件，它的好坏对于电动刀架准确地选择刀号，完成零件的加工有十分重要的作用。因此，对于电动刀架的定位故障，首先应考虑检查霍尔元件。

6. 知识拓展

数控车床电动刀架 PLC 故障诊断

【故障现象】 一台配备 FANUC 0T 系统的数控车床，图 1-4-3 为其刀架 PLC 控制信号。刀架产生奇偶报警，奇数刀位能定位，而偶数刀位不能定位。

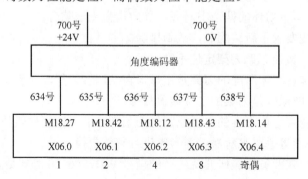

图 1-4-3　刀架 PLC 控制信号

(1) 故障分析　该机床电动刀架的刀位检测采用角度光电编码器,刀架位置编码有 5 根信号线,它们对应 PLC 的输入信号分别为 X06.0、X06.1、X06.2、X06.3 和 X06.6,前 4 位采用二进制 8421 编码,后一位 X06.6 是奇偶校验位。在刀架转位过程中,这 5 个信号根据刀架的变化进行不同的组合,从而输出刀架的位置信号。

方法一:用万用表测量判断故障

① 测量电源电压。首先判断元器件电源电压是否正常,根据奇数位刀能定位,而偶数位刀不能定位的故障现象,说明角度光电编码器的电源工作电压正常。还应检查电源电压是否过低,若电压低则会引起光电编码器中发光二极管发光效率降低,造成没有信号输出。

② 测量信号线。对于经常移动的信号电缆线需检查电缆线接触情况,用万用表电阻挡测量编码器的 5 根信号线是否断线,结果正常。

③ 测量输入接口信号电压。通过手动方式让刀架旋转,用万用表电压挡,分别测量 638 号、637 号、636 号、635 号和 634 号对输入接口地的电压,结果发现 634 号线信号电压不变化,说明该故障是编码器没有输出信号,刀具位置编码器内部有故障。

方法二:观察 PLC 的 I/O 状态,分析判断故障

① 根据机床操作说明,进入显示 I/O 状态界面,显示角度光电编码器输入信号状态。

② 让刀架旋转到奇数位,观察记录 X06.0、X06.1、X06.2、X06.3 和 X06.6 的 I/O 状态;让刀架旋转到偶数位,观察记录 X06.0、X06.1、X06.2、X06.3 和 X06.6 的 I/O 状态。

③ 对比分析 I/O 状态,发现 X06.0 的状态恒为"1",其余的信号根据刀架的旋转而产生"1"或"0"变化。

④ 再用万用表电阻挡测量 634 号信号线,判断接口至编码器之间是否断线,若没有断线,则需进一步判断是角度编码器故障还是 I/O 接口电路故障。

⑤ 断电后,在 I/O 接口侧将 634 号、635 号信号线互换,然后通电让刀架旋转,观察记录 X06.0、X06.1 的 I/O 状态。发现 X06.1 的状态恒为"1",X06.0 的信号根据刀架的旋转而产生"1"或"0"变化。说明故障的原因在角度编码器。

方法三:通过对比正常和故障时的输入/输出状态分析判断故障

① 根据机床操作说明,进入显示 I/O 状态界面,显示角度光电编码器输入信号的状态。

② 让刀架旋转到偶数位,观察记录 X06.0、X06.1、X06.2、X06.3 和 X06.6 的 I/O 状态。

③ 和正常状态对比分析,发现正常和故障时 X06.0 的状态不一致。说明故障与 634 号信号输入错误有关。

④ 再用交换法确认故障在角度编码器。

(2) 故障处理　修理角度编码器内部电路或更换相同型号的刀具角度编码器,在拆卸和安装编码器时一定要保持原始的位置,否则需要重新设定刀位。

通过上述例题分析得知,如果不是数控系统硬件故障,可以不必查看梯形图进行逻辑分析,通过查询 PLC 的 I/O 接口状态,即可找出故障原因,但要熟悉控制对象的 I/O 状态。

任务 2　数控车床液压系统及排屑装置常见故障

1. 技能目标

(1) 能够读懂数控车床液压原理图。

(2) 能够按照原理图检测数控车床液压系统。

(3)能够分析数控车床液压系统故障。

(4)能够维修数控车液压系统常见故障。

2．知识目标

(1)了解数控车床液压系统的组成。

(2)理解数控车床液压系统的工作原理。

(3)掌握数控车床液压系统故障诊断和排除的方法。

3．引导知识

液压和气动装置在机床中一般具有如下辅助功能：

(1)自动换刀所需的动作：如机械手的伸缩、回转和摆刀，刀具松开和拉紧动作以及主轴锥孔切屑的清理。

(2)机床运动部件的平衡：如机床主轴箱的重力平衡、刀库机械手的平衡等。

(3)机床运动部件的制动和离合器的控制，齿轮的拨叉挂挡等。

(4)机床润滑、冷却。

(5)机床防护罩、板、门的自动开关。

(6)工作台的松开、夹紧、交换工作台的自动交换动作等。

(7)夹具的自动松开、夹紧。

(8)工件、工具定位，交换工作台的自动吹屑清理定位基准面功能等。

数控车床主要采用液压系统控制卡盘的松开、夹紧，机床的润滑、冷却，尾座套筒的前进、后退。

数控机床使机械加工的功率大为提高，单位时间内数控机床的金属切削量大大高于普通机床，工件上的多余金属变成切屑后所占的空间也成倍增大。这些切屑占用加工区域，如果不及时排除，必然会覆盖或缠绕在工件和刀具上，使自动加工无法继续进行。此外，灼热的切屑向机床或工件散发热量，使床或工件产生变形，影响加工精度。因此迅速、有效地排除切屑对数控机床加工来说是十分重要的，而排屑装置正是完成该工作的必备附属装置。排屑装置的主要作用是将切屑从加工区域排除到数控机床之外。另外，机床上的切屑中往往混合着切削液，排屑装置必须将切屑从其中分离出来，送入切屑收集箱(车)内，而将切削液回收到冷却液箱。

排屑装置可分为平板链式、刮板式、螺旋式 3 类，如图 1-4-4 所示。

4．故障诊断与维修

【故障现象一】　德州机床厂 CKD6140 数控车床，尾座移动时，尾座心轴出现抖动且行程不到位。

(1)故障分析　该机床为德州机床厂生产的 CKD6140SAG2l0/2NC 数控车床，配套的电动刀架为 LD4-I 型。检查发现液压系统压力不稳，心轴与后座壳体内孔配合间隙过小，行程开关调整不当。

(2)故障处理　调整系统压力及行程开关位置，检查心轴与尾座壳体孔的间隙并修复至要求。

【故障现象二】　德州机床厂 CKD6140 数控车床液压卡盘夹紧力不足，卡盘失压，监视不报警。

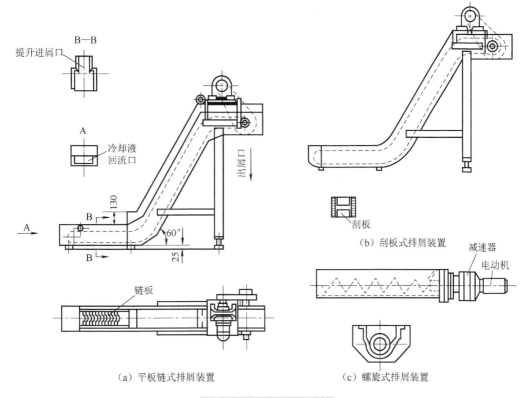

图 1-4-4　排屑装置示意图

（1）故障分析　卡盘夹紧力不足，可能是系统压力不足、执行件内泄、控制回路动作不稳定及卡盘移动受阻造成的。

（2）故障排除　调整系统压力至要求，检修液压缸的内泄及控制回路动作情况，检查卡盘各摩擦副的滑动情况，卡盘仍然夹紧力不足。经过分析后，调整液压缸与卡盘间连接拉杆的调整螺母，故障排除。

【故障现象三】　一台配备 FANUC 0T 相同的数控车床，其尾架套筒的 PLC 输入开关如图 1-4-5 所示，尾架套筒脚踏开关接通后，在套筒顶尖顶紧过程中，出现系统报警，机床停机。

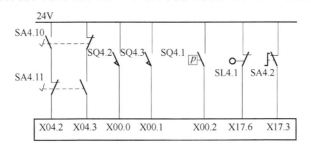

图 1-4-5　PLC 输入开关

（1）故障分析

① 分析输入信号。根据图 1-4-5 查阅机床技术资料，分析 PLC 输入开关情况，脚踏向前开关 SA4.10 输入 X04.2，脚踏向后开关 SA4.11 输入 X04.3，尾架套筒向后限位开关 SQ4.2 输入 X00.1，压力继电器 SQ4.1 常开触点输入 X00.2，润滑油液位开关 SL4.1 常开触点输入 X17.6，

尾架筒脚踏转换开关 SA4.2 输入 X17.3。

②分析工作原理。当压下向前脚踏开关 SA4.10 时，X04.2 有信号输入，通过 PLC 逻辑控制输出，使电磁阀通电，液压油经减压阀、节流阀和单向阀进入尾架套筒液压缸，使套筒向前移动顶紧工件，同时液压缸压力上升使压力继电器 SQ4.1 常开触点接通，X00.2 有信号输入。当松开脚踏开关时，电磁换向阀失电停止供油。由于单向阀的作用，液压缸的油压得到保持，该油压使压力继电器常开触点接通，X00.2 始终有信号输入，机床进一步加工工件。开关输入 SQ4.3 起限位保护作用。

(2)故障定位　通常检查机械动作频繁的开关元件，重点检查的是脚踏转换开关、压力继电器触点情况。第一，用万用表测量输入工件，观察触点接触情况；第二，检查元器件连接是否断线；第三，用万用表测量 X04.2、X00.2、X00.1、X17.6 对接口地的电压，检查输入信号；第四，根据电气控制原理图测量输出接口电压，检查输出信号；第五，测量控制电磁阀的电压、检查控制元件及执行元件。经检查发现压力继电器 SQ4.1 触点损坏，用于检测油压信号始终没有输入 PLC 的 I/O 接口，系统认为尾架套筒没有顶紧而产生报警。

(3)故障排除　更换新的压力继电器，调整触点压力，故障消除。

项目(五)　数控车床安装、调试与验收

任务 1　数控车床安装

数控车床安装调试的目的是使数控车床达到出厂时的各项性能指标。对于小型数控车床，这项工作比较简单，车床到位固定好地脚螺栓后，就可以连接车床总电源线，调整车床水平。对于大中型数控车床，安装调试就比较复杂，因为大中型设备一般都是解体后分别装箱运输的，所以运到用户处后要先进行组装再调试。

数控车床的安装就是按照车床的规格型号、功能特点以及安装的技术要求，将车床固定在基础上，使其具有确定的坐标位置和稳定的运行性能。

数控车床的正确安装是保证数控车床正常使用并充分发挥其效益的首要条件。数控车床是高精度的机床，安装和调试的失误，往往会造成数控车床精度丧失，故障率增加，直接影响零件的加工质量，降低企业的生产效率，因而要引起操作者的高度重视。

本任务以 CK6132 型数控车床为例，学习数控车床的安装、调试和验收。

1. 技能目标

(1)能够使学生形成对数控车床的结构布局、性能特点的整体认识。

(2)能够正确选择和使用数控车床安装调试工具。

(3)能够拆装、调试和验收数控车床。

2. 知识目标

(1)了解数控车床的规格、型号、结构组成。

(2)理解数控车床的功能特点。

(3)掌握数控车床的工作原理。

(4)掌握数控车床安装时，对地基、安装环境的要求。

(5)掌握数控车床安装步骤与操作要领。

3. 引导知识

CK6132 型数控车床的型号是按我国 1994 年颁布的《金属切削机床型号编制方法》(GB/T 15375—1994)编制的，机床型号的含义如图 1-5-1 所示。

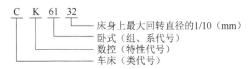

图 1-5-1　CK6132 机床型号的含义

CK6132 表示床身上工件回转直径为 320 mm 的卧式数控车床，其工件最大加工长度有 3 个规格，分别为 600mm、750mm、1000 mm。机床的其他主要参数有最大切削直径、主轴转速范围、主轴通孔直径、刀架行程、可装刀具数、主电机功率、进给伺服电机功率、数控系统型号和外形尺寸等，具体参数值可参阅机床使用说明书。

CK6132 型数控车床配有 FANUC 0i-TC 数控系统，可以完成轴类零件内外圆柱面、圆锥面、螺纹表面和成形回转体表面等的加工，对于盘类零件能进行钻孔、扩孔、铰孔和镗孔等

加工操作。

1) 环境要求

良好的工作环境是提高数控机床可靠性的必要条件。

(1) 精密数控机床要求工作在恒温条件下，以保证机床的可靠运行，保持机床的精度与加工精度。普通数控机床虽不要求工作在恒温条件下，但是环境温度过高会导致机床故障率增加，这是由于数控系统的电子元器件有工作温度的限制。例如，某些电子元器件的工作温度最高在 40～45℃，而当室温达到 35℃ 时，工作中的计算机数控装置(CNC)与电气柜内的温度可能达到 40℃，将直接影响电子元器件的正常工作。在操作状态下，正常的环境温度应控制在 5～40℃ 内。

(2) 数控机床对工作车间的洁净度也有一定的要求。机床绝对不能安装在产生粉尘的车间里，油雾、灰尘和金属粉末会使电子元器件之间的绝缘电阻下降，甚至短路，造成系统故障、元器件损坏。因此，必须保持工作车间的空气流通与洁净。

(3) 应保证适宜的湿度环境。潮湿的环境会使数控机床的印刷电路板、元器件、接插件、电气柜和机械零部件等锈蚀，造成接触不良、控制失灵、机床的机械精度降低。工作环境的相对湿度应低于 75%。

(4) 电网供电要满足数控机床正常运行所需总容量的要求。按我国标准电压波动不能超过 -10%～+15%，否则会造成电子元器件的损坏。

(5) 安装环境应最大限度地避免或减少干扰源。数控机床的 CNC 装置、伺服驱动系统虽进行了电磁兼容设计，但其抗干扰能力还是有限度的，强电磁干扰会导致数控系统失控。为了安全和减少电磁干扰，数控机床除了要求良好的接地(接地电阻要小于 4～7Ω)外，还应远离焊机、大型吊车和产生强电磁干扰的设备，并注意避免阳光照射和热辐射。

(6) 数控机床安装前，应确定正确的安装位置。在确定购置数控机床后，即可根据制造厂家提供的机床安装地基图进行施工。在安装前要考虑机床重量、重心位置、与机床连接的电线、管道的铺设、预留地脚螺栓和预埋件的位置。一般小型数控机床的地基比较简单，只用支承件调整机床的水平，无需用地脚螺栓固定；中型、重型机床需要做地基，精密机床应安装在单独的地基上，并在地基周围设置防振沟。地基平面尺寸不应小于机床支撑面积的外廓尺寸，并考虑安装、调整和维修所需尺寸。另外，机床旁应留有足够的工件运输和存放空间。机床与机床、机床与墙壁之间应留有足够的通道。

2) 操作步骤

(1) 拆箱：拆箱前应仔细检查包装箱外观是否完好无损。若包装箱有明显的损坏，则应通知发货单位，并会同运输部门查明原因，分清责任。拆箱后，首先检查机床的外观情况并找出随机携带的有关技术文件，按产品的装箱清单清点机床零部件数量和电缆数量是否齐全。

(2) 吊装就位：由于数控机床体积比较庞大，机床的就位应考虑用吊装方法进行。起吊时，注意机床的重心和起吊位置，必须在机床上升时使机床底座呈水平状态。在使用钢丝绳吊运车床时，必须用钢丝绳穿入床身前部第一孔和第三孔的筋板上，如图 1-5-2 所示，并利用床鞍和床尾等保持平衡。起吊时，钢丝与机床的接触处及与防护板的接触处必须用木块垫上，或在钢丝绳表面套上橡皮管，以免吊伤机床及防护板等。待机床吊起离地面 100～200mm 时，仔细检查悬吊是否稳固。然后将机床缓缓地送至安装位置，并将减振垫铁、调整垫板、地脚螺栓对号入座。

(3) 找平：按照机床说明书调整机床的水平精度。安装机床应首先选择一块平整的地方。

然后根据规定安排环境,根据地基图决定安装空间并做好地基(占地面积包括机床本身的占地和维修占地。此要求已在地基图中做了规定,如图 1-5-3 所示)。机床放在基础上,应在自由状态下找平,然后将地脚螺栓均匀地锁紧。找正安装水平的基础面,应在机床的主要工作面(如机床导轨面或装配基面)上进行。在评定机床安装水平时,对于数控机床,水准仪读数不大于0.02/1000mm。在测量安装精度时,应选取一天中温度恒定的时候。避免使用为了适应调整水平的需要而使机床产生强迫变形的安装方法。否则将引起机床基础件的变形,从而引起导轨精度和导轨相配件的配合与连接的变化,使机床精度和性能受到破坏。高精度数控机床可采用弹性支承进行调整,抑制机床振动。

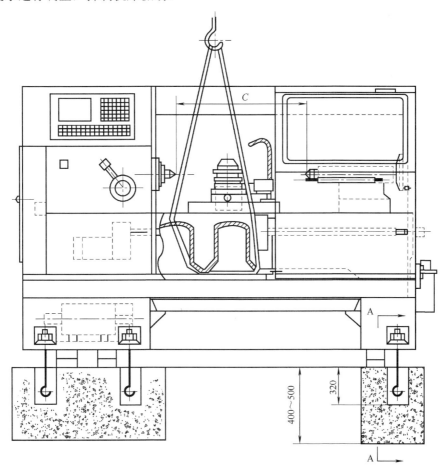

图 1-5-2　CK6132 数控车床吊装

地脚孔中的水泥固化后,用调水平螺栓更新调好水平,按照临时水平调整的规定放置水平仪,水平调整完成后,应当把地脚螺栓和调水平螺母牢牢地拧紧,确保水平精度不变。

(4)清洗:为了防锈,机床的滑动表面和一些金属件表面已涂上了层防锈剂。在运输过程中,土、灰尘、砂粒和脏物等很可能会进入防锈涂层中,所以,一定要将各部件上的防锈涂层清理干净,否则不能开动机床。除各部件因运输需要而安装的紧固工件(如紧固螺钉、连接板和楔铁等)外,应清洗各连接面、各运动面上的防锈涂料。清洗时不能使用金属或其他坚硬刮具。不得用棉纱或纱布,要用浸有清洗剂的棉布或绸布。清洗后涂上机床规定使用的润滑油。此外也要做好各外表面的清洗工作。

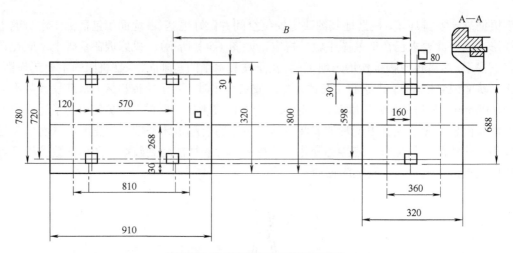

图 1-5-3　CK6132 数控车床地基图

（5）内部装置连接的检查：完成调水平工作后，在接通机床电源之前，应做如下工作：

① 确保地线连接无误（安装电阻低于 10Ω）。

② 检查并确保输入电源相位正确。如果电源为反相位，那么就要注意到数控装置与 AC 转换控制板将会产生故障。

③ 拧紧端子上的螺钉。

④ 检查各连接器是否接紧。

⑤ 确保数控装置中的印刷线路板牢固不动。

3）安装工具的准备

数控车床的安装用具清单见表 1-5-1。

表 1-5-1　数控车床的安装用具清单

序号	名称	规格	数量
1	吊车	5T	1 辆
2	钢丝绳、枕木、撬棍	—	若干
3	活扳手、一字改锥、十字改锥	—	1 套
4	防振垫铁	—	16 组
5	框式水平仪	0.02/1000mm	1 副
6	柴油、棉布、棉纱	—	若干
7	电源线和接地线缆	RVC12mm^2	10～15m
8	润滑油	20#	20L
9	乳化液	—	20L

任务 2　数控车床调试

1. 技能目标

（1）能够看懂数控车床说明书。

（2）能连接数控车床各部分。

（3）能手动和自动调试数控车床各部功能。

(4)能排除调试过程中出现的故障。

2. 知识目标

(1)了解数控车床的结构。

(2)掌握数控车床调试的步骤。

(3)掌握调试安全操作规程。

3. 引导知识

1)开机调试

除机床通电之外，还要按照机床说明书的要求，给机床润滑油箱、润滑点加注规定的油液或油脂，清洗液压油箱及过滤器，灌足规定标号的液压油，接通气源等。然后再调整机床的水平，粗调机床的主要几何精度。

机床通电操作可以是一次同时接通各部分电源全面通电，也可以各部分分别通电，然后再做总供电试验。对于大型设备，为保证更加安全，应分别供电。通电后首先观察各部分有无异常、有无报警故障，然后用手动方式陆续启动各部件，检测安全装置是否起作用、能否正常工作，液压泵工作后液压管路中是否形成油压，各液压元件是否正常工作，有无异常噪声，液压系统、冷却装置能否正常工作，等。总之，根据机床说明粗略检查机床主要部件功能是否正常、齐全，使机床各环节能操作运转起来。

在数控系统与机床联机通电试车时，虽然数控系统已经可以正常工作无任何报警，但为了以防万一，应在接通电源的同时，做好按压急停按钮的准备，以便随时能够切断电源。如伺服电动机的反馈信号线接反或断线均会引起机床飞车现象，这时就需要立即切断电源，检测接线是否正确。

通电正常后，用手动方式检测如下各基本运动功能：

(1)将状态选择开关置于"JOG"位置，将点动速度放置在最抵挡，分别进行各坐标正、反向点动操作，同时按下与点动方向相对应的超程保护开关，验证其保护作用的可靠性，然后再进行慢速的超程试验，验证超程撞块安装的正确性。

(2)将状态开关置于返回参考点位置，完成返回参考点操作。

(3)将状态开关置于"JOG"位置或"MDI"位置，将主轴调速开关放在最低位置，进行各挡的主轴正、反转试验，观察主轴运转情况和速度显示的正确性，然后再逐渐升速到高转速，观察主轴运转的稳定性。进行选刀试验，检查刀盘正、反转的正确性和定位精度。逐渐变化快速超调开关和进给倍率开关，随意点动，观察速度变化的正确性。

(4)将状态开关置于"EDIT"位置，自行编制一个简单程序，尽可能多地包括各种功能指令和辅助功能指令，位移尺寸以机床最大行程为限。同时进行程序的增加、删除和修改操作。

(5)将状态开关置于程序自动运行状态，验证使所编制的程序执行空运转、单段运行、机床闭锁、辅助功能闭锁状态时的正确性。分别将进给倍率开关、快速超调开关、主轴速度超调开关进行多种变化，使机床在上述各开关的多种变化情况下进行充分运行，然后将各超调开关置于100%处，使机床充分运行，观察整机的工作情况是否正常。

2)机床试运行

为了全面地检查机床功能及工作可靠性，数控机床在安装调试后应在一定负载或空载下进行较长一段时间的自动运行考验。国家标准GB/T 9061—2006中规定，数控车床的自动运行考验时长最少16h。在自动运行期间，不应发生除误操作所致的故障以外的任何故障，否则应重新调整后再从头进行运行考验。

任务3　数控车床精度检验

1. 技能目标

(1)能够正确选择和使用检测数控车床工具。

(2)能够检测和验收数控车床。

2. 知识目标

(1)了解数控车床几何精度、定位精度、切削精度的检测项目及目标要求。

(2)掌握数控车床几何精度、定位精度、切削精度的检测方法。

3. 引导知识

在生产实践中，验收工作是数控机床交付使用前的重要环节。虽然新机床在出厂时已做好检验，但并不是现场安装上、调一下机床水平、试加工零件合格便可通过验收。验收时必须对机床的几何精度、位置精度及工作精度做全面检验，这样才能保证机床的工作性能。因为新机床运输中可能会产生振动和变形，所以其精度与出厂检验的精度可能会产生偏差；机床的调整也会对相关的精度产生一定影响；位置精度的检测元件安装在机床相关部件上，几何精度的调整也会对其产生一定影响。数控机床的验收是和安装、调试工作同步进行的，机床开箱验收和外观检查合格后才能进行安装，机床的试运行就是机床性能及数控功能检验的工程。

对于一般的数控机床用户，数控机床验收工作主要是根据机床出厂验收技术资料上规定的验收条件，以及实际能够提供的检测手段，部分或全部地测定机床验收资料上的各项技术指标。检测结果作为该机床的原始资料存入技术档案中，作为今后维修时的技术指标依据。

1) 预验收

预验收的目的是检查、验证机床能够满足用户要求的加工质量及生产率，检验供应商提供的资料、备件是否齐全。供应商只有在机床通过正常运行试车并经检验生产出合格加工件后，才能进行预验收。预验收多在机床生产厂进行。

2) 开箱检验

开箱检验虽然是一项清点工作，但很重要。参加检验的人员一般包括设备管理人员、设备安装人员及设备采购员。如果是进口设备，还需要有进口商务代理和海关商检人员在场。

开箱检验的内容主要是：

(1)装箱单：对照合同核对装箱单的内容，依据装箱单清点设备。

(2)附件、备件、工具是否齐全：按合同规定，对照装箱单清点附件的品种、规格和数量，备件的品种、规格和数量，工具的品种、规格和数量，刀具(刀片)的品种、规格和数量。

(3)技术资料是否齐全：按合同规定，核对应有的操作说明书、维修说明书、图样资料、验收标准、合格证等技术文件。

(4)机床外观检查：外观检查主要包括检查主机、数控系统、电器柜、操作台等有无明显碰撞损伤、变形、受潮、锈蚀等严重影响设备质量的情况，如果出现上述情况，应及时向有关部门反映、查询、取证并索赔。

3) 机床性能检验

机床性能检验包括机床各主要组成单元性能的检验及数控系统功能的检验。

不同类型的机床，机床性能检验的项目有所不同。机床性能主要包括主轴系统、进给系统、电气装置、安全装置、润滑系统及各附属装置等的性能。如有的机床具有自动排屑装置、自动上料装置、接触式探头装置等，加工中心有刀库及自动换刀装置、工作台自动交换装置等，这些装置工作是否正常、是否可靠都要进行检验。

数控系统的功能取决于所配机床的类型，同型号的数控系统所具有的标准功能是一样的，但对一般用户来说并不是所有功能都有用，根据本单位生产上的实际需要，用户可能需要选配一些选择功能。选择功能越多，价格越高。数控系统功能的检测验收要按照机床配备的数控系统说明书和订货合同的规定，用手动方式或程序方式检测该机床应该具备的主要功能。

(1)主轴系统性能检测：检测机床主轴的启动、停止和运行中有无异常现象和噪声，润滑系统及各风扇工作是否正常。

① 连续试验，操作不少于 7 次。

② 主轴高、中、低转速变换试验，实测各级转速值，转速允差为设定值的±10%，同时观察机床的振动。

③ 主轴在长时间高速运转(一般为2h)后允许温升为 15℃。

④ 主轴准停装置连续操作 5 次，检验动作的标准性和灵活性。

(2)进给系统性能检测：检测机床各运动部件在启动、停止和运行中有大异常现象和噪声，润滑系统及各风扇工作是否正常。

① 在各进给轴全部行程上连续做工作进给和快速进给试验,快速行程应大于 1/2 全行程，正、负方向和连续操作不少于 7 次。检测进给轴正、反向的高、中、低速进给，快速移动的启动、停止、点动等动作的平稳性和可靠性。

② 在 MDI 方式下测定 G00 和 G01 下的各种进给速度，允差为设定值的± 5%。

③ 在各进给轴全行程上做低、中、高进给量变换试验。

(3)自动换刀或转塔刀架系统性能检测：

① 转塔刀架进行正、反方向转位试验以及各种转位夹紧试验。

② 检测自动换刀的可靠性和灵活性。如手动操作及自动运行时，在刀库装满各种刀柄条件下运行的平稳性，所选刀号到位的准确性。

③ 测定自动交换刀具的时间。

(4)气压、液压装置检测：

① 检查定时定量润滑装置的可靠性及各润滑点的油量分配等功能的可靠性。

② 检查润滑油路有无渗漏。

③ 检查压缩空气和液压油路的密封、调压性能。

(5)机床噪声检测：由于数控机床大量采用了电气调速装置，所以各种机械调速齿轮往往不是最大的噪声源，而主轴伺服电动机的冷却风扇和液压系统液压泵的噪声等可能成为最大的噪声源。

机床空运转时的总噪声不得超过标准。

(6)安全装置检测：

① 检查安全防护装置以及机床保护功能的可靠性。如各种安全防护罩，机床各进给轴行程极限的限位保护功能，各种电流、电压过载保护和主轴电动机过载保护功能等。

② 检查电气装置的绝缘可靠性，检查接地线的质量。

③ 检查操作面板各种指示灯、电气柜散热扇工作是否正常。

(7) 辅助装置检测：

① 卡盘做夹紧、松开试验，检查其灵活性和可靠性。

② 检查自动排屑装置的工作质量。

③ 检查冷却防护罩有无泄漏。

④ 检查工作台自动交换装置工作是否正常，试验带重负载时工作台自动交换动作。

⑤ 检查配置接触式测头的测量装置能否正常工作，有无相应的测量程序。

(8) 数控功能检测：

① 指令功能。检验坐标系选择、加工平面选择、程序暂停、刀具长度补偿、刀具半径补偿、镜像功能、极坐标功能、自动加减速处理、固定循环、各种切削插补指令以及用户宏程序等指令的准确性。

② 操作功能。试验手动数据输入、位置显示、回参考点、参数及 PLC 编辑显示菜单、程序显示及检索、程序删除、程序运行图形模拟、程序单程序段运行、程序段跳读、主轴进给倍率调整、空运行、机床闭锁、进给保持、紧急停止、手动及自动开启冷却液等功能。

③ 空运转试验。运行考机程序，让机床在空载下连续自动运行 16h 或 32h。确保规定时间内不出故障，否则要在排除故障后重新开始规定时间的考核。

考机程序一般包括下列动作：

(a) 主轴转动要包括最低、中间和最高转速在内 5 种以上速度的正转、反转及停止。

(b) 各坐标轴以最低、中间和最高进给速度运动，各坐标轴快速运动，进给移动行程应接近该轴的全行程，快速移动距离应在该轴全行程的 1/2 以上。

(c) 切削加工所用的准备功能指令和辅助功能指令。

(d) 自动换刀应至少交换刀库中 2/3 以上的刀号，而且要装上重量在中等以上的刀柄进行实际交换。

(e) 用到一些特殊功能，如测量功能、工作台自动交换功能、用户宏程序等。

④ 负荷试验。用户准备好典型零件的图纸和毛坯，在机床调试人员的指导下编程、选择刀具确认切削用量。例如，对数控车床进行负荷试验可按如下步骤进行：粗车、重切削、精车。每一步又分为单一切削和调用加工循环切削。每一次切削完成后将零件已加工部位的实际尺寸与指令值进行比较，检验机床在有负载条件下的运行精度。

4) 机床精度验收

机床精度验收的内容主要包括几何精度、定位精度和切削精度，工作中主要对机床进行几何精度验收。

数控机床的几何精度综合反映了该机床的各关键零部件及其组装后的几何形状误差。机床几何精度的检测必须在机床精调后一次完成，不允许调整一项检测一项，因为在几何精度中有些项目是相互联系、相互影响的。

几何精度检测的项目一般包括直线度、垂直度、平面度、俯仰与扭摆和平行度等。

几何精度检测常用工具有精密水平仪、精密方箱、直角尺、平尺、平行光管、测微仪、百分表、高精度验棒等，如图 1-5-4 所示。检测工具的精度必须比所测几何精度高一个等级。

要注意检测工具和测量方法造成的误差，如表架的刚性、测微仪的重力、验棒自身的振摆和弯曲等造成的误差。

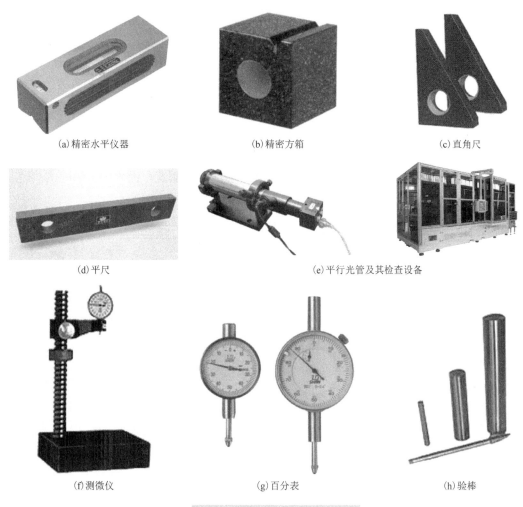

(a)精密水平仪器　　　　　　　　(b)精密方箱　　　　　　　　　(c)直角尺

(d)平尺　　　　　　　　　　　　(e)平行光管及其检查设备

(f)测微仪　　　　　　　　　　(g)百分表　　　　　　　　　　(h)验棒

图 1-5-4　常用几何精度检测工具

　　机床在出厂时都附带一份几何精度测试结果的报告，其中说明了每项几何精度的具体检测方法和合格标准，这份资料是在用户现场进行机床几何精度检测时的重要参考资料。另外，还可以依据相关国家标准实施机床几何精度检测，如《金属切削机床精度检测通则》（JB 2670—1982）、《数控卧式车床精度》（JB 4369—1996）。

　　(1)检验仪器：

① 数控车床；

② 平尺(400mm，10000mm，0 级)两只；

③ 方尺(400mm×400mm×400mm，0 级)一只；

④ 直验棒(80mm×500mm)一只；

⑤ 莫氏锥度验棒(No.5×300mm，No.3×300mm)；

⑥ 顶尖两个(莫氏 5 号、莫氏 3 号)；

⑦ 百分表两只；

⑧ 磁力座两只；

⑨ 水平仪(200mm，0.02mm/1000mm)一只；

⑩ 等高块 3 只；

⑪ 可调量块两只。

（2）检验内容：

① 几何精度验收。

a. 床身导轨的直线度和平行度。

（a）纵向导轨调平后，床身导轨在垂直平面内的直线度。

检验工具：精密水平仪。

检验方法：如图 1-5-5 所示，水平仪沿 Z 轴方向放在溜板上，沿导轨全长等距离地在各位置上检验，记录水平仪的读数，并用作图法计算出床身导轨在垂直平面内的直线度误差。

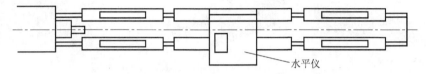

图 1-5-5　在垂直平面内测量床身导轨的直线度

（b）横向导轨调平后，床身导轨的平行度。

检验工具：精密水平仪。

检验方法：如图 1-5-6 所示，水平仪沿 X 轴方向放在溜板上，在导轨上移动溜板，记录水平仪的读数，其读数最大值即为床身导轨的平行度误差。

b. 溜板在水平平面内移动的直线度。

检验工具：验棒和百分表。

检验方法：如图 1-5-7 所示，将验棒顶在主轴和尾座顶尖上；再将百分表固定在溜板上，百分表水平触及验棒母线；全程移动溜板，调整尾座，使百分表在行程两端读数相等，检测溜板移动在水平平面内的直线度误差。

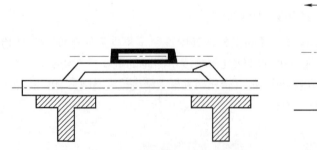

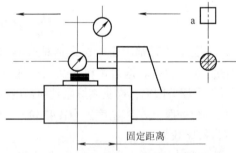

图 1-5-6　横向导轨调平后测量床身导轨的平行度　　　图 1-5-7　在水平平面内测量溜板的直线度

c. 尾座移动对溜板 Z 向移动的平行度：在垂直平面内尾座移动对溜板 Z 向移动的平行度、在水平平面内尾座移动对溜板 Z 向移动的平行度。

检验工具：百分表。

检验方法：如图 1-5-8 所示，将尾座套筒伸出后，按正常工作状态锁紧，同时使尾座尽可能地靠近溜板，把安装在溜板上的第二个百分表相对于层座套筒的端面调整为零。溜板移动时也要手动尾座直至第二个百分表的读数为零，使尾座与溜板相对距离保持不变。按此法使溜板和尾座全行程移动，只要第二个百分表的读数始终为零，则第一个百分表即可相应指示出平行度误差。或行程在每隔 300mm 处记录第一个百分表读数，百分表读数的最大值即为平行度的误差。第一个百分表分别在图中 a、b 位置测量，误差单独计算。

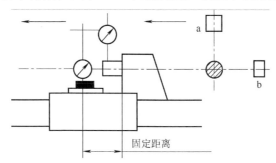

图 1-5-8　检测尾座移动对溜板 Z 向移动的平行度

d. 主轴跳动：主轴的轴向窜动、主轴轴肩支承面的轴向跳动。

检验工具：百分表和专用装置。

检验方法：如图 l-5-9 所示，用专用装置在主轴线上加力 F（F 的值为消除轴向间隙的最小值），把百分表安装在机床固定部件上，然后使百分表测头沿主轴轴线分别触及专用装置的钢球和主轴轴肩支承面。旋转主轴，百分表读数最大差值即为主轴的轴向窜动误差和主轴轴肩支承面的轴向跳动误差。

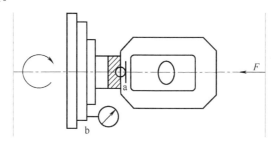

图 1-5-9　检测主轴轴肩支承面的轴向跳动和轴向窜动

e. 主轴定心轴颈的径向跳动。

检验工具：百分表。

检验方法：如图 1-5-10 所示，把百分表安装在机床固定部件上，使百分表测头垂直于主轴定心轴颈并触及主轴定心轴颈。旋转主轴，百分表读数最大值即为主轴定心轴颈的径向跳动误差。

f. 主轴锥孔轴线的径向跳动。

检验工具：百分表和验棒。

检验方法：如图 1-5-11 所示，将验棒插在主轴锥孔内，百分表安装在机床固定部件上，使百分表测头垂直触及验棒被测表面，旋转主轴，记录百分表的最大读数值（在 a、b 处分别测量）。标记验棒与主轴的圆周方向的相对位置，取下验棒，同向分别旋转验棒 90°、180°、270° 后重新插入主轴锥孔，在每个位置分别检测。取 4 次检测的平均值即为主轴锥孔线的径向跳动误差。

g. 主轴轴线对溜板 Z 向移动的平行度。

检验工具：百分表和验棒。

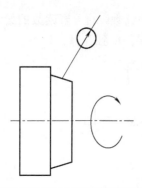 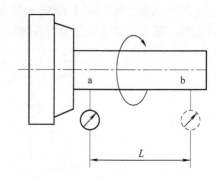

图 1-5-10　检测主轴定心轴颈的径向跳动　　　　图 1-5-11　检测主轴锥孔轴线的径向跳动

检验方法：如图 1-5-12 所示，将验棒插在主轴锥孔内，把百分表安装在溜板（或刀架）上，然后，a 使百分表测头在垂直平面内垂直触及验棒表面，移动溜板，记录百分表的最大数值及方向。旋转主轴 180°，重复测量一次，取两次读数的算术平均值作为在垂直平面内主轴轴线对溜板 Z 向移动的平行误差；b 百分表测头在水平平面内垂直触及验棒表面，按上述 a 的方法重复测量一次，即得到在水平平面内主轴轴线对溜板 Z 向移动的平行度误差。

h. 主轴顶尖的跳动。

检验工具：百分表和专用顶尖。

检验方法：如图 1-5-13 所示，将专用顶尖插在主轴锥孔内，把百分表安装在机床固定部件上，使百分表测头垂直触及被测表面，旋转主轴，记录百分表的最大读数差值。

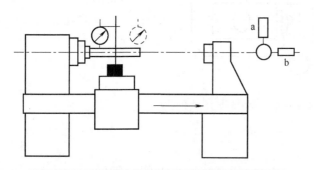 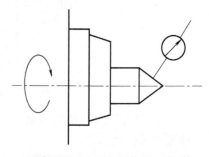

图 1-5-12　检测主轴轴线对溜板 Z 向移动的平行度　　　图 1-5-13　检测主轴顶尖的跳动

i. 尾座套筒轴线对溜板 Z 向移动的平行度。

检验工具：百分表。

检验方法：如图 1-5-14 所示，将尾座套筒伸出有效长度后，按正常工作状态锁紧。百分表安装在溜板（或刀架上），然后，a 使百分表测头在垂直平面内垂直触及尾座筒套表面，移动溜板，记录百分表的最大读数差值及方向，即得在垂直平面内尾座筒轴线对溜板 Z 向移动的平行度误差；b 使百分表测头在水平平面内垂直触及尾座套筒表面，按上述 a 的方法重复测量一次，即得到在水平平面内尾座套筒轴线对溜板 Z 向移动的平行度误差。

j. 尾座套筒锥孔轴线对溜板 Z 向移动的平行度。

检验工具：百分表和验棒。

检验方法：如图 1-5-15 所示，尾座套筒不伸出并按正常工作状态锁紧；将验棒插在尾座套筒锥孔内，百分表安装在溜板（或刀架）上。然后，a 把百分表测头在垂直平面内垂直触及验棒被测表面，移动溜板，记录百分表的最大读数差值及方向；取下验棒，旋转验棒 180°后重新插入尾座套筒锥孔，重复测量一次，取两次读数的算术平均值作为在垂直平面内尾座套筒锥孔轴线对溜板 Z 向移动的平行度误差；b 把百分表测头在水平平面内垂直触及验棒被测表面，按上述 a 的方法重新测量一次，即得到在水平平面内尾座套筒锥孔轴线对溜板 Z 向移动的平行度误差。

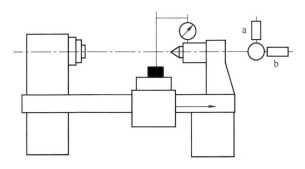

图 1-5-14　检测尾座套筒轴线对溜板 Z 向移动的平行度

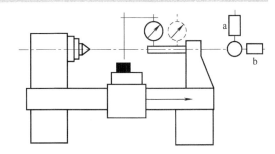

图 1-5-15　检测尾座套筒锥孔轴线对溜板 Z 向移动的平行度

k. 床头和尾座两项顶尖的等高度。

检验工具：百分表和验棒。

检验方法：如图 1-5-16 所示，将验棒顶在床头和尾座顶尖上，把百分表安装在溜板（或刀架）上，使百分表测头在垂直平面内垂直触及验棒被测表面，然后移动溜板至行程两端，移动小拖板（X 轴），寻找百分表在行程两端的最大读数值，其差值即为床头和尾座两项顶尖的等高度误差。测量时注意方向。

l. 刀架 X 轴方向移动对主轴轴线的垂直度。

检验工具：百分表、圆盘、平尺。

检验方法：如图 1-5-17 所示，将圆盘安装在主轴锥孔内，把百分表安装在刀架上，使百分表测头在水平平面内垂直触及圆盘被测表面，在沿 X 轴方向移动刀架，记录百分表的最大读数差值及方向；将圆盘旋转 180°，重新测量一次，取两次读数的算术平均值作为刀架横向移动对主轴轴线的垂直度误差。

将上述各项检测项目的测量结果记入表 1-5-2 中。

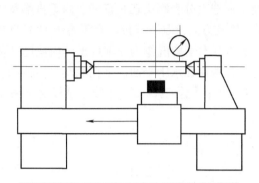

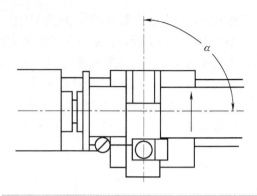

图 1-5-16　检测床头和尾座两顶尖的等高度　　　　图 1-5-17　检测刀架横向移动对主轴轴线的垂直度

表 1-5-2　数控车床精度检验数据表

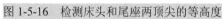

| 机床型号 | | | 环境温度 | | 检验日期 | |
| 机床编号 | | | 检验人 | | | |
序号	检验项目			允差范围/mm	检验工具	实例
G1	导轨调平	车床导轨在垂直平面内的直线度		0.020(凸)		
		车床导轨在水平平面内的直线度		0.04/1000		
G2	溜板在水平平面内移动的直线度			DC≤500 时，0.015，500<DC≤1000 时，0.02		
G3	在垂直平面内尾座移动对溜板 Z 向移动的平行度			DC≤1500 时，0.03，在任意 500mm 测量长度上，0.02		
	在水平平面内尾座移动对溜板 Z 向移动的平行度					
G4	主轴的轴向窜动			0.010		
	主轴轴肩支承面的轴向跳动			0.020		
G5	主轴定心轴颈的径向跳动			0.01		
G6	靠近主轴端面主轴锥孔轴线的径向跳动			0.01		
	距主轴端面 $L(L=300mm)$ 处主轴锥孔轴线的径向跳动			0.02		
G7	在垂直平面内主轴轴线对溜板 Z 向移动的平行度			0.02/300		
	在水平平面内主轴轴线对溜板 Z 向移动的平行度			(只许向上向前偏)		
G8	主轴顶尖的跳动			0.015		
G9	在垂直平面内尾座套筒轴线对溜板 Z 向移动的平行度			0.015/100 (只许向上向前偏)		
	在水平平面内尾座套筒轴线对溜板 Z 向移动的平行度			0.01/100 (只许向上向前偏)		
G10	在垂直平面内尾座套筒锥孔轴线对溜板 Z 向移动的平行度			0.03/300		
	在水平平面内尾座套筒锥孔轴线对溜板 Z 向移动的平行度			(只许向上向前偏)		
G11	床头和尾座两顶尖的等高度			0.04(只许尾座高)		
G12	刀架 X 轴方向移动对主轴轴线的垂直度			0.02/300		
G13	X 轴方向回转刀架转位的重复定位精度			0.005		
	Z 轴方向回转刀架转位的重复定位精度			0.01		
P1	精车圆柱试件的圆度			0.005		
	精车圆柱试件的圆柱度			0.03/300		
P2	精车端面的平面度			直径为 300mm 时，0.025 (只许凹)		
P3	螺距精度			在任意 50mm 测量长度上，0.025		
P4	精车圆柱形零件的直径尺寸精度(直径尺寸差)			0.025		
	精车圆柱形零件的长度尺寸精度			0.025		

② 定位精度验收：定位精度是指数控机床各移动轴在稳定的位置所能达到的实际位置精度，其误差称为定位误差。定位误差包括伺服系统、检测系统、进给系统等的误差，还包括移动部件导轨的几何误差等，它将直接影响零件加工的精度，所以是影响机床性能的重要指标。

重复定位精度是指在数控机床上，反复运行同一程序代码，所得到的位置精度的一致程度。重复定位精度受伺服系统特性、进给传动环节的间隙与刚性以及摩擦特性等因素的影响。一般情况下，重复定位精度是呈正态分布的偶然性误差，它影响一批零件加工的一致性，是一项非常重要的精度指标。

数控车床定位精度检测项目有刀架转位的重复定位精度、刀架转位 X 轴方向回转重复定位精度、刀架转位 Z 轴方向回转重复定位精度等。

a. 刀架回转重复定位精度。

检验工具：百分表和验棒。

检验方法：如图 1-5-18 所示，把百分表安装在机床固定部件上，使百分表测头垂直触及被测表面（检具），在回转刀架的中心行程处记录读数，用自动循环程序使刀架退回，转位 360°，最后返回原来的位置，记录新的读数。误差以回转刀架至少回转 3 周的最大与最小读数差值计。对回转刀架的每一个位置都应重复进行检验，且在每一个位置百分表都应调到零。

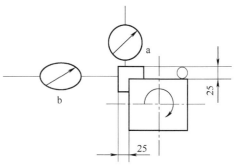

图 1-5-18　检测刀架回转重复定位精度

b. 重复定位精度、反向差值、定位精度。

检验工具：激光干涉仪或步距规。

检验力法：如图 1-5-19 所示。因为步距规测量定位精度的操作简单，所以在批量生产中被广泛采用。无论采用哪种测量仪器，在全程上的测量点数应不少于 5 点，测量间距按下式确定：

$$P_i = iP + k$$

式中，P 为测量间距；k 为各目标位置时取不同的值，以获得全测量行程上各目标位置的不均匀间隔，从而保证周期误差被充分采样。

③ 切削精度验收：机床的切削精度是一项综合精度，它不仅反映了机床的几何精度和定位精度，同时还受到试件的材料、环境温度、刀具性能及切削条件等各种因素影响。为反映机床的真实精度，尽量排除其他因素的影响，切削精度测试的技术文件中会规定出测试条件，如试件材料、刀具技术要求、主轴转速、切削深度、进给速度、环境温度以及切削前的机床空运转时间等。

卧式数控车床切削精度检测项目和检测方法包括：

a. 精车圆柱试件的圆度（靠近主轴轴端，检验试件的半径变化）。

检测工具：千分尺。

检验方法：精车试件（试件材料为 45 钢，正火处理，刀具材料为 YT30）外圆 D，试件如

图 1-5-20 所示，用千分尺测量靠近主轴轴端，检验试件的半径变化，取半径变化最大值近似作为圆度误差；用千分尺测量每一个环带直径之间的变化，取最大差值作为该项误差。

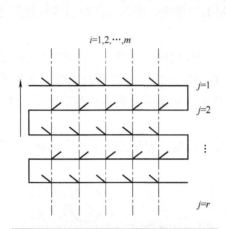

图 1-5-19　检验定位精度及重复定位精度

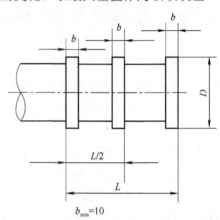

图 1-5-20　检测加工后工件的圆度和直径一致性

切削加工直径的一致性(检验零件的每一个环带直径之间的变化)。

允差范围：试件的圆度允差为 0.005mm，试件各段的一致性允差在任意 300mm 长度上为 0.03mm。

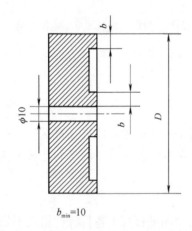

图 1-5-21　检测加工后工件端面平面度

b. 精车端面的平面度。

检验工具：平尺、量块、百分表。

检验方法：精车试件端面(试件材料为 HT150，180～200HB，刀具材料为 YG8)，试件如图 1-5-21 所示，使刀尖回到车削起点位置，把百分表安装在刀架上，百分表测头在水平平面内垂直触及圆盘中间，负 X 轴方向移动刀架，记录百分表的读数及方向；用终点时读数减起点时读数除以 2，所得的商即为精车端面的平面度误差；若数值为正，则平面是凹的。

允差范围：在 ϕ300mm 试件上为 0.025mm(只允许凹)。

c. 螺距精度。

检测工具：丝杠螺距测量仪。

检验方法：可取外径为 50 mm、长度为 75mm、螺距为 3mm 的丝杠作为试件进行检测(加工完成后的试件应充分冷却)，如图 1-5-22 所示。

允差范围：在任意 50 mm 测量长度上为 0.025mm。

d. 精车圆柱形零件的直径尺寸精度、精车圆柱形零件的长度尺寸精度。

检测工具：测高仪、杠杆卡规。

检验方法：用程序控制加工圆柱形零件，如图 1-5-23 所示(零件轮廓用一把刀精车而成)，测量其实际轮廓与理论轮廓的偏差。

允差范围：直径尺寸精度为 0.025mm，长度尺寸精度为 0.025mm。

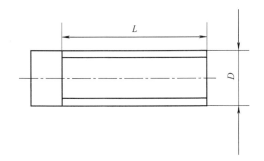

图1-5-22　检测加工螺纹的螺距精度

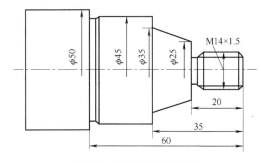

图1-5-23　精车零件图

评 价 标 准

本学习情境的评价内容包括专业能力评价、方法能力评价及社会能力评价三个部分。其中自我评分占30%、组内评分占30%、教师评分占40%，总计为100%，见表1-5-3。

表1-5-3　学习情境一综合评价表

种类别	项目	内容	配分	考核要求	扣分标准	自我评分占30%	组内评分占30%	教师评分占40%
专业能力评价	任务实施计划	1. 实训的态度及积极性； 2. 实训方案制定及合理性； 3. 安全操作规程遵守情况； 4. 考勤遵守情况； 5. 完成技能训练报告	30	实训目的明确，积极参加实训，遵守安全操作规程和劳动纪律，有良好的职业道德和敬业精神；技能训练报告符合要求	实训计划占5分；安全操作规程占5分；考勤及劳动纪率占5分；技能训练报告完整性占10分			
	任务实施情况	1. 数控车床数控系统故障诊断与维修； 2. 数控车床主轴故障诊断与维修； 3. 数控车床进给系统故障诊断与维修； 4. 数控车床辅助装置故障诊断与维修； 5. 数控车床安装、调试与验收	30	掌握数控车床的拆装方法与步骤以及注意事项，能正确分析数控车床的常见故障及修理；能进行系统调试；任务实施符合安全操作规程并功能实现完整	正确选择工具占5分；正确拆装数控车床占5分；正确分析故障原因拟定修理方案占10分；任务实施完整性占10分			
	任务完成情况	1. 相关工具的使用； 2. 相关知识点的掌握； 3. 任务实施的完整性	20	能正确使用相关工具；掌握相关的知识点；具有排除异常情况的能力并提交任务实施报告	工具的整理及使用占10分；知识点的应用及任务实施完整性占10分			
方法能力评价	1. 计划能力； 2. 决策能力	能够查阅相关资料制定实施计划；能够独立完成任务	10	能准确查阅工具、手册及图纸；能制定方案；能实施计划	查阅相关资料能力占5分；选用方法合理性占5分			
社会能力评价	1. 团结协作； 2. 敬业精神； 3. 责任感	具有组内团结合作、协调能力；具有敬业精神及责任感	10	做到团结协作；做到敬业；做到全责	团结合作能力占5分；敬业精神及责任心占5分			
合计			100					

教 学 策 略

本学习情境按照行动导向教学法的教学理念实施教学过程：包括咨讯、计划、决策、执行、检查、评估六个步骤，同时贯彻手把手、放开手、育巧手，手脑并用；学中做、做中学、学会做，做学结合的职教理念。

1. 咨讯

(1)教师首先播放一段有关数控车床故障诊断与维修的视频，使学生对数控车床故障诊断与维修有一个感性的认识，以提高学生的学习兴趣。

(2)教师布置任务。

① 采用板书或电子课件展示任务1的内容和具体要求。

② 通过引导问题让学生在规定时间内查阅资料，包括工具书、计算机或手机网络、电话咨询或同学讨论等多种方式，以获得问题的答案，目的是培养学生检索资料的能力。

③ 教师认真评阅学生的答案，对重点和难点问题，教师要加以解释。

针对每一个项目的教学实施：对于任务1，教师可播放与任务1有关的视频，包含任务1的整个执行过程；或教师进行示范操作，以达到手把手，学中做，教会学生实际操作的目的。

对于任务2，由于学生有了任务1的操作经验，教师可只播放与任务2有关的视频，不再进行示范操作，以达到放开手，做中学的教学目的。

对于任务3，由于学生有了任务1和任务2的操作经验，教师既不播放视频，也不再进行示范操作，让学生独立思考，完成任务，以达到育巧手，学会做的教学目的。

2. 计划

1)学生分组

根据班级人数和设备的台套数，由班长或学习委员进行分组。分组可采取多种形式，如随机分组、搭配分组、团队分组等，小组一般以4~6人为宜，目的是培养学生的社会能力、与各类人员的交往能力，同时每个小组指定一个小组的负责人。

2)拟定方案

学生可以通过头脑风暴或集体讨论的方式拟定任务的实施计划，包括材料、工具的准备，具体的操作步骤等。

3. 决策

由学生和老师一起研讨，决定任务的实施方案，包括详细的过程实施步骤和检查方法。

4. 执行

学生根据实施方案按部就班地进行任务的实施。

5. 检查

学生在实施任务的过程中要不断检查操作过程和结果，最终达到满意的操作效果。

6. 评估

学生在完成任务后，要写出整个学习过程的总结，并做电子课件汇报。教师要制定各种评价表格，如专业能力评价表格、方法能力评价表格和社会能力评价表格，如表1-5-3所示，根据评价结果对学生进行点评，同时布置课下作业，作业一般选取同类知识迁移的类型。

学习情境二

数控铣床故障诊断与维修

　　数控铣床是一种用途很广泛的机床，是机械加工中最常用和最主要的数控加工机床之一，主要有卧式和立式两种。数控铣床的机械结构与普通铣床基本相同，工作台可以做横向、纵向和垂直三个方向的运动。普通铣床所能加工的工艺内容，数控铣床都能加工。数控系统通过伺服系统同时控制两个或三个轴的运动，实现两轴或三轴联动，从而加工出平面轮廓及复杂的三维型面。从机床运动分布特点来看，数控铣床可用作数控钻床或数控镗床，又称作数控镗铣床。

　　数控铣床的主要加工对象有下列几种：

　　(1)平面类零件：图2-1所示的被加工零件就属于平面类零件。它的特点是：各个加工单元面是平面，或可以展开成为平面。数控铣床上加工的绝大多数零件属于平面类零件。

　　(2)变斜角类零件：如图2-2所示，如飞机的整体梁、框、橡条与肋等。

　　(3)曲面(立体类)零件：如图2-3所示，曲面零件的特点是：加工面不能展开为平面，加工面与铣刀始终为点接触。

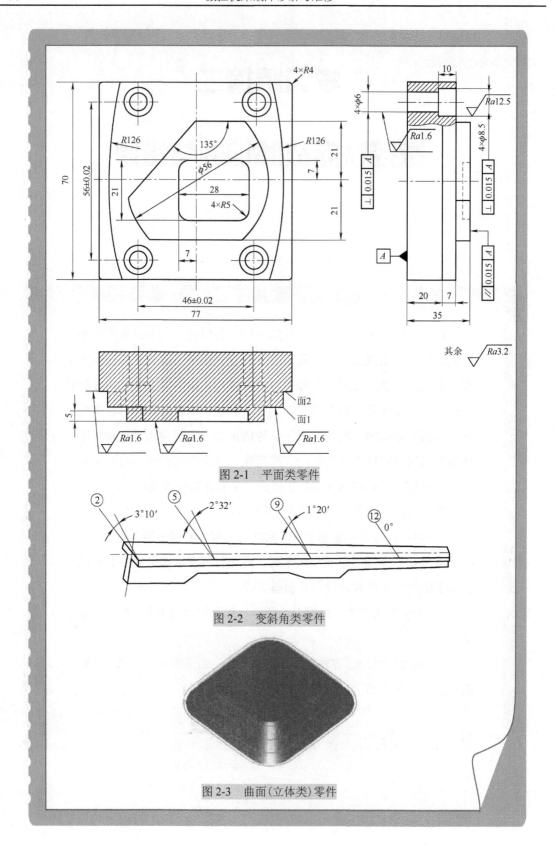

图 2-1　平面类零件

图 2-2　变斜角类零件

图 2-3　曲面(立体类)零件

项目(一) 数控铣床数控系统故障诊断与维修

数控铣床的数控系统除了具备数控系统的基本功能外,还具有三轴联动功能、刀具半径补偿和长度补偿、用户宏程序及手动数据输入和程序编辑等功能。

任务 1 FANUC 0i Mate M 系列数控系统故障诊断与维修

1. 技能目标

(1)认识 FANUC 0i Mate M 系列数控系统的接口。

(2)能够读懂 FANUC 0i Mate M 系列数控系统说明书。

(3)能够连接数控系统与外围设备。

(4)能够诊断和调试 FANUC 0i Mate M 系列数控系统的故障。

2. 知识目标

(1)了解 FANUC 0i Mate M 系列数控系统的硬件结构。

(2)理解 FANUC 0i Mate M 系列数控系统软、硬件的工作过程。

(3)掌握 FANUC 0i Mate M 系列数控系统连接及调试方法。

3. 引导知识

FANUC 公司数控系统的产品特点如下:

(1)结构上长期采用大板结构,但在新的产品中已采用模块化结构。

(2)采用专用 LSI,以提高集成度、可靠性,减小体积和降低成本。

(3)产品应用范围广。每个 CNC 装置上可配多种控制软件,适用于多种机床。

(4)不断采用新工艺、新技术。如表面安装技术 SMT、多层印制电路板、光导纤维电缆等。

(5)CNC 装置体积减小,采用面板装配式、内装式 PMC(可编程机床控制器)。

(6)在插补、加减速、补偿、自动编程、图形显示、通信、控制和诊断等方面不断增加新的功能。

① 插补功能:除直线、圆弧、螺旋线插补外,还有假想轴插补、坐标插补、圆锥面插补、指数函数插补、样条插补等。

② 切削进给的自动加减速功能:除插补后直线加减速外,还有插补前加减速。

③ 补偿功能:除螺距误差补偿、丝杠反向间隙补偿外,还有坡度补偿、线性度补偿以及更新的刀具补偿功能。

④ 故障诊断功能:采用人工智能,系统具有推理软件,以知识库为根据查找故障原因。

(7)CNC 装置面向用户开放的功能。以用户特定宏程序、MMC 等功能来实现。

(8)支持多种语言显示。如日、英、德、汉、意、法、荷、西班牙、瑞典、挪威、丹麦语等。

(9)备有多种外设。如 FANUC PPR、FANUC FA Card、FANUC FLOPY CASSETE、FANUC PROGRAM FILE Mate 等。

（10）已推出 MAP（制造自动化协议）接口，使 CNC 通过该接口实现与上一级计算机的通信。

（11）现已形成多种版本。

FANUC 系统早期有 3 系列系统及 6 系列系统，现有 0 系列，10/11/12 系列，15、16、18、21 系列等，而应用最广的是 FANUC 0 系列系统。

目前，我国在数控铣床上应用比较多的是 FANUC 0i Mate M 系列，系统配置如图 2-1-1 所示。

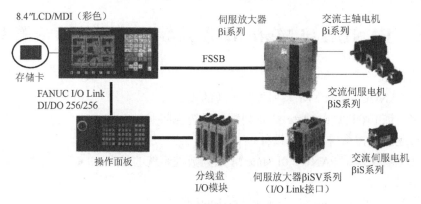

图 2-1-1　系统配置图

（1）系统功能选择：系统功能包为 B 包功能，具备 3 个 CNC 轴控制功能和三轴联动。系统只有基本单元，无扩展功能。

（2）显示装置和 MDI 键盘：系统显示装置为 8.4″彩色 LCD，MDI 键盘标准配置为小键盘，显示器与 MDI 键盘形式有水平方式和垂直方式两种。

（3）伺服放大器和电动机：系统伺服为βi 伺服单元（电源模块、主轴模块和进给模块为一体）驱动βi 系列主轴电动机和βi 进给伺服电动机。2007 年 4 月以后系统伺服为βiS 伺服单元驱动βiS 系列主轴电动机和βiS 进给伺服电动机。

（4）I/O 装置：根据机床特点和要求选择各种 I/O 装置，如处置 I/O 单元、分线盘式 I/O 模块及机床面板 I/O 板等。

（5）机床操作面板：可以选择系统标准操作面板，也可以根据机床特点选择机床厂家的操作面板。

（6）附加伺服轴：为系统的选择配置，需要 I/O Linkβi 系列伺服放大器和βiS 伺服电动机，只能选择一个附加伺服轴。

4. 故障诊断与维修

【**故障现象一**】一台数控铣床，配置 FANUC 0i Mate M 数控系统。在运行时，CRT 突然无显示，主控制板上产生 F 报警。

（1）故障分析　先从系统的 CRT 无显示来分析，但检查 CRT 单元本身、与 CRT 单元有关的电缆连接、输入 CRT 单元的电源电压以及 CRT 控制板等均未发现问题。再按照主板上提示的 F 报警来分析，其可能的原因有连接单元的连接有问题、连接单元故障、主控制板故障以及 I/O 板有故障。

（2）故障定位　经认真检查，上述原因都可排除，后来发现是外加电源+5V 电压没有加上造成的。

(3)故障排除 重新连接外加电源,电源接好后,故障排除。

【故障现象二】 北京第一机床生成的 XK5040 数控机床,数控系统为 FANUC 0i Mate M。驱动 Z 轴时就产生 31 号报警。

(1)故障分析 查维修手册,31 号报警为误差寄存器的内容大于规定值。根据 31 号报警指示,将 31 号机床参数的内容由 2000 改为 5000,与 X、Y 轴的机床参数相同,然后用手轮驱动 Z 轴,31 号报警消除,但又产生了 32 号报警。查维修手册知,32 号报警为 Z 轴误差寄存器的数值超过了 ± 32767 或数模变换器的命令值超出了 $-8192 \sim +8191$ 的范围。将参数改为 3333 后,32 号报警消除,31 号报警又出现。反复修改机床参数,故障均不能排除。为了诊断 Z 轴位置控制单元是否出了故障,将 800、801、802 诊断号调出,发现 800 在 $-2 \sim -1$ 间变化,801 在 $-1 \sim +1$ 间变化,而 802 却为"0",没有任何变化,这说明 Z 轴位置控制单元出现了故障。为了准确定位控制单元故障,将 Z 轴与 Y 轴的位置信号进行调换,即用 Y 轴控制信号去控制 Z 轴,用 Z 轴控制信号去控制 Y 轴,Y 轴就发生 31 号报警(实际是 Z 轴报警),同时,诊断号 801 也变为"0"了,802 有了变化。通过这样交换,再一次证明 Z 轴位置控制单元有问题。交换 Z 轴、Y 轴伺服驱动系统,仍不能排除故障。交换伺服驱动控制信号机位置控制信号,Z 信号能驱动 Y 轴,Y 信号不能驱动 Z 轴。这样就将故障点定在 Z 轴伺服电机上。

(2)故障定位 拆开 Z 轴伺服电机,发现位置编码器与电动机之间的十字连接块脱落(编码器上的固定螺钉断了),使得电动机在工作中无反馈信号,产生了报警。

(3)故障排除 将伺服电机与位置编码器用十字连接块连接好。

【故障现象三】 一台数控铣床送电,CRT 无显示,检查 NC 电源+24V、+15V、-15V、+5V 均无输出。

(1)故障分析 由于没有图纸资料,所以只能根据电路板上的元件、印制线路,边测量边绘制原理图,从电源的输出端开始查,当查到保险后面的噪声滤波器时发现性能不良,后面的整流、振荡电路均正常。

(2)故障定位 拆开噪声滤波器外壳,发现里面已被烧焦。

(3)故障排除 按照测量的数据重新复制一个噪声滤波器,装上后使用正常。故障排除。

【故障现象四】 一台 XK714G 数控铣床,当机床数控系统在与外部设备进行数据传输时,出现系统报警或数据不能进行正常传输的故障。

检修程序:根据故障描述,结合该数控铣床系统 I/O 连接原理图,可参考图 2-1-2 所示的步骤对系统进行检修。

【故障现象五】 一台 XK714G 数控铣床,当机床开机后出现 CRT 无显示的故障。

检修程序:根据故障描述,结合该数控铣床系统 CRT 模块连接原理图,可参考图 2-1-3 所示步骤对系统进行检修,即可判断 CRT 模块是否有故障。

5. 维修总结

(1)需要注意的是,备板置换前,应检查有关电路,以免由于短路而造成好板损坏,同时,还应检查试验板上的选择开关和跨接线是否与原模板一致,有些模板还要注意板上电位器的调整。置换存储器板后,应根据系统的要求,对存储器进行初始化操作,否则系统仍不能正常工作。

(2)遇到无法修复电源的情况时,可采用市面出售的开关电源,在确保电压等级、容量符合要求的情况下,将电源与 CNC 连通就能保证正常运行。

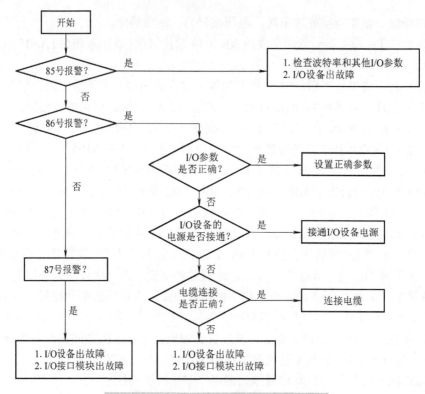

图 2-1-2　数控系统 I/O 接口故障的诊断步骤

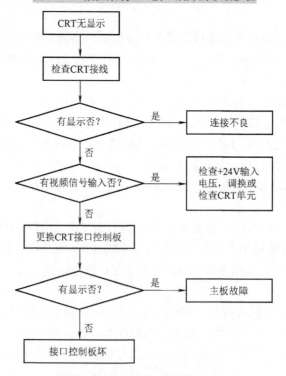

图 2-1-3　CRT 模块故障检查步骤

6. 知识拓展

1) 坐标系

机床中使用顺时针方向的直角坐标系，机床中的运动是指刀具和工件之间的相对运动，如图 2-1-4 所示。

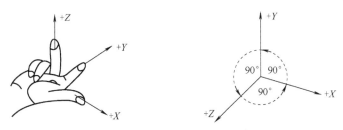

图 2-1-4　直角坐标系中坐标方向的规定

(1) 机床坐标系 (MCS)：机床中坐标系如何建立取决于机床的类型，它可以旋转到不同的位置。机床坐标系的原点定在机床零点，也是所有坐标轴的零点位置。该点仅作为参考点，由机床生产厂家确定，如图 2-1-5 所示。

(2) 工件坐标系 (WCS)：用于工件编程时对工件的几何位置进行描述。工件零点可以由编程人员自由选取，编程员无需了解机床上的实际运行，也就是说不管是工件运动还是刀具运动，方向始终以工件不动而刀具运动来定义，如图 2-1-6 所示。

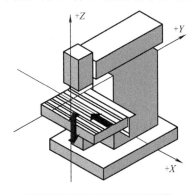

图 2-1-5　铣床中机床坐标系

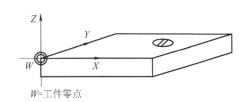

W=工件零点

图 2-1-6　工件坐标系

(3) 相对坐标系：除了机床坐标系和工件坐标系之外，该系统还提供一套相对坐标系。使用此坐标系可以自由设定参考点，并且对工件坐标系没有影响。屏幕上所显示的轴运动均相对于这些参考点而言。

(4) 工件装夹：加工工件时工件必须夹紧在机床上。固定工件，保证工件坐标系坐标轴平行于机床坐标系坐标轴，由此在坐标轴上产生机床零点与工件零点的坐标值偏移量，该值作为可设定的零点偏移量输入给定的数据区。当 NC 程序运行时，此值就可以用一个编程的指令 (如 G54) 来选择，如图 2-1-7 所示。

2) 数控铣床的对刀

数控铣床对刀就是设定刀具上的某一点在工件坐标系中坐标值的过程。对于圆柱形铣刀，一般是指刀刃底平面的中心；对于球形铣刀，也可指球头的球心。实际上，对刀过程就是建立机床坐标系与工件坐标系的联系过程。对刀之前，应先将工件毛坯准确定位装卡在工作台上，对于较小的零件，一般安装于平口钳的专用夹具上；对于较大的零件，一般直接安装在工作台上。安装时要使零件的基准方向和 X、Y、Z 轴的方向相一致，并且切削时刀具不会碰到夹具或工作台，然后将零件夹紧。常用手工对刀方法，一般使用刀具、标准芯棒或百分表等工具。采用 G92 指令来最终设定工件坐标系。执行 G92 指令时，系统将该指令的 X、Y、Z 的值设定为刀具当前位置在工件坐标系中的坐标。

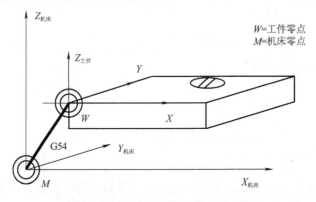

图 2-1-7　工件坐标系与当前工件坐标系

（1）方形零件的对刀操作步骤如下：

① 将工件毛坯固定装夹在工作台上，用手动方式分别回到 X、Y 和 Z 轴机床参考点。采用电动进给方式、手动进给方式或快速进给方式，分别移动 X、Y 和 Z 轴，将主轴刀具先移到靠近工件 X 方向的对刀基准面——工件毛坯的右侧面。

② 旋转主轴，在手轮进给方式下慢慢移动机床 X 轴，使刀具侧面接触工件 X 方向的基准面，进行试切，即刀具正好碰到工件右侧面。

③ 主轴停，将机床工作方式转换成手动数据输入方式。按【程序】键，进入手动数据输入方式下的程序输入状态，输入"G92"，按【输入】键，算出此时刀具中心与固定的毛坯件选定的工件坐标系原点之间在 X 轴方向的距离。输入这个坐标值，按【输入】键。此时已将刀具中心相对于机床坐标系原点的 X 坐标值输入。按"循环启动"按钮执行程序段，这时 X 坐标已设定好，如果按【位置】键，屏幕上显示的 X 坐标值为输入的坐标值，即当前刀具中心在工件坐标系内的坐标值。

④ 按照上述步骤同样对 Y 轴进行操作，移动刀具沿 Y 轴到毛坯表面，试切。算出此时刀具中心与毛坯件上选定的工件坐标系原点之间在 Y 轴方向的距离。在手动数据输入方式下输入"G92"和上述坐标值，并按【输入】键，这时刀具的 Y 坐标已设定好。

⑤ 然后对 Z 轴同样操作，输入"G92"和 Z 轴距离，按【输入】键，这时 Z 坐标已设定好。

（2）对于圆形工件，以圆周作为对刀基准，一般使用百分表来进行对刀，通过对刀设定工件坐标系原点。步骤如下：

① 安装工件，将工件毛坯装在工作台夹具上。用手动方式分别回 X、Y 和 Z 轴到机床参考点。

② 将百分表的安装杆装在刀柄上，或卸下刀柄，将百分表的磁性座吸在主轴套筒上。移动工作台，使主轴中心轴线(即刀具中心)大约移动到工件的中心，调节磁性座上伸缩杆的长度和角度，使百分表的触头接触工件的外圆周，用手慢慢转动主轴，使百分表的触头沿着工

件的外圆周面移动，观察百分表指针的偏移情况，慢慢移动工作台的 X 轴和 Y 轴。反复多次后，待转动主轴时百分表的指针基本指在同一位置，这时主轴的中心就是 X 轴和 Y 轴的原点。

③ 将机床工作方式转换成手动数据输入方式，输入并执行程序"G92 X0 Y0"，这时刀具中心(主轴中心)X 轴坐标和 Y 轴坐标已设定好，此时都为零。

④ 卸下百分表座，装上铣刀，用上述方法设定 Z 轴的坐标值。

上述是采用 G92 指令的对刀方法，关机后建立的工件坐标系将丢失，因此对于批量加工的工件，即使工件依靠夹具能在工作台上准确定位，用此方法也不太方便。这时经常使用和机床参考点位置相对固定的工件坐标系，用 G54～G59 来建立。这 6 个工件坐标系指定一个外部工件零点偏移值作为共同偏移值。步骤如下：

① 安装工件，将工件装夹在工作台上，一般要求工件能在工作台(或夹具)上重复准确定位。用手动方式回机床参考点。

② 用点动、手轮或快速进给方式移动坐标轴，使主轴刀具侧面和工件的对刀基准面(即工件的右侧面)正好接触，记录下此时屏幕上显示的 X 坐标值。用同样的方法将主轴刀具侧面和工件的对刀基准面(即工件的前侧面)相接触时的 Y 坐标值记录下来。同样将主轴刀具下端面和工件的对刀基准面(即工件的上表面)相接触时的 Z 坐标值记录下来。

③ 计算工件坐标系的原点和机床原点的距离。用上述方法得到的 X、Y、Z 这 3 个数据决定了工件坐标系的原点和机床零点的相对位置。

④ 按【偏置量】键进入偏移设置页面，按【翻页】键使屏幕显示"工件坐标系"页面，将光标移到 G54 处，输入上述记录的 X、Y、Z 3 个坐标值，这时工件坐标系的值输入偏移值存储器中。

如果输入其他坐标系的偏移值，可再按【翻页】键或按【光标向下】键移动光标，进入"工件坐标系"页面的第二页，然后进行数值的输入。

用这种设定偏移值的方法设定工件坐标系后，其坐标系偏移值不会因机床断电而消失。如果使用这个坐标系进行加工，只要使用 G54～G59 指令选择坐标系即可。

任务 2　SINUMERIK 810 系列数控系统故障诊断与维修

SINUMERIK 810 系列数控装置的主 CPU 为 80186，系统分辨率为 1μm，内置 PLC 为 138 点输入，64 点输出。该系统具有轮廓监控、主轴监控和接口诊断等功能。810D 采用 SIMENS CCU(computer control unit)模块，最大控制轴数为 6 轴，一通道工作，如图 2-1-8 所示。

图 2-1-8　SINUMERIK 810 系列数控系统配置图

1．技能目标

(1) 认识 SINUMERIK 810 系列数控系统的接口。

(2) 能够读懂 SINUMERIK 810 系列数控系统说明书。

(3) 能够连接数控系统与外围设备。

(4) 能够诊断和调试 SINUMERIK 810 系列数控系统的故障。

2．知识目标

(1) 了解 SINUMERIK 810 系列数控系统的硬件结构。

(2) 理解 SINUMERIK 810 系列数控系统软、硬件的工作过程。

(3) 掌握 SINUMERIK 810 系列数控系统连接及调试方法。

3．引导知识

在数字化控制的领域中，SINUMERIK 810D 第一次将 CNC 和驱动控制集成在一块板子上。快速的循环处理能力，使其在模块加工中独显威力。

SINUMERIK 810D NC 软件选件具有一系列突出优势，如提前预测功能，可以在集成控制系统上实现快速控制。另一个例子是坐标变换功能。固定点停止可以用来卡紧工件或定义简单参考点。模拟量控制模拟信号输出；刀具管理也是另一种功能强大的管理软件选件。样条插补功能(A、B、C 样条)用来产生平滑过渡；压缩功能用来压缩 NC 记录；多项式插补功能可以提高 810D/810DE 运行速度。温度补偿功能保证数控系统在这种高技术、高速度运行状态下保持正常温度。此外，系统还提供钻、铣、车等加工循环。

1) 基本构成

SINUMERIK 810D 由数控及驱动单元(CCU)、人机界面(Man Machine Communication，MMC)、可编程序控制器 PLC 的 I/O 模块 3 部分组成。

(1) 数控及驱动单元。数控单元是 SINUMERIK 810D 的核心，称为 CCU 单元，CCU 分为 CCU1 和 CCU3，目前使用的是 CCU3 单元。

CCU 单元内部集成了数控核心 CPU 和 SIMATIC PLC 的 CPU，包括 SINUMERIK 810D 数控软件和 PLC 软件，带有 MPI 接口、手轮及测量接口，更集成了 SIMODRIVE 驱动的功率模块，体现了数控及驱动的完美统一。

CCU 单元有两轴版和三轴版两种规格；两轴版用于带两个最大不超过 11Nm(9/18A)进给电机的驱动，即 2×11Nm。三轴版用于带两个最大不超过 9Nm(6/12A)进给电机的驱动和一个 9kW(18/36A→FDD 或 24/32A→MSD)的主轴，即 2×9Nm+1×9kW(主轴)。

CCU 单元上有 6 个反馈接入口，最大可带 6 轴，包括一个主轴(带位置环)，根据需要可在 CCU 单元右侧扩展 SIMODRIVE 611D 模块，使用户配置有更大的灵活性。

(2) 人机界面。人机交换界面负责 NC 数据的输入和显示，它包括 MMC、OP (operation panel) 单元、MCP (machine control panel) 3 部分。MMC 实际上就是一台计算机，有自己独立的 CPU，还可以带硬盘，带软驱；OP 单元正是这台计算机的显示器，而西门子 MMC 的控制软件也在这台计算机中。

① MMC。最常用的 MMC 有两种：MMC100.2 和 MMC103，其中 MMC100.2 的 CPU 为 486，不能带硬盘；而 MMC103 的 CPU 为奔腾，可以带硬盘，一般用户为 SINUMERIK 810D 配置 MMC100.2。

② OP 单元。OP 单元一般包括一个 10.4″TFT 显示屏和一个 NC 键盘。根据用户不同的

要求，西门子为用户选配不同的 OP 单元，如 OP030、OP031、OP032、OP032S 等，其中 OP031 最为常用。

对于 SINUMERIK 810D 应用了多点接口（Multiple Point Interface，MPI）总线技术，传输速率为 187.5Kbit/s，OP 单元为这个总线构成的网络中的一个节点。为提高人机交互的效率，又有 OPI（operator panel interface）总线，它的传输速率为 1.5Mbit/s。

③ MCP。MCP 是专门为数控机床而配置的，它也是 OPI 上的一个节点，根据应用场合不同，其布局也不同，铣床版 MCP 如图 2-1-9 所示。对于 810D，MCP 的 MPI 地址为 14，用 MCP 后面的 S3 开关设定。

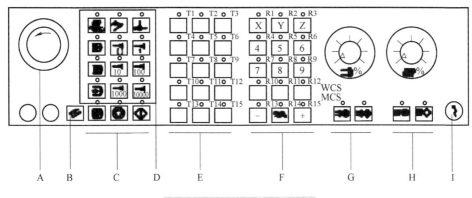

图 2-1-9　铣床版 MCP 正面图

（3）PLC 模块。SINUMERIK 810D 系统的 PLC 部分使用的是西门子 SIMATIC S7-300 的软件及模块，在同一条导轨上从左到右依次为电源模块、接口模块及信号模块、如图 2-1-10 所示。PLC 的 CPU 与 NC 的 CPU 是集成在 CCU 中的。

2）硬件连接

SINUMERIK 810D 系统的硬件连接从两方面入手。其一，根据各自的接口要求，先将数控与驱动单元、MMC、PLC 3 部分分别连接正确：电源模块 X161 中 9、112、48 的连接；驱动总线和设备总线；最右边模块的终端电阻（数控与驱动单元）；MMC 及 MCP 的 +24V 电源千万注意极性；PLC 模块注意电源线的连接；同时注意信号模块（SM）的连

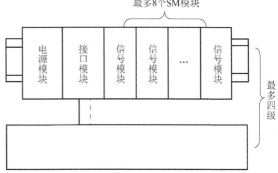

图 2-1-10　SINUMERIK 810D 系统的 PLC 安装示意图

接。其二，将硬件的 3 大部分互相连接，连接时应注意 MPI 和 OPI 总线接线一定要正确，CCU 与 S7 的 IM 模块连线。

（1）数控单元模块接口。SINUMERIK 810D CCU3 接口图如 2-1-11 所示。主要接口端有 X102、X111、X121、X122 端口；X411～X416 为测量系统连接端口，与进给轴编码器、主轴编码器及光栅尺等相连；X304～X307 为轴扩展连接端口；X151 为设备总线接口；X130 为 SIMODRIVE 611D 驱动总线接口。

（2）电源模块和伺服电动机驱动模块。电源模块接口端如图 2-1-12 所示，单轴伺服电动机驱动模块和双轴伺服电动机驱动模块。伺服电动机驱动模块端口如图 2-1-13 所示。

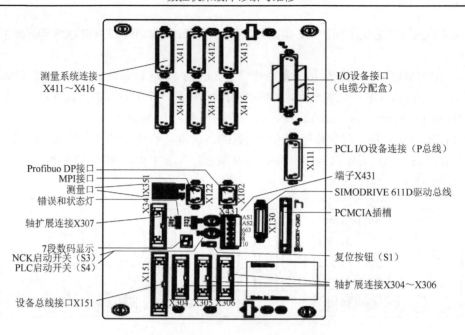

图 2-1-11　SINUMERIK 810D CCU3 接口

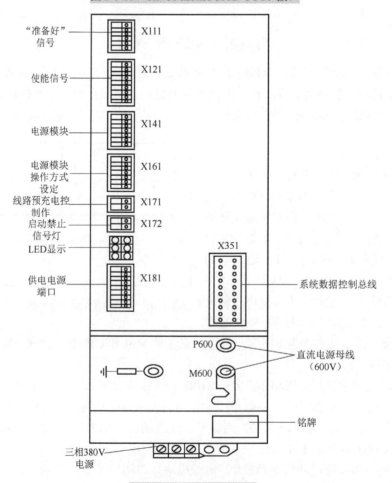

图 2-1-12　电源模块接口

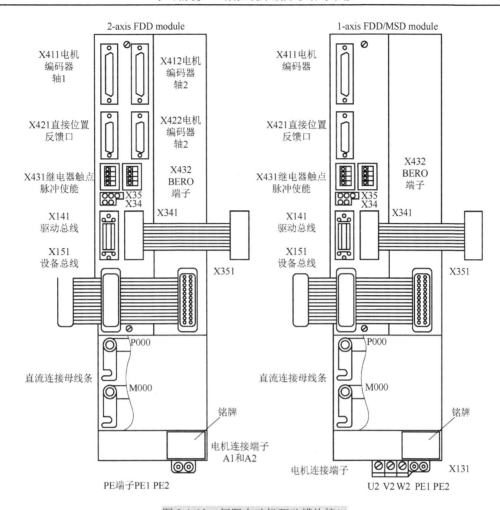

图 2-1-13　伺服电动机驱动模块接口

SINUMERIK 810D 系统连接图如图 2-1-14 所示。

4. 故障诊断与维修

【故障现象一】　一台采用 SINUMERIK 810D 系统的数控铣床在加工过程中，系统有时自动断电关机，重新启动后，还可以正常工作。

（1）故障分析　根据系统工作原理和故障现象怀疑故障原因是系统供电电压波动。

（2）故障定位　测量系统电源模块上的 24V 输入电源，发现为 22.3V 左右，当机床加工时，这个电压还向下波动，特别是切削量大时，电压下降就大，有时接近 21V，这时系统自动断电关机。

（3）故障排除　更换容量大的 24V 电源变压器，故障消除。

【故障现象二】　一台采用 SINUMERIK 810 系统的数控铣床开机回参考点、走 X 轴时，出现报警 1680 "SERVO ENABLE TRAV.AXIS X"，手动走 X 轴也出现这个报警，检查伺服装置，发现有过载报警指示。

（1）故障分析　根据西门子说明书，产生这个故障的原因可能是机械负载过大、伺服控制电源出现问题、伺服电动机出现故障等。

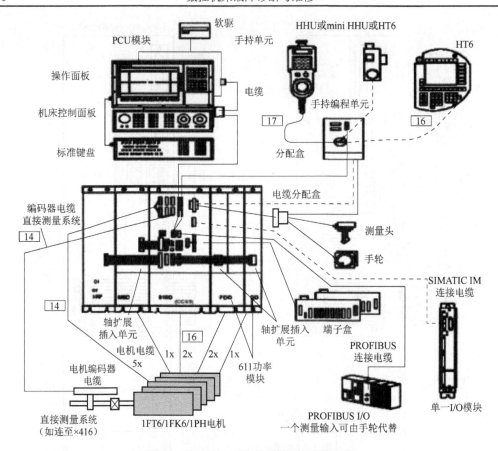

图 2-1-14　SINUMERIK 810D 系统连接图

（2）故障定位　本着先机械后电气的原则，首先检查 X 轴滑台，手动盘动 X 轴滑台，发现非常沉，盘不动，说明机械部分出现了问题。将 X 轴滚珠丝杠拆下检查，发现滚珠丝杠已锈蚀，是滑台密封不好，冷却液进入滚珠丝杠，造成滚珠丝杠的锈蚀。

（3）故障排除　更换新的滚珠丝杠，故障消除。

【故障现象三】　一台数控铣床经常自动断电关机，停一会儿再开还可以工作。

（1）故障分析　分析机床的工作原理，产生这个故障的原因一般都是系统保护功能起作用。

（2）故障定位　首先检查系统的供电电压为 24V，没有问题；在检查系统的冷却装置时，发现冷却风扇过滤网堵塞，出现故障时恰好是夏季，系统因为温度过高而自动停机。

（3）故障排除　更换过滤网，机床恢复正常使用。

【故障现象四】　一台采用德国 SIEMENS 810 系统的数控铣床，自动加工不能连续进行。

（1）故障分析　分析机床的工作原理，机床的工作状态是通过机床操作面板上的旋转开关设定的，旋转开关接入 PLC 的输入 E7.0，故障可能发生在旋转开关、开关与 PLC 的接口或者是 PLC 程序。

（2）故障定位　利用数控系统的 PLC 状态显示功能，检查其状态，但不管怎样拨动旋转开关，其状态一直为"0"，不发生变化，而检查开关没有发现问题。将该开关的连接线连接到 PLC 的备用输入接口 E3.0 上，观察这个状态的变化，正常跟随旋转开关的变化，没有问题，由此证明 PLC 的输入接口 E7.0 损坏。

(3)故障排除　因为手头没有备件，将旋转开关接到 PLC 的 E3.0 的输入接口上，然后通过编程器将 PLC 程序中的所有 E7.0 都改成 E3.0，机床恢复了正常。

【故障现象五】　一台配置 SIEMENS 810M 及 611A 交流伺服驱动的数控铣床，在调试时，出现 X 轴过流报警。

(1)故障分析　由于机床为初次开机调试，可以确认驱动器、伺服均为无故障，故障原因通常与伺服和驱动器之间的连接有关。

(2)故障分析与定位　对照 SIEMENS 611A 伺服驱动器说明书仔细检查，发现该机床 X 轴伺服的三相电枢线相序接反。正确连接后，故障排除。

5. 维修总结

维修数控系统比较复杂的故障时要做到以下几点：

(1)做充分准备工作。先查阅数控系统的技术资料和维修手册，做好技术准备；画出与故障相关的系统框图；准备维修工具。

(2)做好修前调查。观察故障现象、机床工作状态、机床工作环境、报警信息等，得到维修的第一手资料。

(3)据理析象，进行故障分析。罗列成因，把故障大体定位。

(4)故障定位，利用排他法，确定故障点位置。

(5)针对故障点进行故障排除。只要找到故障点，故障排除就很容易了。

6. 知识拓展

数控铣床安全操作规程如下：

(1)操作人员应熟悉、掌握机器的性能与特性。保证紧急停止开关在紧急状况发生时，能快速有效地发挥作用，避免发生事故。

(2)交班时仔细阅读交接班记录，进一步了解上一班机床的运转情况和存在问题，并巡视机床各部位、刀具、直角铣头以及量具是否完好。

(3)工作台上严禁堆放任何工具、夹具、量具、工件和其他杂物。

(4)接班要检查机床电气控制系统是否正常，润滑系统是否畅通、油质是否良好，并按固定要求加足导轨润滑油。工件、夹具及刀具是否已夹持牢固，检查冷却液是否充足，然后开慢车空转 3～5min。

(5)新编程序后，操作人员必须认真检查好自己的加工程序，刀具完成设定后，请先以空载运行，以确定程序正确无误后方可对工件进行加工，从而避免错误造成工件损伤。

(6)使用手轮或快速移动方式移动各轴位置时，一定要看清机床 X、Y、Z 轴各方向"+、−"号标牌后再移动。移动时先慢转手轮观察机床移动方向无误后方可加快移动速度。

(7)加工过程中，操作者不得擅自离开机床，应保持思想高度集中，观察机床的运行状态。发生不正常现象或事故时，应立即终止程序运行，复位停止机床动作，待相关人员检测维修。

(8)刀具不快或刀刃损伤时要及时更换，防止对刀具或工件造成损伤。

(9)在程序运行中需暂停测量工件尺寸时，要待机床完全停止、主轴停转后方可进行测量，以免发生人身事故。

(10)按工艺规定进行加工。不准任意加大进刀量、磨削量和切(磨)削速度。不准超规范、超负荷、超重量使用机床。

(11)装卸工件时，应先停止机器运转，并注意工件与刀具间保持适当距离。

（12）操作人员装刀时一定要严格确保主轴内部清洁，直角铣头内无杂物，并严格进行直角铣头精度调整。

（13）认真填写工序单，并做好工件标示、尺寸记录。对加工过程中发现的问题填写、及时汇报。

（14）定期做机床保养，保持机床清洁。

任务 3 华中数控系统 HNC-21M 故障诊断与维修

世纪星系列数控系统 HNC-21M 采用先进的开放式体系结构，内置嵌入式工业 PC，配置 8.4″ 或 10.4″ 彩色液晶显示屏和通用工程面板，集进给轴接口、主轴接口、手持单元接口、内嵌式 PLC 接口于一体，采用电子盘程序存储方式以及软驱、DNC、以太网等程序交换功能，具有价格低、性能高、配置灵活、结构紧凑、易于使用、可靠性高的特点。

1. 技能目标

（1）认识华中数控 HNC-21M 数控系统的接口。

（2）能够读懂华中数控 HNC-21M 数控系统说明书。

（3）能够连接数控系统与外围设备。

（4）能够诊断和调试华中数控 HNC-21M 数控系统的故障。

2. 知识目标

（1）了解华中数控 HNC-21M 数控系统硬件结构。

（2）理解华中数控 HNC-21M 数控系统软、硬件的工作过程。

（3）掌握华中数控 HNC-21M 数控系统连接及调试方法。

3. 引导知识

1）华中数控系统功能部件的接口与功能

华中数控 HNC-21M 系统接口如图 2-1-15 所示。华中数控 HNC-21M 接口说明。

① XS1：电源接口。

② XS2：PC 键盘接口。

③ XS3：以太网接口。

④ XS5：RS232 接口。

⑤ XS7：USB 数据传输接口。

⑥ XS8：手持单元接口。

⑦ XS9：主轴控制接口。

⑧ XS10、XS11：开关量输入接口。

⑨ XS20、XS21：开关量输出接口。

⑩ XS30～XS32：串行接口式（HSV-11 系列）伺服驱动器控制接口。

2）华中数控系统参数

按功能和重要性分析参数的不同级别，数控装置设置了 3 种级别的权限，允许用户修改不同级别的参数。通过权限口令的限制对重要参数进行保护，防止因误操作而引起故障和事故。查看参数和备份参数不需要口令。HNC-21 数控装置中设置了 3 种级别的权限。

（1）数控厂家：最高级别权限，能修改所有的参数。

（2）机床厂家：中间级权限，能修改机床调试时需设置的参数。

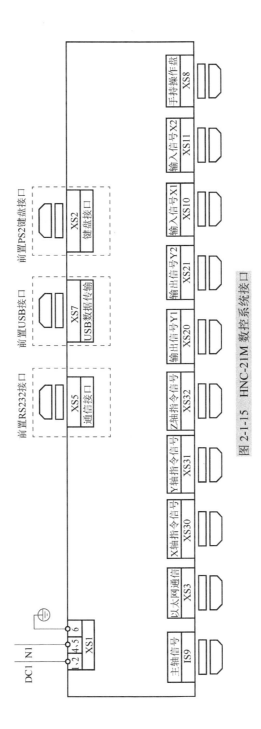

图 2-1-15　HNC-21M 数控系统接口

(3)用户厂家：最低级权限，仅能修改用户使用时需改变的参数。

如图2-1-16所示，用户最低级主菜单与子菜单在某一个菜单中用【Enter】键选中某项后，出现另一个菜单，则前者称为主菜单，后者称为子菜单。菜单可以分为两种：弹出式菜单和图形按键式菜单。

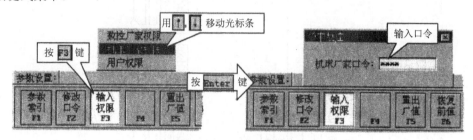

图 2-1-16　参数权限画面

3）华中数控系统的运行与调试

（1）运行前检查：

① 接线检查。确保所有的电缆连接正确，应特别注意检查：继电器电磁阀的续流二极管的极性；电机强电电缆的相序，进给装置的位置控制电缆、位置反馈电缆、电机强电电缆应该一一对应；确认主轴单元接收的模拟电压指令的类型，检查接线以免损坏主轴单元速度指令接口；确保所有地线都可靠且正确地连接；确保急停按钮与急停回路的有效性，当急停按钮按下或急停回路断开时，能够切断进给驱动装置、主轴驱动装置等运动部件的动力电源。

② 电源检查。确保电路中各部分电源的电压正确，极性连接正确，特别是 DC24V 的极性，确保该部分电源回路不短路；确保电路中各部分电源的规格正确；确保电路中各部分变压器的规格和进出线方向正确。

③ 设备检查。确保系统中的各个电机（主轴电机、进给电机）已经与机械传动部分脱离，并且可靠放置与固定；确保所有电源开关、特别是伺服动力电源开关已经断开。

（2）试运行：

① 通电。系统通电与断电前，都应先按下急停按钮，避免伺服动力电源与伺服控制电源同时接通和断开，而出现电机瞬时跳动。在执行以下步骤时应确保伺服驱动器的动力电源是断开的，以防止因数控装置的参数尚未正确设置而出现误动作或故障：

● 按下急停按钮确保系统中所有空气开关已断开。

● 合上电柜主电源空气开关。

● 接通控制交流 24V 的空气开关或熔断器，检查 AC24V 电源是否正常。

● 接通控制直流 24V 的空气开关或熔断器，检查 DC24V 电源是否正常。

● 检查设备用到的其他部分电源是否正常。

● 检查无异常，HNC-21 数控装置通电。

② 接通伺服动力电源。

（3）PLC 编程与调试：

① PLC 调试内容。操作数控装置进入输入输出开关量显示状态，对照机床电气原理图，逐个检查 PLC 输入输出点的连接和逻辑关系是否正确；检查机床超程纤维开关是否有效，报警显示是否正确（各坐标轴的正负超程限位开关的一个常开触点，已经接入输入开关量接口）。

② PLC 调试过程。检查操作面板上的各个按钮，检查开关量输入信号、系统动作、外部逻辑电路的动作是否正确；逐个开关量输入信号人为接入限位信号，通常为 X0.0～X0.7(即 I0～I7)，检验该信号能否使系统产生急停，并正确显示报警信息；让各坐标轴返回参考点，人为接入参考点接入信号，检验各坐标能否完成回参考点动作及回参考点动作是否正确；正确连接各个坐标的限位开关与回参考点信号，人为控制限位开关与参考点开关，重复上面两部分内容检验开关的有效性；检验各报警开关量输入信号输入时，系统能否正确产生系统报警信息或用户在 PLC 程序中定义的外部报警信息，并执行相应的动作。

③ PLC 调试方法。当 PLC 程序不能按预期的过程执行时，通常按下列步骤调试检查。

- 在 PLC 状态中观察所需的输入开关量或系统变量是否正确输入，若没有则检查外部电路，对于 M、S、T 指令应该编写一段包含该指令的零件程序，用自动或单段的方式执行该程序，在执行的过程中观察相应的变量。
- 在 PLC 状态中观察所需的输出开关量或系统变量是否正确输出，若没有则检查 PLC 源程序。
- 检查输出开关量直接控制的电子开关或继电器是否动作，若没有动作则检查连线。
- 检查由继电器控制的接触器、电磁阀等开关是否动作，若没有动作则检查连线。
- 检查执行单元包括电机、油路、气路等。

(4)连接机床调试：主要包括伺服参数调整、机床误差补偿数据的输入。机床误差补偿包括反向间隙误差补偿、螺距误差补偿等。这些数据在机床调试过程中测量得到，输入相应的参数中。

4)华中数控系统的数据保护

(1)数据的备份：在修改参数前必须进行备份，防止系统紊乱后不能恢复。备份步骤如下：

① 将系统菜单调至辅助菜单目录下，系统菜单显示如图 2-1-17 所示。

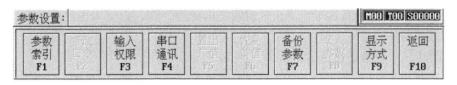

图 2-1-17 进入参数菜单

② 选择参数功能键【F3】，然后输入密码，系统菜单显示如图 2-1-18 所示。

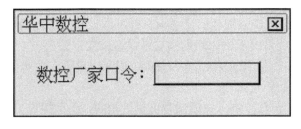

图 2-1-18 输入密码

③ 此时选择功能键【F8】，系统显示如图 2-1-19 所示，输入文件名确认即可，文件名可以自己随意命名。这样整个参数备份过程完成。

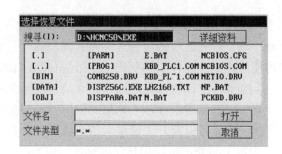

图 2-1-19　参数备份文件名

　　(2)数据的恢复：首先执行参数备份的 A、B 过程；然后选择功能键【F8】(装入参数)选择事先备份的参数文件，确认后即可恢复。

　　注意：华中数控系统参数在更改后一定要重新启动，修改的参数才能够起作用。

　　4. 故障诊断与维修

　　【故障现象一】　一台数控铣床上电后 NC 无法起动，CRT 有辉光。

　　(1)故障分析　初步分析是给数控装置供电的开关稳压电源工作异常，开关电源前的低频滤波器工作异常或者电网电压波动过大造成。

　　(2)故障定位　用万用表检测电网电压正常，滤波器正常，稳压电源输入 AC220V 正常，输出电压只有 DC16V，而正常输出为 DC24V。本故障是开关电源模块不良所致。

　　(3)故障排除　通过电压调整修调，启动机床正常。

　　【故障现象二】　一台数控铣床在工作过程中主轴有转速，但 CRT 无速度显示。

　　(1)故障分析　初步分析是系统参数设置错误，或者主轴编码器损坏、断线。

　　(2)故障定位　首先利用华中系统的 PLC 状态监视器观察系统发出信号正常，利用 MDI功能让主轴转动但无速度到达，退出交互界面执行"editpara.exe"进入系统参数设置，经检查参数正常，用万用表检查端子排上主轴编码器电源 DC 5V，没有电压显示，仔细检查发现编码器电缆线断线。

　　(3)故障排除　更换电缆线后正常。

　　【故障现象三】　一台数控铣床 NC 启动后进入交互界面正常，但机床无法执行任何操作，无故障显示。

　　(1)故障分析　初步分析是系统驱动数据文件丢失或 PLC 参数设置不对，导致输入输出点不匹配所致。

　　(2)故障定位　进入 PLC 参数存储目录下执行参数设置文件，检查 PLC 参数设置正常。后与操作人员沟通发现，是由于机床断电读写错误造成数据丢失。

　　(3)故障排除　将备份的 HNC-21.DRV、HNC-21V4.DRV 文件拷贝至 DRV 驱动文件存储目录下覆盖，启动机床后正常。

　　【故障现象四】　一台数控铣床在调试时可执行程序，手动操作工进时正常，但 Z 轴一旦执行 G00 或者手动快移时就出现急停，系统报警为跟踪误差过大，消除报警后，故障仍然存在。

　　(1)故障分析　初步分析为系统参数中 Z 轴定位允差限值过小，或 Z 轴的外部脉冲当量分子设置不对。

　　(2)故障定位　经检查定位允差设置正常，用百分表测量机床工作台位移，发现实际位移和指令位移不一致。那么就是 Z 轴的外部脉冲当量分子设置不当，后来发现是参数输入错误所致。

(3)故障排除　查阅说明书，经计算后重新修改外部脉冲当量分子值，故障消失。

【故障现象五】　一台数控铣床手动移动工作台超程后无法解除。

(1)故障分析　初步分析是系统的超程信号接反或者数控机床运动方向相反，PLC 文件编写错误，或者系统参数设置错误。因为当伺服轴超程后，急停回路断开，各轴伺服驱动器强电不允许，机床处于急停状态。按下超程解除按钮后急停回路接通，伺服上强电，但为保护工作台不继续因为操作者的错误导致继续向负向运动从而造成事故，PLC 会限制操作者执行继续负向移动的指令，只能向正向运动才能解除超程。这就意味着如果超程信号接反或者机床的运动方向错误就会在硬件上导致不能超程解除的故障。

(2)故障定位　经检查，硬件部分接线正常，通过华中系统提供的 PLC 状态检测功能发现指令信号也正常。此故障为 PLC 文件在编译过程中出现错误所致。

(3)故障排除　用备份的 PLC 文件覆盖原文件，故障消失。

【故障现象六】　一台数控铣床在开始使用后发现机床工作台的 Z 轴移动时出现啸叫，振动较大，加工一零件完成后，对零件质量进行检测，相应轴向尺寸偏大超差。

(1)故障分析　初步分析是系统参数中位置环和速度环参数设置不合理所致。

注意：系统参数中速度环和位置环的参数应根据机床的自身情况进行合理的设置，如果设置不对，常会导致工作台运动出现噪声、振荡或者超调等现象，一般都在机床出厂时由机械专业、数控专业人员配合进行调整，因此参数的设置应谨慎，否则会影响所加工零件的精度。

(2)故障定位　检查位置环增益值和前馈系数，发现参数设置不对。

(3)故障排除　调整位置环开环增益值和前馈系数，故障排除。

5. 维修总结

不同数控系统设计思想千差万异，但无论哪种系统，它们的基本原理和构成都是十分相似的，因此在机床故障时，要求维修人员必须有清晰的故障处理的思路。

(1)调查故障现场，确认故障现象、故障性质，应充分掌握故障信息，做到"多动脑，慎动手"，避免故障的扩大化。

(2)根据所掌握的故障信息明确故障的复杂程度，并列出故障部位的全部疑点。

(3)准备必要的技术资料，如机床说明书、电气控制原理图等，以此为基础分析故障原因，制定排除故障的方案，要求思路开阔，不应将故障局限于机床的某一部分。

(4)在确定故障排除方案后，利用万用表、示波器等测量工具，用试验的方法验证并检测故障，逐级定位故障部位，确认故障属于电气故障还是机械故障、是系统性的还是随机性的、是自身故障还是外部故障等。

(5)故障的排除。通常找到故障原因后，问题会马上迎刃而解。

(6)养成良好的工作习惯，解决故障后应做好相关资料的整理记录工作，为该机床建立故障档案，一方面可以提高自身的业务水平，另一方面方便机床的后续维护维修。

6. 知识拓展

1) HNC-21M 数控装置的基本操作

(1)上电。

① 检查机床状态是否正常。

② 检查电源电压是否符合要求，接线是否正确。

③ 按下"急停"按钮。

④ 机床上电。

⑤ 数控上电。

⑥ 检查风扇电机运转是否正常。

⑦ 检查面板上的指示灯是否正常。

接通数控电源后，HNC-21M 自动运行系统软件，此时液晶显示器显示系统上电的软件操作界面，工作方式为"急停"。

(2)复位。系统上电进入软件操作界面时，系统初始模式显示为"急停"，为使控制系统运行，需顺时针旋转操作面板右上角的"急停"按钮使系统复位，并接通伺服电源，系统默认进入"手动"方式，软件操作界面的工作方式变为"手动"。

(3)返回机床参考点。控制机床运动的前提是建立机床坐标系，为此系统接通电源复位后，首先应进行机床各轴回参考点操作。方法如下：

① 如果系统显示的当前工作方式不是回零方式，按一下控制面板上面的【回零】按键，确保系统处于"回零"方式。

② 根据 X 轴机床参数"回参考点方向"，按一下【+X】(回参考点方向为"+")或【-X】(回参考点方向为"-")按键，X 轴回到参考点后，【+X】或【-X】按键内的指示灯亮。

③ 用同样的方法使用 【+Y】、【-Y】、【+Z】、【-Z】、【+4TH】、【-4TH】按键，可以使 Y 轴、Z 轴、4TH 轴回参考点。

④ 所有轴回参考点后，即建立了机床坐标系。

注意：

① 回参考点时应确保安全，在机床运行方向上不会发生碰撞，一般应选择 Z 轴先回参考点，将刀具抬起。

② 在每次电源接通后，必须先完成各轴的返回参考点操作，再进入其他运行方式，以确保各轴坐标的正确性。

③ 同时使用多个相容(【+X】与【-X】不相容，其余类同)的轴向选择按键，每次能使多个坐标轴返回参考点。

④ 在回参考点前，应确保回零轴位于参考点的"回参考点方向"相反侧(若 X 轴的回参考点方向为负，则回参考点前应保证 X 轴当前位置在参考点的正向侧)；否则应手动移动该轴直至满足此条件。

⑤ 在回参考点过程中，若出现超程，请按住控制面板上的【超程解除】按键向相反方向手动移动该轴，使其退出超程状态。

(4)急停。机床运行过程中，在危险或紧急情况下，按下"急停"按钮，CNC 即进入急停状态，伺服进给及主轴运转立即停止，工作控制柜内的进给驱动电源被切断，松开"急停"按钮(左旋此按钮，自动跳起)，CNC 进入复位状态。

解除紧急停止前，先确认故障原因是否排除，且紧急停止解除后应重新执行回参考点操作，以确保坐标位置的正确性。

注意：在上电和关机之前应按下"急停"按钮，以减少设备电冲击。

(5)超程解除。在伺服轴行程的两端各有一个极限开关，作用是防止伺服机构碰撞而损坏。

每当伺服机构碰到行程极限开关时，就会出现超程，当某轴出现超程(【超程解除】按键内指示灯亮)时，系统视其状况为紧急停止，要退出超程状态，必须：

①　松开"急停"按钮，置工作方式为"手动"或"手摇"方式。

②　一直按着【超程解除】按键，控制器会暂时忽略超程的紧急情况。

③　在手动(手摇)方式下，使该轴向相反方向退出超程状态。

④　松开【超程解除】按键。

若显示屏上运行状态栏"运行正常"取代了"出错"，则表示恢复正常，可以继续操作。

注意：操作机床退出超程状态时，请务必注意移动方向及移动速率，以免发生撞机。

关机：①按下控制面板上的"急停"按钮，断开伺服电源；②断开数控电源；③断开机床电源。

2)手动操作

机床的手动操作主要包括以下内容：①手动移动机床坐标轴(点动、增量、手摇)；②手动控制主轴(制动、启停、冲动、定向)；③机床锁住、Z 轴锁住；④手动数据输入(MDI)运行。

机床手动操作主要由手持单元和机床控制面板共同完成，机床控制面板如图 2-1-20 所示。

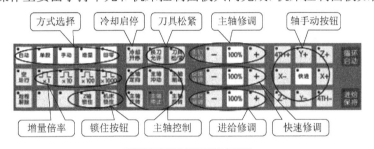

图 2-1-20　机床控制面板

(1)手动移动机床坐标轴。

①　手动进给：

a. 按下【手动】按键(指示灯亮)，系统处于点动运行方式。

b. 选择进给速度。

c. 按住【+X】或【-X】按键(指示灯亮)，X 轴产生正向或负向连续移动；松开【+X】或【-X】按键(指示灯灭)，X 轴减速停止。依同样方法，按下【+Y】、【-Y】、【+Z】、【-Z】按键，使 Y、Z 轴产生正向或负向连续移动。

②　手动快速移动。在点动进给时，先按下【快进】按键，然后再按坐标轴按键，则该轴将产生快速运动。

③　手动进给速度选择。进给速率为系统参数"最高快移速度"的 1/3 乘以进给修调选择的进给倍率。快速移动的进给速率为系统参数"最高快移速度"乘以快速修调选择的快移倍率。

进给速度选择的方法为：按下进给修调或快速修调右侧的【100%】按键(指示灯亮)，进给修调或快速修调倍率被置为 100%；按下【+】按键，修调倍率增加 10%，按下【-】按键，修调倍率递减 10%。

④　增量进给。当手持单元的坐标轴选择波段开关置于"OFF"挡时，按一下控制面板上的【增量】按键(指示灯亮)，系统处于增量进给方式，可增量移动机床坐标轴(下面以增量进

给 X 轴为例说明)。

(a) 按下增量倍率按键(指示灯亮)。

(b) 按一下【+X】或【−X】按键，X 轴将向正向或负向移动一个增量值；依同样方法，按下【+Y】、【−Y】、【+Z】、【−Z】按键，使 Y、Z 轴向正向或负向移动一个增量值。同时按下多个方向的轴手动按键，每次能增量进给多个坐标轴。

⑤ 增量值选择。增量值的大小由选择的增量倍率按键来决定。增量倍率按键有 4 个挡位：×1、×10、×100、×1000，增量值分别为 0.001mm、0.01mm、0.1mm、1mm，即当系统在增量进给运行方式下，增量倍率按键选择的是【×1】按键时，则每按一下坐标轴，该轴移动 0.001mm。

⑥ 手摇进给。当手持单元的坐标轴选择波段开关置于【X】、【Y】、【Z】、【4TH】挡时，按一下控制面板上的【增量】按键(指示灯亮)，系统处于手摇进给方式，可手摇进给机床坐标轴，下面以手摇进给 X 轴为例说明：

a. 手持单元的坐标轴选择波段开关置于【X】挡。

b. 旋转手摇脉冲发生器，可控制 X 轴正、负向运动。

c. 顺时针/逆时针旋转手摇脉冲发生器一格，X 轴将向正向或负向移动一个增量值。用同样的操作方法使用手持单元，可以使 Y 轴、Z 轴、4TH 轴向正向或负向移动一个增量值。手摇进给方式每次只能增量进给一个坐标轴。

⑦ 手摇倍率选择。手摇进给的增量值(手摇脉冲发生器每转一格的移动量)由手持单元的增量倍率波段开关"×1""×10""×100"控制。增量值分别为 0.001mm、0.01mm、0.1mm。

(2) 手动控制主轴：主轴控制由机床控制面板上的主轴控制按键完成。

① 主轴制动。在手动方式下，主轴处于停止状态时，按一下【主轴制动】按键（指示灯亮），主轴电机被锁定在当前位置。

② 主轴正反转及停止。确保系统处于手动方式下，"主轴制动"无效(指示灯灭)时：

a. 设定主轴转速。

b. 按下【主轴正转】按键(指示灯亮)，主轴以机床参数设定的转速正转。

c. 按下【主轴反转】按键(指示灯亮)，主轴以机床参数设定的转速反转。

d. 按下【主轴停止】按键(指示灯亮)，主轴停止运转。

③ 主轴冲动。在手动方式下，当"主轴制动"无效时(指示灯灭)，按一下【主轴冲动】按键(指示灯亮)，主轴电机会以一定的转速瞬时转动一定的角度。该功能主要用于装夹刀具。

④ 主轴定向。如果机床上有换刀机构，通常就需要主轴定向功能，这是因为换刀时主轴上的刀具必须定位完成，否则会损坏刀具或刀爪。在手动方式下，当"主轴制动"无效时(指示灯灭)，按一下【主轴定向】按键，主轴立即执行主轴定向功能，定向完成后，按键内指示灯亮，主轴准确停止在某一固定位置。

⑤ 主轴速度修调。主轴正转及反转的速度可通过主轴修调调节：按下主轴修调右侧的【100%】按键(指示灯亮)，主轴修调倍率被置为 100%，按下【+】按键，主轴修调倍率增加10%，按下【−】按键，主轴修调倍率递减 10%。机械齿轮换挡时，主轴速度不能修调。

(3) 机床锁住与 Z 轴锁住：机床锁住与 Z 轴锁住由机床控制面板上的【机床锁住】与【Z 轴锁住】按键完成。

① 机床锁住：禁止机床所有运动。在手动运行方式下，按下【机床锁住】按键(指示灯亮)，再进行手动操作。这时由于不输出伺服轴的移动指令，机床将停止不动。

注意：【机床锁住】键在自动方式下按压无效。

② Z 轴锁住：禁止 Z 方向进刀。在只需要校验 XY 平面的机床运动轨迹时，可以使用 Z 轴锁住功能。在手动方式下按一下【Z 轴锁住】按键(指示灯亮)，再切换到自动方式运行加工程序，Z 轴坐标位置信息变化，但 Z 轴不运动。

注意：【Z 轴锁住】键在自动方式下按压无效。

3）MDI 运行

(1)进入 MDI 运行方式。在 MDI 功能子菜单下，按下左数第 6 个按键【MDI 运行 F6】按键，进入 MDI 运行方式，这时就可以在 MDI 一栏后的命令行内输入 G 代码指令段。

注意：自动运行过程中，不能进入 MDI 运行方式，可在进给保持后进入。

(2)输入 MDI 指令段。MDI 输入的最小单位是一个有效指令字，因此输入一个 MDI 运行指令段可以有下述两种方法：

① 一次输入多个指令字。

② 多次输入，每次输入一个指令字。例如，要输入"G00 X100 Y1000"，如图 2-1-21 所示。

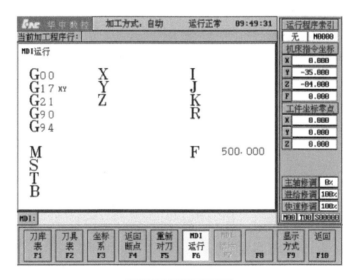

图 2-1-21　MDI 运行

③ 直接在命令行输入 "G00 X100 Y1000 "，然后按【Enter】键，这时显示窗口内 X、Y 值分别变为 100、1000。

④ 在命令行先输入"G00"，按【Enter】键，显示窗口内显示 "G00"；再输入"X100"按【Enter】键，显示窗口内 X 值变为 100；最后输入"Y1000"，然后按【Enter】键，显示窗口内 Y 值变为 1000。

在输入指令时，可以在命令行看见当前输入的内容，在按【Enter】键之前发现输入错误，可用【BS】键进行编辑，按【Enter】键后，系统发现输入错误，会提示相应的错误信息，此时按【F2】键可将输入的数据清除。

(3)运行 MDI 指令段。在输入完一个 MDI 指令段后，按一下操作面板上的【循环启动】键，系统将开始运行所输入的 MDI 指令。如果输入的 MDI 指令信息不完整或存在语法错误，系统会提示相应的错误信息，此时不能运行 MDI 指令。

（4）修改某一字段的值。在运行 MDI 指令段之前，如果要修改已经输入的某一指令字，可直接在命令行上输入相应的指令字符及数值来覆盖前值。例如，在输入"X100"并按【Enter】键后，希望 X 值变为 109，可在命令行上输入"X109"并按【Enter】键。

（5）清除当前输入的所有尺寸字数据。在输入 MDI 数据后，按【F2】键可清除当前输入的所有尺寸字数据（其他指令字依然有效），显示窗口内 X、Y、Z、I、J、K、R 等字符后面的数据全部消失，此时可重新输入新的数据。

（6）停止当前正在运行的 MDI 指令。在系统正在运行 MDI 指令时，按【F1】键可停止 MDI 运行。

4）程序运行

在系统的主操作界面下，按【F1】键进入程序运行控制子菜单，命令行与菜单条的显示如图 2-1-22 所示。在程序运行子菜单下，可以调入、检验并自动运行一个零件加工程序。

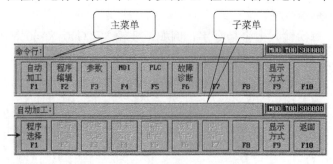

图 2-1-22　程序运行主菜单和子菜单

（1）选择运行程序。在程序运行子菜单下，按【F1】键，将弹出"选择运行程序"菜单，如图 2-1-23 所示。

（2）选择磁盘程序（含网络程序）的操作方法如下：

① 在"选择程序"菜单中，用【↑】、【↓】键选中"磁盘程序"（或直接按【F1】键，下同）。

② 按【Enter】键，进入选择程序界面，如图 2-1-24 所示。

图 2-1-23　选择运行程序菜单

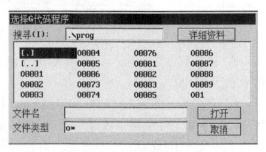

图 2-1-24　程序选择界面

③ 如果选择缺省目录下的程序，跳过步骤④～⑦。

④ 连续按【Tab】键将蓝色亮条移动到"搜寻"栏。

⑤ 按【↓】键弹出系统的分区表，用【↑】、【↓】键选择分区。

⑥ 按【Enter】键，文件列表框中显示被选分区的目录和文件。

⑦ 按【Tab】键进入文件列表框。

⑧ 按【↑】、【↓】、【Enter】键，选中想要编辑的磁盘程序的路径和名称，如当前目录下的"O1122"。

⑨ 按【Enter】键，如果被选文件不是零件程序，将不能调入文件。

⑩ 否则直接调入文件到运行缓冲区进行加工。

(3)选择正在编辑的程序。编辑正在编辑的程序，操作步骤如下：

① 在"选择运行程序"菜单中，用【↑】、【↓】键选中"正在编辑的程序"。

② 按【Enter】键，如果当前没有加工程序，将弹出对话框，否则解释器将调入正在编辑的程序到运行缓冲区。

注意：系统调入加工程序后，图形显示窗口会发生一些变化，其显示的内容取决于当前图形显示方式。

(4)DNC 加工。DNC 加工(加工串口程序)的操作步骤如下：

① 在"选择加工程序"菜单中，用【↑】、【↓】选中"DNC 程序"。

② 按【Enter】键，系统提示"正在和发送串口数据的计算机联络"。

③ 在上位计算机上执行 DNC 程序，弹出 DNC 程序主菜单。

④ 按【Alt】+【C】键，在"设置"菜单下设置好传输参数。

⑤ 按【Alt】+【F】键，在"文件"子菜单下选择"发送 DNC 程序"命令。

⑥ 按【Enter】键，弹出"请选择发送 G 代码文件"对话框。

(5)程序校验。程序校验用于对调入加工缓冲区的程序文件进行校验，并提示可能的错误，以前未在机床上运行的新程序在调入后最好先进行校验运行，正确无误后再启动自动运行。程序校验运行的操作步骤如下：

① 按前面讲述的方法调入要校验的加工程序。

② 按机床控制面板上的【自动】或【单段】按键，进入程序运行方式。

③ 在程序运行子菜单下，按【F3】键，此时软件操作界面的工作方式显示改为"校验运行"。

④ 按机床控制面板上的【循环启动】按键，程序校验开始。

⑤ 若程序正确校验完后，光标将返回到程序头，且软件操作界面的工作方式显示改回为"自动"或"单段"，若程序有错，则命令行将提示程序的哪一行有错。

注意：

a. 校验运行时机床不动作。

b. 为确保加工程序正确无误，请选择不同的图形显示方式来观察校验运行的结果。

(6)启动、暂停、中止、重新运行。系统调入零件加工程序，经校验无误后，可正式启动运行：

① 按一下机床控制面板上的【自动】按键(指示灯亮)，进入程序运行方式。

② 按一下机床控制面板上的【循环启动】按键(指示灯亮)，机床开始自动运行调入的零件加工程序。

(7)暂停运行。在程序运行的过程中，需要暂停运行，可按下述步骤操作：

① 在程序运行的任何位置，按一下机床控制面板上的【进给保持】按键(指示灯亮)，系统处于进给保持状态。

② 再按机床控制面板上的【循环启动】按键(指示灯亮)，机床又开始接着自动运行调入

的零件加工程序。

(8)中止运行。在程序运行的过程中，需要中止运行，可按下述步骤操作：

① 在程序子菜单下，按【F7】键，弹出如图 2-1-25 所示的对话框。

② 按【Y】键则中止程序的运行，并卸载当前运行程序的模态信息。

(9)新运行。在当前加工程序中止自动运行后，希望从程序头重新开始运行时，可按下述步骤操作：

① 在程序运行子菜单下，按【F4】键，系统给出图 2-1-26 所示提示。

图 2-1-25　运行提示

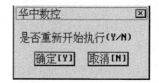

图 2-1-26　自动方式下重新运行程序

② 按【N】键，则取消重新运行。

③ 按【Y】键，则光标将返回到程序头，再按机床控制面板上的【循环启动】按键，从程序首行开始重新运行当前加工程序。

(10)从任意行执行。在自动运行暂停状态下，除了能从暂停处重启动继续运行外，还可控制程序从任意行执行。

① 从红色行开始运行。从红色行开始运行的操作步骤如下：

a. 在程序运行子菜单下，按【F7】键，然后按【N】键暂停程序运行。

b. 用【↑】、【↓】、【PgUp】、【PgDn】键移动蓝色亮条到要开始运行行，此时蓝色亮条变为红色亮条。

c. 在程序运行子菜单下，按【F8】键，系统给出图 2-1-26 所示提示。

d. 按【Enter】键选择"从红色行开始运行"选项，此时选中要开始运行的行(红色亮条变为蓝色亮条)。

e. 按机床控制面板上的【循环启动】按键，程序从蓝色亮条(即红色行)处开始运行。

② 从指定行开始运行。从指定行开始运行的操作步骤如下：

a. 在程序运行子菜单下，按【F7】键，然后按【N】键暂停程序运行。

b. 在程序运行子菜单下，按【F8】键，系统给出如图 2-1-27 所示提示。

c. 用【↑】、【↓】键选择"从指定行开始运行"选项，系统给出如图 2-1-28 所示提示。

d. 输入开始运行行的行号，按【Enter】键。

e. 按机床控制面板上的【循环启动】按键，程序从指定行开始运行。

图 2-1-27　暂停运行时从任意行运行

图 2-1-28　从指定行开始运行

③ 从当前行开始运行。从当前行开始运行的操作步骤如下：

a. 在程序运行子菜单下，按【F7】键，然后按【N】键暂停程序运行。

b. 用【↑】、【↓】、【PgUp】、【PgDn】键移动蓝色亮条到要开始运行行，此时蓝色亮条变为红色亮条。

c. 在程序运行子菜单下，按【F8】键，系统给出如图 2-1-27 所示提示。

d. 用【↑】、【↓】键选择"从当前行开始运行"选项，按【Enter】键。

e. 按机床控制面板上的【循环启动】按键，程序从蓝色亮条处开始运行。

(11)空运行。在自动方式下，按一下机床控制面板上的【空运行】按键(指示灯亮)，CNC 处于空运行状态，程序中编制的进给速率被忽略，坐标轴以最大快移速度移动。

空运行不做实际切削，目的在于确认切削路径及程序。在实际切削时，应关闭此功能，否则可能会造成危险。

注意：此功能对螺纹切削无效。

(12)单段运行。按下机床控制面板上的【单段】按键(指示灯亮)，进入单段自动运行方式。

① 按下【循环启动】按键，运行一个程序段，机床就会减速停止，刀具、主轴均停止运行。

② 再按下【循环启动】按键，系统执行下一个程序段，执行完成后再次停止。

(13)运行时干预。

① 进给速度修调。在自动方式或 MDI 运行方式下，当 F 代码编程的进给速度偏高或偏低时，可用进给修调右侧的【100%】和【+】、【-】按键修调程序中编制的进给速度。按压【100%】按键，进给修调倍率被置为 100%；按一下【+】按键，进给修调倍率递增 2%；按一下【-】按键，进给修调倍率递减 2%。

② 快移速度修调。在自动方式或 MDI 运行方式下，可用快速修调右侧的【100%】和【+】、【-】按键，修调 G00 快速移动时系统参数"最高快移速度"设置的速度。按压【100%】按键 (指示灯亮)，快速修调倍率被置为 100%；按一下【+】按键，快速修调倍率递增 2%；按一下【-】按键，快速修调倍率递减 2%。

③ 主轴修调。在自动方式或 MDI 运行方式下，当 S 代码编程的主轴速度偏高或偏低时，可用主轴修调右侧的【100%】和【+】、【-】按键，修调程序中编制的主轴速度。按压【100%】按键(指示灯亮)，主轴修调倍率被置为 100%；按一下【+】按键，主轴修调倍率递增 2%；按一下【-】键，主轴修调倍率递减 2%。

④ 机床锁住。禁止机床坐标轴动作。在手动方式下，按一下【机床锁住】按键(指示灯亮)，此时，在自动方式下运行程序，可模拟程序运行，显示屏上的坐标轴位置信息变化，但不输出伺服轴的移动指令，所以机床停止不动，这个功能用于校验程序。

注意：

a. 即便是 G28、G29 功能，刀具不运动到参考点。

b. 机床辅助功能 M、S、T 仍然有效。

c. 在自动运行过程中，按【机床锁住】按键，机床锁住无效。

d. 在自动运行过程中，只有运行结束时方可解除机床锁住。

e. 每次执行此功能后，需再次进行回参考点操作。

⑤ Z 轴锁住。在自动运行开始前，按一下【Z 轴锁住】按键(指示灯亮)，再按下【循环启动】按键，Z 轴坐标位置信息变化，但 Z 轴不运动，因而主轴不运动。

项目(二)　数控铣床主轴故障诊断与维修

按机床主轴的布置形式及机床的布局特点分类，可分为数控立式铣床、数控卧式铣床和数控龙门铣床。

1. 数控立式铣床

目前三坐标数控立式铣床占大多数，如图 2-2-1 所示，主轴与机床工作台面垂直工件装夹方便，加工时便于观察但不便于排屑。一般采用固定式立柱结构工作台不升降。主轴箱做上下运动，并通过立柱内的重锤平衡主轴箱的质量。为保证机床的刚性，主轴中心线距立柱导轨面的距离不能太大，因此，这种结构主要用于中心尺寸的数控铣床。

图 2-2-1　数控立式铣床

此外，还有机床主轴可以绕 X、Y、Z 坐标轴中的一个或两个数控回转运动的四坐标和五坐标数控立式铣床。通常，机床控制的坐标轴越多，尤其是要求联动的坐标轴越多，机床的功能、加工范围及可选择的加工对象也越多，但随之而来的就是机床结构更加复杂，对数控系统的要求更高，编程难度更大，设备的价格也更高。

数控立式铣床也可以附加数控转盘。采用自动交换台，增加靠模装置来扩大功能、加工范围及加工对象，进一步提高生产效率。

2. 数控卧式铣床

数控卧式铣床与通用卧式铣床相同，主轴轴线平行于水平面。如图 2-2-2 所示，主轴与机床工作台面平行，加工时不便于观察，但排屑顺畅。为了扩大加工范围和扩充功能，一般配有数控回转工作台或万能数控转盘来实现四坐标、五坐标加工，这样不但工件侧面上的连续轮廓可以加工出来，而且可以在一次安装过程中，通过转盘改变工位，进行四面加工。尤其是万能数控转盘可以把工件上各种不同的角度或空间角度的加工面摆成水平位置。这样可以省去很多专用夹具或专用角度的成形铣刀。但从制造成本上考虑，单纯的数控卧式铣床现在已比较少，而多是配备自动换刀装置(ATC)后成为卧式加工中心。

3. 数控龙门铣床

对于大尺寸的数控铣床，一般采用对称的双立柱结构，以保证机床的整体刚性和强度，这就是数控龙门铣床，如图 2-2-3 所示，数控龙门铣床有工作台移动和龙门架移动两种形式。主要用于大、中等尺寸，大、中等质量的各种基础大件、板件、盘类件、壳体件和模具等多品种零件的加工，工件一次装夹后可自动高效、高精度地连续完成铣、钻、镗和铰等多种工序的加工，适用于航空、重机、机车、造船、机床、印刷和模具等制造行业。

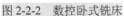

图 2-2-2　数控卧式铣床　　　　　　　　图 2-2-3　数控龙门铣床

4. 主传动系统的结构

主传动系统包括主轴电动机、传动系统和主轴部件。由于主传动系统的变速功能一般采用变频或交流伺服主轴电动机，通过同步齿形带动主轴旋转，对于功率较大的数控铣床，为了实现低速大转矩，有时加一级或二级或多级齿轮减速。对于经济型数控铣床的主传动系统，则采用普通电动机通过 V 带、塔轮、手动齿轮变速箱带动主轴旋转。通过改变电动机的接线形式和手动换挡方式进行有级变速。

任务 1　数控铣床主轴机械故障诊断与维修

1. 技能目标

(1) 能够读懂数控铣床主轴装配图。

(2) 能够正确选择和使用主轴机械部件维修工具。

(3) 能够拆装主轴机械组件。

(4) 能够分析、定位和维修数控铣床主轴机械故障。

2. 知识目标

(1) 了解数控铣床主轴传动方式配置特点。

(2) 理解主轴支承的布置形式及特点。

(3) 掌握主轴机械故障诊断和排除的原则与方法。

3. 引导知识

数控铣床的主轴具有刀具自动紧缩和松开机构，用于固定主轴和刀具的连接，由蝶形弹簧、拉杆和气缸或液压缸组成。主轴具有吹气功能，在刀具松开后，向主轴锥吹气，达到清洁锥孔的目的。图 2-2-4 为数控铣床的主轴部件，其主轴前段的 7:24 锥孔用于装夹锥柄刀具或刀杆。主轴的端面键可用于传递刀具的扭矩，也可以用于刀具的周向定位。

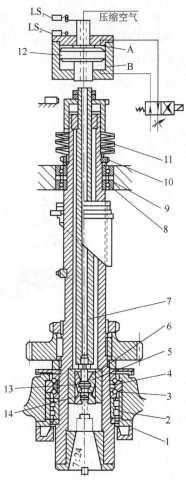

1-调整半环；2-锥孔双列圆柱滚子轴承；3-双向向心球轴承；4、9-调整环；5-双瓣卡爪；6-弹簧；
7-拉杆；8-向心推力球轴承；10-油缸；11-蝶形弹簧；12-活塞；13-喷气头；14-套筒

图 2-2-4 　数控铣镗床的主轴部件

刀具夹紧时，碟形弹簧 11 通过拉杆 7、双瓣卡爪 5，在套筒 14 的作用下将刀柄的尾端拉紧。

当换刀时，在主轴上端油缸的上腔 A 通入压力油，活塞 12 的端部推动拉杆 7 向下移动，同时压缩蝶形弹簧 11，当拉杆 7 下移到使双瓣卡爪 5 的下端移出套筒 14 时，在弹簧 6 的作用下，卡爪张开，喷气头 13 将刀柄顶松，刀具即可由机械手拔除。

待机械手将新刀装入后，油缸 10 的下腔通入压力油，活塞 12 向上移，碟形弹簧伸长将拉杆 7 和双瓣卡爪 5 拉着向上，双瓣卡爪 5 重新进入套筒 14，将刀柄拉紧。

活塞 12 移动的两个极限位置都有相应的行程开关(LS1、LS2)作用，作为刀具松开和夹紧的回答信号。

刀杆尾部的拉紧结构，除图 2-2-4 的卡爪式以外，还有图 2-2-5(a)所示的弹簧夹头结构，它有拉力放大作用，可用较小的液压推力产生较大的拉紧力。图 2-2-5(b)所示为钢球拉紧结构。

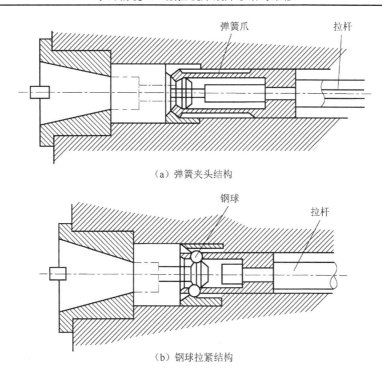

（a）弹簧夹头结构

（b）钢球拉紧结构

图 2-2-5　刀杆尾部拉紧结构

4. 故障诊断与维修

【故障现象一】　一台 XK5040-I 型数控铣床开机后主轴无法转动。

（1）故障分析　可能原因有：

① 主传动电动机烧坏，失去动力源；V 带过长打滑，带不动主轴；带轮的键或键槽损坏，带轮空转。

② 主轴电磁制动器的接线脱落或线圈损坏；衔铁复位弹簧损坏而无法复位；摩擦盘表面烧伤而使其和衔铁之间没有间隙造成主轴始终处于制动状态。

③ 传动轴上的齿轮或轴承损坏，造成了传动卡死。

（2）故障定位　检查电动机情况良好，传动键没有损坏，调整带松紧程度，主轴仍无法传动；检查测量制动器的连接和线圈正常，拆下制动器发现弹簧和摩擦盘也是好的；拆下传动轴发现轴承因缺乏润滑而烧毁。

（3）故障排除　将其拆下后，手盘主轴转动正常，将轴承装上后试验主轴运动正常，但主轴制动时间较长，这时就应调整摩擦盘和衔铁之间的间隙。松开螺母，均匀地调整 4 个螺钉，使衔铁向上移动，将衔铁和摩擦盘间隙调至 1mm 之后，用螺母将其锁紧之后再试车，主轴制动迅速，故障排除。

【故障现象二】　数控铣床出现零件孔加工的表面粗糙度太大，无法使用。

（1）故障分析　孔的表面粗糙度值不合格的主要原因是主轴轴承的精度降低或间隙增大。

（2）故障定位　该机床主轴的轴承是一对双联(背对背)向心推力球轴承，当主轴温升过高或主轴旋转精度过差时，应调整轴承的预加载荷：卸下主轴下面的盖板，松开调整螺母的螺钉，当轴承间隙过大，旋转精度不高时，向右顺时针旋紧螺母，使轴向间隙缩小；主轴温升过高时，向左逆时针旋转螺母，使其轴向间隙放大。

(3)故障排除　调整好后，将紧固螺钉均匀拧紧，经几次调试，主轴恢复了精度，加工的孔也达到了粗糙度的要求。

【故障现象三】　主轴噪声较大，主轴无载情况下，负载表指示超过40%。

(1)故障分析　首先检查主轴参数设定，包括放大器型号、电动机型号以及伺服增益等。在确认无误后，将检查重点放在机械侧。

(2)故障定位　检查发现主轴轴承损坏。经更换轴承，在脱开机械侧的情况下检查主轴电动机运转情况，发现负载表指示已正常但仍有噪声。随后，将主轴参数00号设定为"1"，即让主轴驱动系统开环运行，结果噪声消失。说明速度检测器件PLG(速度编码器)有问题。

(3)故障排除　经检查，发现PLG的安装不正，调整位置之后再运行主轴电动机，噪声消失。机床正常工作。

【故障现象四】　某数控铣床主轴在点动时往返摆动，停车时产生很大响声。

(1)故障分析　可能是主轴电动机故障，主轴箱机械故障，也可能是主轴驱动装置电路故障。

(2)故障定位　检查主轴电动机、主轴箱均正常。测量主轴驱动装置的工作电压时，发现20V直流电压的峰值竟然达到24V，仔细检查电路中的元器件发现，直流电源板中的电容有焦煳迹象，经过检测有两个电容失效。

(3)故障排除　更换直流电源板中的100pF和1000pF的滤波电容后，主轴往返摆动的故障排除。检查启动、停车的过渡时间电位器和增益电位器时，发现电位器的调节箭头位置与机床技术文件中的箭头位置不符。启动、停车的过渡时间由文件上的15s变成了10s。增益电位器箭头的错误位置使增益值比图纸上的增益参考值高了许多，按图纸中的箭头位置重新调整，故障排除。

该机床主轴电动机的功率为56kW，由于启动、停车的过渡时间比正常的时间缩短了1/3，主轴电动机的机械惯性作用在齿轮上产生很大的声响，并使齿轮受损。增益过大使得超调严重，加上启动、停车的过渡时间过小，加剧了主轴机械的响声。

【故障现象五】　XK7160型数控铣床主传动系统采用齿轮变速传动。工作中不可避免地要产生振动噪声、摩擦噪声和冲击噪声。该数控机床的主传动系统的变速是在机床不停止工作的状态下由变频器控制完成的。因此，它比普通机床产生的噪声更为连续、更具有代表性。机床起初使用时，噪声就较大，并且噪声声源主要来自主传动系统。使用多年后，噪声越来越大。用声级计在主轴4000r/min的最高转速下，测得噪声为85.2dB。

(1)故障分析与定位　机械系统受到任何激发力，就会对此激发力产生响应而出现振动。这个振动能量在整个系统中传播，当传播到辐射表面时，能量就转换成压力波经空气再传播出去，也就是通常所说的声辐射。因此，激发响应、系统内部传递及辐射这3个步骤就是振动噪声、摩擦噪声和冲击噪声的形成过程。XK7160数控机床的主传动系统在工作时正是由于齿轮、轴承等零部件经过激发响应，并在系统内部传递和辐射出现了噪声。而这些部件又由于出现了异常情况，使激发力加大，从而使噪声增大。

① 齿轮的噪声分析：XK7160数控铣床的主传动系统是由主电动机和齿轮来完成变速传动的。因此，齿轮的啮合传动是主要噪声源之一。首先，看一对齿轮的啮合情况，根据齿轮的啮合原理，任意瞬时 t 两齿轮齿间的相对滑动速度为 $V_s = V_{t1} - V_{t2}$。齿轮副在啮合区传动时，啮合点是沿啮合线移动的，当啮合点移向节点时相对滑动速度逐渐减小；在节点处，相对滑

动速度在方向上发生了变化，造成了激振力。如果齿轮的各种误差加大、外界负荷波动及其他零部件影响、传动系统的共振、润滑条件不好，就会加剧激振力；当啮合点渐远节点时，相对滑动速度逐渐增大，齿面相对滑动速度正比于齿轮的回转速度。

机床主传动系统中齿轮在运转时产生的噪声主要有：Ⅰ.齿轮在啮合中，齿与齿之间出现连续冲击而使齿轮在啮合频率下产受迫振动并带来冲击噪声；Ⅱ.齿轮受到外界激振力的作用而产生齿轮固有频率的瞬态自由振动并带来噪声；Ⅲ.齿轮与传动轴及轴承的装配出现偏心引起了旋转不平衡的惯性力，产生了与转速相一致的低频振动，随着轴的旋转，每转发出一次共鸣噪声；Ⅳ.齿与齿之间的摩擦导致齿轮产生自激振动并带来摩擦噪声。如果齿面凸凹不平，会引起快速、周期性的冲击噪声。

② 轴承的噪声分析：XK7160 数控铣床的主轴变速系统中共有滚动轴承 12 个，最大的轴承外径为 125mm。轴承与轴径及支承孔的装配、预紧力、同心度、润滑条件以及作用在轴承上负荷的大小、径向间隙等都对噪声有很大影响。另外一个重要原因是，国家标准对滚动轴承零件都有相应的公差范围，因此轴承本身的制造偏差在很大程度上决定了轴承的噪声。可以说，滚动轴承的噪声是该机床主轴变速系统的另一个主要噪声源，特别在高转速下表现得更为强烈。滚动轴承最易产生变形的部位就是其内外环。内外环在外部因素和自身精度的影响下，有可能产生摇摆振动、轴向振动、径向振动、轴承环本身的径向振动和轴向弯曲振动。

（2）故障排除　通过上述对 XK7160 数控铣床主传动系统的噪声分析，控制后取得了可喜的效果。在同样条件下，用声级计对修复后的机床噪声又进行了测试，主传动系统经过噪声控制后为 74dB，降低了 11.2dB。经过几年的使用，该机床的噪声一直稳定在这个水平上。

5. 维修总结

综上所述，大致可以从以下几个方面对噪声进行控制：

（1）齿轮的噪声控制。由于齿轮噪声的产生是多因素引起的，其中有些因素是齿轮的设计参数所决定的。针对该机床出现的主轴传动系统的齿轮噪声的特点，在不改变原设计的基础上，对原有齿轮进行修整和改进。

① 齿形修缘。由于齿形误差和法向齿距的影响，在轮齿承载产生了弹性变形后，会使齿轮啮合时造成瞬时顶撞和冲击。因此，为了减小齿轮在啮合时由于齿顶凸出而造成的啮合冲击，可进行齿顶修缘。齿顶修缘的目的就是校正齿的弯曲变形和补偿齿轮误差，从而降低齿轮噪声。修缘量取决于法向齿距误差和承载后齿轮的弯曲变形量，以及弯曲方向等。齿形修缘时，可根据这几对齿轮的具体情况只修齿顶或只修齿根。只有在修齿顶或修齿根达不到良好效果时，才将齿顶和齿根一起修。

② 控制齿形误差。齿形误差是由多种因素造成的。该机床主传动系统中齿轮的齿形误差主要是加工过程中出现的，是长期运行条件不好所致。由于齿形误差，在齿轮啮合时产生的噪声在该机床中是比较明显的。一般情况下，齿形误差越大，产生的噪声也就越大。

③ 控制啮合齿轮的中心距。啮合齿轮的实际中心距的变化将引起压力角的改变，如果啮合齿轮的中心距出现周期性变化，那么也将使压力角发生周期性变化，噪声也会周期性增大。对啮合中心距的分析表明，当中心距偏大时，噪声影响并不明显，而中心距偏小时，噪声就明显增大。在控制啮合齿轮的中心距时，将齿轮的外径、传动轴的弯曲变形及传动轴与齿轮、轴承的配合都控制在理想状态，可尽量消除由于啮合中心距的改变而产生的噪声。

④ 润滑油对控制噪声的作用。润滑油在润滑和冷却的同时，还起一定的阻尼作用，噪声

随油的数量和黏度的增加而变小。若能在齿面上维持一定的油膜厚度，就能防止啮合齿面直接接触，衰减振动能量，从而降低噪声。实际上，齿轮润滑需油量很少，而大量给油是为了冷却作用。试验证明，齿轮润滑以啮出侧给油最佳，这样既起到了冷却作用，又在进入啮合区前，在齿面上形成了油膜，如果能控制油少量进入啮合区，降噪效果更佳。

据此，将各个油管重新布置，使润滑油按理想状态溅入每对齿轮，以控制由于润滑不利而产生的噪声。

(2)轴承的噪声控制。控制内外环质量：在 XK7160 数控铣床的主传动系统中，所有轴承都是内环转动、外环固定。这时内环如出现径向偏摆就会引起旋转时的不平衡而产生振动噪声。如果轴承的外环与配合孔形状公差和位置公差都不好，外环就会出现径向摆动，破坏了轴承部件的同心度。内环与外环端面的侧向出现较大跳动，还会导致轴承内环相对于外环发生歪斜。轴承的精度越高，上述的偏摆量就越小，产生的噪声也就越小。除控制轴承内外环几何形状偏差外，还应控制内外环滚道的波纹度，减小表面粗糙度，严格防止在装配过程中使滚道表面磕伤、划伤，否则不可能降低轴承的振动噪声。经观察和试验发现，滚道的波纹度为密波或疏波时滚珠在滚动时的接触点显然不同，由此引起振动频率差别很大。

(3)控制轴承与孔和轴的配合精度。在该机床的主传动系统中，轴承与轴和孔配合时，应保证轴承有一定的径向间隙。径向工作间隙的最佳数值，是由内环在轴上和外环在孔中的配合以及在运行状态下内环和外环所产生的温差所决定的。因此，轴承中初始间隙的选择对控制轴承的噪声具有重要意义。过大的径向间隙会导致低频部分的噪声增加，而较小的径向间隙又会引起高频部分的噪声增加。外环在孔中的配合形式会影响固体噪声的传播，较紧的配合能提高传声性，会使噪声加大，配合过紧，会迫使滚道变形，从而加大轴承滚道的形状误差，使径向间隙减小，也导致噪声的增加。但轴承外环过松的配合还是会引起较大噪声，只有松紧适当的配合才能使轴承与孔接触处的油膜对外环振动产生阻尼，从而降低噪声。配合部位的形位公差和表面加工的粗糙度，应符合所选轴承精度等级的要求。如果轴承很紧地安装在加工不精确的轴上，那么轴的误差就会传递给轴承内环滚道上，并以较高的波纹度形式表现出来，噪声也就随之增大。

6. 知识拓展

数控铣床主轴常见机械故障见表 2-2-1。

表 2-2-1　数控铣床主轴常见机械故障

故障现象	故障原因	排除方法
1. 加工精度达不到要求	机床在运输过程中受到冲击	检查对机床有影响的各部位，特别是导轨副，并按出厂精度要求重新调整或修复
2. 切削振动大	安装不牢固、安装精度低或有变化	重新安装调平、紧固
	主轴箱和床身连接螺钉松动	恢复精度后紧固连接螺钉
	轴承预紧力不够，游隙过大	重新调整轴承游隙。但预紧力不宜过大，以免损坏轴承
	轴承预紧螺母松动，使主轴窜动	紧固螺母，确保主轴精度合格
	轴承拉毛或损坏	更换轴承
	主轴与箱体超差	修理主轴或箱体，使其配合精度、位置精度达到要求
	其他因素	检查刀具或切削工艺问题

续表

故障现象	故障原因	排除方法
3. 主轴箱噪声大	如果是车床,可能是转塔刀架运动部位松动或压力不够而未卡紧	调整修理
	主轴部件动平衡不好	重做动平衡
	齿轮啮合间隙不均匀或严重损伤	调整间隙或更换齿轮
	轴承损坏或传动轴弯曲	修复或更换轴承,校正传动轴
	传动带长度不一或过松	调整或更换传动带,不能新旧混用
4. 齿轮和轴承损坏	齿轮精度差	更换齿轮
	润滑不良	调整润滑油量,保持主轴箱的清洁度
	变挡压力过大,齿轮受冲击产生破损	按液压原理图,调整到适当的压力和流量
5. 主轴无变速	变挡机构损坏或固定销脱落	修复或更换零件
	轴承预紧力过大或无润滑	重新调整预紧力,并使之润滑充足
	电器变挡信号是否输出	电器人员检查处理
	压力是否足够	检测并调整工作压力
	变挡液压缸研损或卡死	修去毛刺和研伤,清洗后重装
	变挡电磁阀卡死	检修并清洗电磁阀
	变挡液压缸拨叉脱落	修复或更换
	变挡液压缸窜油或内泄	更换密封圈
	变挡复合开关失灵	更换新开关
6. 主轴不转动	主轴转动指令是否输出	电器人员检查处理
	保护开关没有闭合或失灵	检修压合保护开关或更换
	卡盘未夹紧工件	调整或修理卡盘
	变挡复合开关损坏	更换复合开关
	变挡电磁阀体内泄漏	更换电磁阀
7. 主轴发热	主轴轴承预紧力过大	调整预紧力
	轴承研伤或损坏	更换轴承
	润滑油脏或有杂质	清洗主轴箱,更换新油
8. 液压变速时,齿轮推不到位	主轴内拨叉磨损	选用球墨铸铁作拨叉材料,在每个垂直滑移齿轮下安装弹簧作为辅助平衡装置,减轻对拨叉的压力,活塞的行程与滑移齿轮的定位相协调,若拨叉磨损,予以更换

任务 2　数控铣床变频主轴常见故障诊断与维修

1. 技能目标

(1)能够读懂数控铣床变频主轴电气控制的原理图。

(2)能够识别数控铣床变频主轴系统常见故障。

(3)能够分析、定位和维修数控铣床变频主轴故障。

2. 知识目标

(1)掌握数控铣床变频主轴的工作原理。

(2)掌握变频器的控制原理。

(3)掌握数控铣床变频器与电动机的连接。

(4)掌握数控铣床变频主轴故障诊断和排除的原则与方法。

3. 引导知识

变频器的功用是将频率固定(通常为工频 50Hz)的交流电(三相的或单相的)交换成频率连续可调的三相交流电。

1)交流电动机的调速控制

由电机学的知识可知,异步电动机的同步转速,即旋转磁场的转速为

$$n_1 = 60f/p$$

式中,n_1 为同步转速,r/min;f 为定子频率,即电源频率,Hz;p 为磁极对数。

异步电动机的转速为

$$n = (1-s)n_1 = (1-s)60f/p$$

式中,s 为转差率。调节异步电动机的转速应从 p、s、f 3 个分量入手,即变极调速、变转差率调速、变频调速。

(1)变极调速。笼型异步电动机可改变电动机绕组的接线方式,使电动机从一种极对数变为另一种极对数,从而实现异步电动机的有级调速。

(2)变转差率调速。绕线异步电动机可调节串联在转子绕组中的电阻值,调整电动机定子电压实现变转差率调速。

(3)变频调速。异步电动机可改变定子绕组供电频率来改变同步转速进行调速。

2)交-直-交变频器的基本工作原理

交-直-交变频器电路如图 2-2-6 所示。

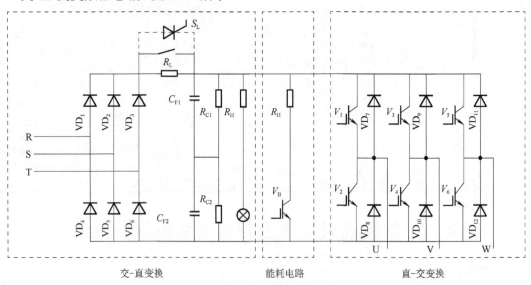

图 2-2-6 交-直-交变频器电路

(1)交-直变换部分。$VD_1 \sim VD_6$ 组成三相整流桥,将交流变换为直流。其中滤波电容器 C_F 的作用如下:

① 滤除全波整流后的电压纹波。

② 当负载变化时,使直流电压保持平衡。因为受电容量和耐压的限制,滤波电路通常由若干个电容器并联成一组,又由两个电容器组串联而成,如图中的 C_{F1} 和 C_{F2}。由于两组电容特性不可能完全相同,所以在每组电容组上并联一个阻值相等的分压电阻 R_{C1} 和 R_{C2}。

限流电阻 R_L 和开关 S_L 的作用如下:

① R_L 作用。变频器刚合上闸瞬间冲击电流比较大，其作用就是在合上闸后的一段时间内，电流流经 R_L，限制冲击电流，将电容 C_F 的充电电流限制在一定范围内。

② S_L 作用。当 C_F 充电到一定电压时，S_L 闭合，将 R_L 短路。一些变频器使用晶闸管代替（如虚线所示）。

另外，电源指示的作用：除作为变频器通电指示外，还作为变频器断电后，变频器是否有电的指示（灯灭后才能进行拆线等操作）。

（2）能耗电路部分。

① 制动电阻 R_B。变频器在频率下降的过程中，将处于再生制动状态，回馈的电能将存储在电容 C_F 中，使直流电压不断上升，甚至达到十分危险的程度。R_B 的作用就是将这部分回馈能量消耗掉。一些变频器此电阻是外接的，都有外接端子。

② 制动单元 V_B。由大功率晶体管 GTR 或绝缘栅双极型晶体管 IGBT 及其驱动电路构成。其作用是为放电电流经 R_B 提供通路。

（3）直-交变换部分。

① 逆变管 $VD_1 \sim VD_6$。组成逆变桥，把 $VD_1 \sim VD_6$ 整流的直流电逆变为交流电。这是变频器的核心部分。

② 续流二极管 $VD_7 \sim VD_{12}$ 作用。电机是感性负载，其电流中有无功分量，为无功电流返回直流电源提供通道；频率下降，电机处于再生制动状态时，再生电流通过 $VD_7 \sim VD_{12}$ 整流后返回给直流电路；$VD_1 \sim VD_6$ 逆变过程中，同一桥臂的两个逆变管不停地处于导通和截止状态。在这个换相过程中，也需要 $VD_7 \sim VD_{12}$ 提供通路。

（4）SPWM 控制技术原理。我们期望通用变频器的输出电压波形是纯粹的正弦波形，但就目前技术而言，还不能制造功率大、体积小、输出波形如同正弦波发生器那样标准的可变频变压的逆变器。目前技术很容易实现的一种方法是：逆变器的输出波形是一系列等幅不等宽的矩形脉冲波形，这些波型与正弦波等效。

如图 2-2-7 所示，等效的原则是每一区间的面积相等。如果把一个正弦半波 n 等分（图中 $n=12$，实际 n 要大得多），然后把每一等分的正弦曲线与横轴所包围的面积都用一个与此面积相等的矩形脉冲来代替，脉冲幅值不变，宽度为 δ_t，各脉冲的中点与正弦波每一等分的中点重合。这样，由 n 个等幅不等宽的矩形脉冲组成的波形就与正弦波的正半周等效，称为正弦波脉冲宽度调制（Sinusoidal Pulse Width Modulation, SPWM）波形。同样，正弦波的负半周也可以用同样的与一系列负脉冲等效。这种正、负半周分别用正、负半周等效的 SPWM 波形称为单极式 SPWM 波形。

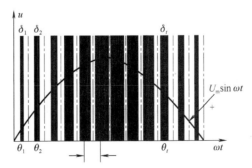

图 2-2-7　单极式 SPWM 电压波形

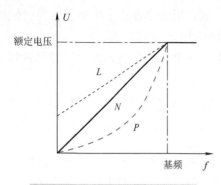

图 2-2-8 电压与频率之间的关系

虽然 SPWM 电压波形与正弦波相差甚远，但由于变频器的负载是电感性负载电动机，而流过电感的电流是不能突变的，当把调制频率为几千赫兹的 SPWM 电压波形加到电动机时，其电流波形额定电压就是比较好的正弦波了。

(5) 通用变频器电压与频率的关系为了充分利用电机铁心，发挥电机转矩的最佳性能，适合各种不同种类的负载，通用变频器电压与频率之间的关系应如图 2-2-8 所示。

① 基频以下调速。在基频（额定频率）以下调速，电压和频率同时变化，但变化的曲线不同，需要在使用变频器时，根据负载的性质设定。

曲线 N，U/f=常数，属于恒压频比控制方式，适合于恒转矩负载。

曲线 L 也适合于恒转矩负载，但频率为零时，电压不为零，电机并联使用或某些特殊电机选用曲线 L。

曲线 P 适合于可变转矩负载，主要用于泵类负载和风机负载。

② 基频以上调速。在基频以上调速时，频率可以从基频往上增高，但电压 U 却始终保持为额定电压，输出功率基本保持不变。所以，在基频以上变频调速属于恒功率调速。

由此可见，通用变频器属于变压变频(VVVF)装置。这是通用变频器工作的最基本方式，也是设计变频器时所满足的最基本要求。

3) 交-交变频器的工作原理

交-交变频器是指无直流中间环节，直接将电网固定频率的恒压恒频(CVCF)交流电源变换成变压变频交流电源的变频器，因此称为直接变压变频器或交-交变频器，亦称周波变换器，广泛用于大功率交流电动机调速传动系统，实际使用的主要是三相输出交-交变频电路(由三组输出电压相位各差 120° 的单相交-交变频电路组成)。

在有源逆变电路中，若采用两组反向并联的可控整流电路，适当控制各组可控硅的关断与导通，就可以在负载上得到电压极性和大小都改变的直流电压。若再适当控制正反两组可控硅的切换频率，在负载两端就能得到交变的输出电压，从而实现交-交直接变。

单相输出的交-交变频器如图 2-2-9 所示。它实质上是一套三相桥式无环流反并联的可逆装置。正、反向两组晶闸管按定周期相互切换。正向组工作时，反向组关断，在负载上得到正向电压；反向组工作时，正向组关断，在负载上得到反向电压。工作晶闸的关断通过交流电源的自然换相来实现。这样，在负载上就获得了交变的输出电压 U_0。

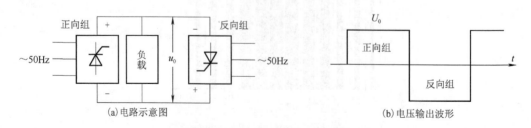

图 2-2-9 交-交变频器单相电路及波形

4. 故障诊断与维修

【故障现象一】　数控铣床主轴低速启动时，主轴抖动很大，高速时正常。

(1)故障分析　这台铣床使用时的主轴控制系统为交-直-交变频器。在检查确认机械传动无故障的情况下，将检查重点放在交-直-交变频器上。

(2)故障定位　先采用分割法，将交-直-交变频器的输出端与主轴电动机分离。在机床主轴低速启动信号控制下，由万用表检查变频器的三相输出电压，分别为 U 相 50V、V 相 50V、W 相 220V。旋转变频器面板上的调速电位器，U、V 两相电压值能随调速电位器的旋转而变化，W 相则不能改变。这说明变频器的输出电压不平衡(主要是 W 相失控)，从而导致主轴电机动在低速时因三相输出电源电压不平衡而产生抖动，但在高速时主轴运转的正常现象。

根据交-直-交变频器的工作原理分析，该装置处驱动模块输出为强电外，其余电路均为弱电，且 U、V 两相能被控制。因此，可以认为变频器的控制系统正常，产生交流电输出电压不平衡的原因是变频器驱动模块有故障。

变频器驱动模块原理如图 2-2-10 所示。根据该原理示意图，将驱动模块上的引线全部拆除。再用万用表检查该驱动模块各级，发现模块的 W 端已导通，即 W 相晶体管的集电极与发射极短路，造成 W 相输出电压不能被控制。

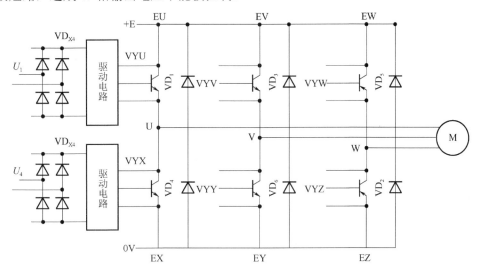

图 2-2-10　变频器驱动模块原理示意图

(3)故障排除　将该模块更换后故障排除。

【故障现象二】　一台数控铣床在使用一段时间后主轴指令转速编码器反馈的值与实际转速不符，有比较大的差距，在低速和高速也有不同的表现。

(1)故障分析　机床使用一段时间后通常都会出现转速偏差，多数为转速偏低的问题。

(2)故障定位　华中数控系统可以通过 PLC 参数中主轴转速修调对其进行修正。

(3)故障排除　在机床调速范围内选取一低、一高两个转速，如 50r/min 和 2500r/min，利用 MDI 功能让主轴转动，记录编码器的反馈值。分别输入 PLC 参数中该挡位的设定转速与实测转速的上下限内。经调整后，转速恢复正常，故障排除。

【故障现象三】　一数控铣床变频器上电后，操作面板无显示。

(1)故障分析　很可能是由开关电源故障引起的。导致开关电源工作异常有下列原因：

① 变频器直流母线无电压，开关电源并没有损坏。因此，除非开关电源电路中的元器件已明显损坏，一般应先检查变频器充电指示灯是否点亮、直流母线电压值是否正常、充电电阻是否损坏等，以判断故障点。检查结果未发现异常。

② 开关电源损坏。其中输入过电压所造成的损坏最为常见，由于过电压引起开关管击穿，起振电路电阻开路，造成电路停振。

③ 其他原因。如变压器匝间短路、PWM 控制电路的芯片损坏等均会造成开关电源不工作。控制电路发生短路，开关电源因保护动作停止工作。开关电源工作异常。

（2）故障定位　经检测发现有一路输出电压纹波大，直流电压值偏低，使得变频器不能正常工作。

（3）故障排除　这时应重点检查滤波电容器有无膨胀变形，为了准确检查电容器的电容量，可用电烙铁将电容器焊下，用电容表或万用表测量其实际的电容量。更换电容器时，应选用相同规格完好的电容器，焊接时注意正负极不要搞错。

【故障现象四】　某厂数控铣床，变频器开始运行，但主轴电机还未启动就过载跳停。

（1）故障分析　根据故障原因可以推断电动机过载导致上述现象。电动机过载的原因可能是机械故障，也可能是变频器参数设定错误导致出现过载报警。

（2）故障定位　断开传动，用手转动电动机输出轴，很容易就能转动，说明电动机没问题。检查传动部件未见异常。逐项检查变频器参数，发现偏置频率设定为 3Hz，变频器在接到运行指令但未给出调频信号之前，电机一直接收 3Hz 的低频运行指令而无法启动。经测定，该电机的堵转电流达到 10A，约为电机额定电流的 3 倍，变频器过载保护动作属正常。

（3）故障排除　改偏置频率为 0Hz，电机启动正常。

5．维修总结

透过故障的表象，针对可能导致故障的原因，通过分析故障产生的过程，仔细思考，不断积累经验，才能够更加高效地找到故障所在并加以排除。

6．知识拓展

在对变频器进行维修时，通常应按下面的维修步骤进行：

（1）了解故障情况，做好维修记录。

① 记录变频器的型号、功率、电压等级。

② 取得变频器的有关资料，最好是使用手册。

③ 了解变频器的使用情况。

④ 记录变频器故障现象和损坏情况。

（2）停电初步检查。停电进行初步检查是获取第一手资料的关键，特别注意在检查过程中拆卸的连接导线、接插件和元件要按拆卸顺序——认真做好标记和记录，以便检查后复原。

卸开变频器的盖板或面板，直观检查变频器的所有部件有无异常，主电路的检查应在拆除了控制电路板后进行(检查时主要接电动机)。

用指针式万用表欧姆挡(R×1)检查输入侧断路器、熔断器是否完好，接着检查整流电路及相关主电路是否正常。一般应分别测量 R、S、T 端对直流 P、N 端的正反向电阻来初步判断整流二极管的好坏。如果整流电路是三相半控桥，要测试晶闸管的好坏。

用指针式万用表挡(R×1)检查中间电路滤波电容的好坏以及制动单元和制动电阻有无损坏。

用指针式万用表欧姆挡(R×1)检查逆变器部分功率模块是否正常。通常是分别测量 U、V、W 端对直流 P、N 端的正反向电阻来初步判断元器件的好坏。用指针式万用表高阻挡测量对主端子对壳(金属部分)的电阻，确认是否有短路现象。

检查所有插件有无损坏，安插位置是否正确。

对产生怀疑的故障部位，应细心检查所有相关元器件，直至查到故障所在，对确认的故障元器件和连线，应进行更换和修复，并进行必要的清洁工作。

(3)上电检查和处理。上电后，如果变频器的故障依然存在，就应借助仪器仪表作进一步的检查。上电检查应严格遵守安全操作规程，尤其要特别注意人身安全和设备安全。一般应事先进行故障原理分析，初步确定故障部位，有针对性地进行检查。实际上，有相当数量的故障项目只有在上电后才能检查。例如，开关电源、直流母线电压等，操作面板也只有在送电操作后才能确认是否完好。对检查出来的故障元件，当然应在停电后才能进行更换和修复。

(4)元器件的更换。对于确认的损坏元件，原则上应按原型号新件更换，在参数、外形尺寸、安装方式等都满足要求的条件下，才允许用其他型号的产品替换。当元器件损坏无法确定原来的型号和规格时，应设法通过查询或在同规格型号的其他变频器上获得相关数据。

功率模块的代换中元器件的生产批号会有所不同，但性能完全相同，所以没有必要要求型号一字不差，如 7MBR25NF-120 与 7MBR25NE-120，其内在参数完全相同。但在常见的功率模块更换中，也有外形、引脚、功能都与原来的相同，但无法正常代用的情况，如 eupe 模块 BSM50GP-120 不能代换三菱模块 7MBR50SB-120，使用中应灵活对待。压敏电阻损坏后，更换时除了阻值应相同外，还应注意是正温度系数还是负温度系数。

更换 IC 芯片前应检查电烙铁是否漏电，并采用其他防静电措施(如使用防静电的橡皮垫、防静电刷子等)，防止损坏自身甚至殃及控制板上的其他芯片。

所有安装在散热器上的功率模块，在更换时均应先清洁散热面，并在安装前均匀涂抹散热硅脂，并注意拧紧固定螺钉，以满足散热要求。

更换元件后，注意原样恢复所有被拆除的紧固螺钉、导线、接插件和元器件，切不可弄错。

任务 3　数控铣床伺服主轴常见故障诊断与维修

1. 技能目标

(1)能够读懂数控铣床伺服主轴电气控制的原理图。

(2)能够识别伺服主轴系统常见故障。

(3)能够分析、定位和维修数控铣床伺服主轴故障。

2. 知识目标

(1)了解主轴伺服驱动器的工作过程。

(2)掌握伺服主轴常见的故障表现。

(3)掌握伺服主轴故障诊断和排除的原则与方法。

3. 引导知识

图 2-2-11 为 SIEMENS 6SC650 系列交流主轴驱动装置原理。6SC650 系列交流主轴驱动装置为晶体管脉宽调制变频器，与 1PH5、1PH6 系列交流主轴电动机组成数控机床的主轴驱动系统，可实现主轴的自动变数、主轴定位控制和主轴 C 轴进给。

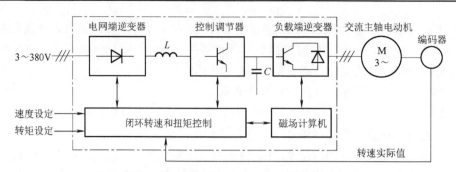

图 2-2-11　SIEMENS 6SC650 系列交流主轴驱动装置原理

电网端逆变器由 6 只晶闸管组成的三相桥式全控整流电路，通过晶闸管导通角的控制，既可以工作于整流方式，向中间电路直接供电，也可工作于逆变方式，完成能量反馈电网的任务。

控制调节器将整流电压从 535V 上调到 $(575-575\times2\%)\mathrm{V}$，并在变流器逆变工作方式时，完成电容器 C 对整流电路的极性变换。

负载端逆变器由带反并联续流二极管的 6 只功率晶体管组成。通过磁场计算机的控制，负载端逆变器输出三相 SPWM 电压，使电动机获得所需的转矩电流和励磁电流。输出的三相 SPWM 电压副值控制范围为 0～430V，频率控制范围为 0～300Hz。在反馈制动时，电动机能量通过变流器的 6 只续流二极管向电容器 C 充电。当电容器 C 上的电压超过 600V 时，就通过控制调节器和电网端变流器把电容器 C 上的电能经过逆变器回馈给电网。6 只功率晶体管有 6 个互相独立的驱动级，通过对各个功率晶体管电压的监控，可以防止电动机超载以及对电动机绕组匝间短路进行保护。

电动机的实际转速是通过装在电动机轴上的编码器进行测量的。闭环转速和转矩控制以及磁场计算机是由两片 16 位分数处理器（80186）所组成的控制组件完成的。图 2-2-12 为 6SC650 系列主轴驱动系统组成。

6SC650 系列交流主轴驱动变频器主要组件基本相同。对于较小功率的 6SC6502/3 变频器（输出电流 20/30A），其功率部件是安装在印制线路板 A1 上的，对于大功率的 6SC6504-6SC6520 变频器（输出电流 40/200A），其功率部件是安装在散热器上的。

(1)控制模板（N1）：包括 2 片 80186 和 5 片 EPROM。完成电网端逆变器的触发脉冲控制、矢量变换计算以及对变频器进行 PWM 调制。

(2)I/O 模块（U1）：通过 U/f 变换器为 N1 组件处理各种 I/O 模拟信号。

(3)电源模块（G01）和中央控制模块（G02）：除供给控制电路所需的各种电源外，在 G02 上还输出各种继电器信号至数控系统进行控制。

选件（G01）配置主轴定位电路板或 C 轴进给控制电路板。通过内装轴端编码器（18000 脉冲/转）或外装端编码器（1024 脉冲/转或 9000 脉冲/转）对主轴进行定位或 C 轴控制。

4．故障诊断与维修

【故障现象一】　一台数控铣床，电器部分及轴向伺服均为西门子公司产品，在 X 轴与 Y 轴联动工作中，当主轴 M03 指令加工工件时，突然出现控制电流自动掉闸现象。

(1)故障分析及定位　故障发生时，CRT 的报警信息提示，主轴系统内部数据错误。起初判断为主轴运行参数发生了变化，先是将内存全部清除，重装了一次系统及主轴的参数，启动运行不到半小时又出现上述故障，伺服柜内主轴伺服随之出现 F26 提示。F26 内容为"Current can not be reduced"，针对这一信息，检查主轴伺服板到电机间的连接及伺服的供电电源，都未发现异常。故分析有可能是测速机碳刷瞬间接触不良，反馈信号异常所致。

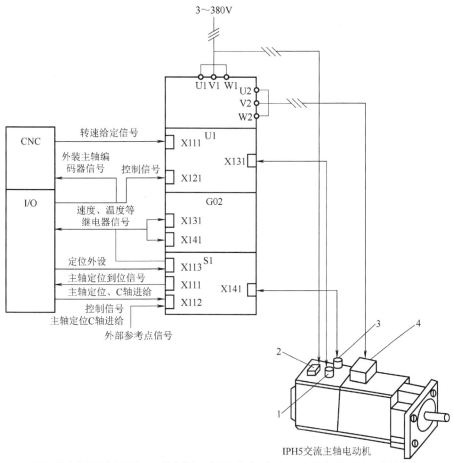

1-用于测速的轴端编码器(1024 脉冲/转)及电动机传感器插座；2-主轴电动机冷却风扇接线盒；
3-用于主轴定位及 C 轴进给的轴端编码器(1800 脉冲/转)；4-主轴电动机三相电源接线盒

图 2-2-12 6SC650 系列主轴驱动系统组成

（2）故障排除　经过拆洗测速发电机，修整碳刷后，此故障消除。在以后的运行中，定期检查、修整，均未再出现此类故障。

【故障现象二】　数控龙门镗铣床主轴在几年的运行中一直较稳，但在一次电网拉闸停电后，主轴转动只能以手动方式 10r/min 的速度运行；当启动主轴自动运行方式时，转速一旦升高，主轴伺服三相进线的 A、C 两相熔丝立即烧断。在主轴手动方式运转时转速很不稳定，在 3～12r/min 内变化，电枢电流也很大，多次产生功率过高报警。经过两次维修后又重复出现类似的故障。

（1）故障分析　该数控龙门镗铣床数控系统采用 SINUMERIK 810。主轴电动机为 5.5kW。就上述故障分析如下：

① 机床主轴在高速运转时，电网忽然停电，在电动机电枢两端产生一个很高的反动势（大约是额定电压的 3～5 倍），将晶闸管击穿。

② V5 伺服单元晶闸管上对偶发性浪涌过电压保护能力不够，对较大能过电压不能完全抑制。

③ 晶闸管工作时有正向阻断状态、开通过程、导通状态、阻断能力恢复过程、反向阻断状态 5 个过程。在开通过程和阻断能力恢复过程中，当发生很大能量的过电压时，晶闸管很

容易损坏；拉闸停电随机性很大，而且伺服单元内部控制电路处于失控状态。

④ 晶闸管有时被高电压冲击后并没有完全损坏，用数字式万用表测量时有 1.2MΩ 电阻值（正常情况不应在 10MΩ 以上），所以还能在很低的电压值下运行。

⑤ 相桥全控整流电路在 WT1-WT2 期间，A 相电压为正，B 相电压低于 C 相电压，电流从 A 相流出经 V1、负载 M、V4 流回 B 相，负载电压为 A、B 两相间的电位差；在 WT2-WT3 期间，A 相电压仍为正，但 C 相电压开始比 B 相更负，V6 导通，并迫使 V4 承受反向电压关断，电流从 A 相流出经 V1、负载 M、V6 流回 C 相，负载电压为 A、C 两相间的电位差，在 WT2 为 B、C 相换相点，其他依此类推。停电时，如果 V1 被击穿，V4 或 V6 将遭受很大的冲击，可能使其达到临界状态，也可能使它被击穿。

(2) 故障定位及排除

① 一次更换两只型号相同的晶闸管。

② 在 V5 直流伺服单元的晶闸管上安装 6 只压敏电阻。

在晶闸管的两端加上压敏电阻，运行两年一直没有出现故障(包括多次停电)。

【故障现象三】 铣床数控系统为 SINUMERIK 810 系统，机床主轴不动。CRT 故障显示 $n < n_x$。

(1) 故障分析 该机床铣头电动机采用西门子交流伺服驱动系统。由西门子维修资料知：n 为给定值，n_x 为实际转速值，在机床主轴启动或停止的控制中，根据预选的方向接触器 D2 或 D3 工作，接通相应的主接触器，启动信号使继电器 D01 接通，并同时使 $n < n_{最小}$ 的触头 (119-117) 接通，此触头在调节器释放电路中。当启动信号消失后，D01 保持自锁，调节器释放电路因为 "$n < n_{最小}$" 的触头而得以保持。"$n < n_{最小}$" 的触头在机床停止时是打开的，在 20～30r/min 时闭合。在发出停止信号后，给定为 0，D01 断开，调节器释放电路先保持接通，直到运转在 $n < n_{最小}$ 时才断开。当转速调节器的输出极性改变时，相应的接触器 D2 或 D3 打开或接通。

根据维修资料检查，发现当系统启动信号发出后，在系统的调节器线路中，50 号、14 号线没有指令电压(±10V)，213 号没有 24V 工作电压。

从西门子 3T 系统原理知：机床主轴系统当无指令电压和工作电压时，其调节封闭装置将起作用。使 104 号、105 号线接通，产生一个封闭信号，封锁主轴的启动，同时，在 CRT 上显示出主轴转速小于额定转速的故障报警。

(2) 故障定位 检查分析该故障的原因，按钮开关无故障，各控制线路无故障。通过操作人员了解到：在该故障发生之前，曾因变电站事故造成该机床在加工过程中突然停电，致使快速熔断器熔断现象。因此，怀疑是因突然停电事故使 CNC 内部数据、参数发生紊乱而造成上述报警。

(3) 故障排除 将机床 NC 数据清零后，重新输入参数，故障排除，机床恢复正常。

【故障现象四】 一数控铣床运行中突然停止，所有功能不执行，主轴伺服过电流报警。

(1) 故障分析 经查伺服主回路，发现逆变达林顿管、再生装置、主回路熔丝烧坏，经更换后试机暂时正常。运行两天后再次出现同类故障。对故障的再次出现分析，认为有如下可能性：①主轴伺服印制电路板不良；②电动机严重超载、短路；③更换不良元件。

(2) 故障定位 在故障出现的时候进行测量观察，发现问题出在主轴启动的瞬间，推测原因是伺服对电动机的电流变化率 di/dt、最大电流 I_{max} 起止控制不正确造成的。由于伺服单元电流调整不易实现，决定在逆变桥臂上加装一只限流电阻，电阻在启动时起到限流作用，而电动机工作时又不受影响。

(3)故障排除 经计算，试验选择 0.8Ω/5kW 电阻，安装在逆变桥臂上，机床工作正常。

【故障现象五】 零件加工过程中，切削用量稍大时，数控铣床向+Y方向间歇窜动，并显示伺服报警，但可用【RESET】键清除。关机后，系统再开机就报警，各坐标不能移动。

(1)故障分析 该机床数控系统配置 SINUMERIK 810M 系统，坐标进给采用西门子 611A 交流伺服系统。因机床在自动运行状态，切削量大时出现报警，故排除编程或操作失误引起故障。

(2)故障定位 打开伺服柜，发现 Y 方向报警灯亮，故障出在伺服系统。用交换法判断故障是伺服系统内部还是电动机，同时交换伺服电机 Y、Z 的测速反馈电缆、位置反馈电缆、电动机的动力电缆，重启机床，观察伺服驱动系统，发现伺服坐标 Y 方向的伺服报警灯灭，而 Z 方向的伺服报警灯亮，由此可以判断，此伺服故障属于电动机故障。

(3)故障排除 打开 Y 轴的电动机防护罩检查，发现与电动机相连接的位置反馈电缆插头松动，将松动的插头拧紧，并将伺服驱动系统恢复原接线，机床恢复正常运转。

5. 知识拓展

6SC650 系列交流主轴驱动变频器故障诊断如下。

(1)故障代码 当 6SC650 系列交流主轴驱动变频器在运行中发生故障时，变频器面板上的数码管就会以代码的形式提示故障的类型，6SC650 系列交流主轴驱动变频器部分代码见表 2-2-2。

表 2-2-2 6SC650 系列交流主轴驱动变频器部分代码

代码	说明	故障信息
F11	转速控制开环，无实际转速	1. 编码器电缆未接好
		2. 编码器接线中断
		3. 编码器有故障
		4. 电动机缺项工作
		5. 电动机处于机械制动状态
		6. U1 模块有故障转速控制开环，无实际转速
F11	转速控制开环，无实际转速	7. 触发电中有故障
		8. 驱动电路模块电源故障
		9. 中间电路熔丝故障
F12	过电流	1. 变频器上存在短路或故障
		2. U1 模块故障
		3. N1 模块故障
		4. 功率晶体管故障
		5. 转矩设定值过高
		6. 电流检测用互感器故障
F14	电动机过热	1. 电动机过载
		2. 电动机电流过大
		3. 电动机上的 NTC 热敏电阻有故障
		4. U1 模块有故障
		5. 电动机绕组匝间短路

(2)辅助诊断 除了以代码形式表示故障信息外，在控制模块(N1)和 I/O 模块(U1)上还有测试插座作为辅助诊断手段。

该测试插座用于电流的调试。其中 IR、IS 和 IT 用于测量电动机的 R、S、T 相电流，ID 用于测量直流回路电流，IWR 用于测量电动机总电流，M 为参考电位。通过测试，可进一步判断变频器是否有缺相和过电流等故障。

项目(三)　数控铣床进给系统故障诊断与维修

数控铣床是通过主轴上安装的刀具与工作台上安装的工件的相对运动来实现对工件加工的。数控铣床的进给运动主要是通过工作台运动实现的。工作台是实现铣床纵横向运动的部件。床鞍装在升降台的水平导轨上，由横向进给伺服电动机驱动，沿升降台水平导轨做横向运动。进给丝杠采用滚珠丝杠，精度好，传动效率高。横向滚珠丝杠装在升降台内，驱动电机安装在升降台里面，靠同步齿形带轮和同步齿形带与丝杠连接。横向床鞍上的纵向导轨安装工作台，纵向滚珠丝杠装在床鞍内部，进给驱动电机装在床鞍右下端。横向导轨和纵向导轨均进行聚四氟乙烯贴塑处理，工作台有 T 形槽，中间的 T 形为基准 T 形槽。

任务 1　数控铣床进给系统机械故障诊断与维修

本任务以立式数控铣床为例说明数控铣床的机械结构。

1. 技能目标

(1)能够读懂数控铣床进给传动系统图和机械装配图。

(2)能够拆装滚珠丝杠的支撑轴承和调整滚珠丝杠螺母副的传动间隙。

(3)能够分析、定位和维修数控铣床进给系统机械故障。

2. 知识目标

(1)了解数控铣床进给传动的布置形式。

(2)理解滚珠丝杠螺母副的支撑方式。

(3)掌握传动间隙的调整方法。

3. 引导知识

图 2-3-1 为某数控铣床的进给传动系统，工作台有纵向(X轴)、横向(Y轴)和垂直(Z轴)3个方向进给传动。

数控铣床升降台自动平衡装置如图 2-3-2 所示。伺服电动机 1 经过锥环连接带动十字联轴节以及圆锥齿轮 2、3，使升降丝杠转动，工作台上升或下降。同时圆锥齿轮 3 带动圆锥齿轮 4，经超越离合器和摩擦离合器相连，这一部分称作升降台自动平衡装置。

当升降台上升时，圆锥齿轮 4 转动→通过锥销带动星轮 5 逆时针转动→滚子 6 逆时针方向转动→滚子转向楔形空间大的空间→套筒不随之转动→内摩擦片不转→不产生阻尼作用；当升降台下降时，圆锥齿轮 4 转动→通过锥销带动星轮 5 顺时针转动→滚子 6 逆时针方向转动→滚子转向楔形空间小的空间→套筒随之转动→带动内摩擦片转动(外摩擦片固定不动)→内外摩擦片之间产生阻尼作用→防止升降台下降时产生冲击。其中，摩擦片之间的摩擦力的大小通过侧边的弹簧调节。

1)进给传动齿轮间隙的消除

在加工过程中，数控机床的进给系统经常处于自动变向状态，当机床的进给方向改变时，传动齿轮齿侧间隙会造成指令脉冲丢失，并产生反向死区从而影响加工精度，因此必须采取措施消除齿轮传动时的间隙。

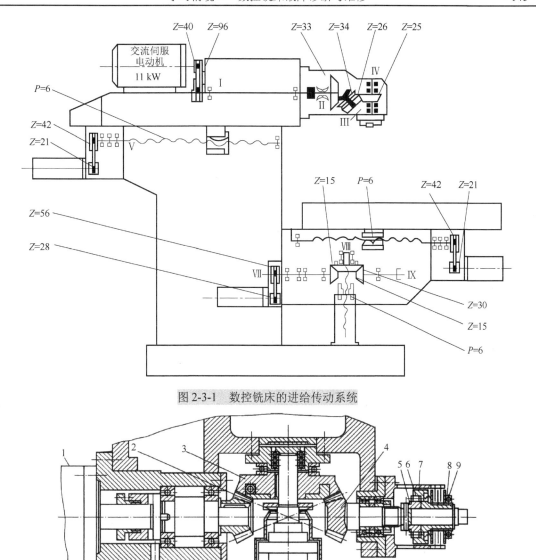

图 2-3-1　数控铣床的进给传动系统

1-伺服电动机；2、3、4-圆锥齿轮；5-星轮；6-滚子；7-超越离合器的外壳；8-螺母；9-锁紧螺钉

图 2-3-2　数控铣床升降台自动平衡装置

（1）刚性调整法。刚性调整法是调整后齿侧间隙不能自动补偿的调整方法，对齿轮的周节公差及齿厚要求严格控制，否则会影响传动的灵活性。常见的有以下几种方法：

① 偏心套调整法：图 2-3-3 所示是一简单的偏心套筒消除间隙结构。电动机通过偏心套时电动机中心轴线的位置上下改变，而从动齿轮轴线位置固定不变，所以通过转动偏心套就可以调节两啮合齿轮的中心距，从而消除齿侧间隙。

② 轴向垫片调整法：图 2-3-4（a）所示为用轴向垫片消除直齿圆锥齿轮传动间隙。两个啮合着的齿轮的节圆直径沿齿宽方向制成略带锥度的形式，使其齿厚沿轴向方向逐渐变厚。装配时，两齿轮按齿厚相反变化走向啮合，改变调整垫片的厚度，使两齿轮在轴向上相对移动，从而消除齿侧间隙。

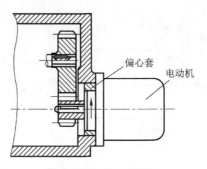

图 2-3-3　偏心套调整

图 2-3-4(b) 所示为用轴向垫片消除斜齿圆柱齿轮的传动间隙。两个斜齿轮的齿形拼装在一起加工，装配时在两薄片齿轮间装入已知厚度的垫片，使它的螺旋线错开，这样两薄片的齿轮分别与宽齿的左右齿面贴紧，消除了间隙。垫片的厚度与齿侧间隙的关系为 $t = l \cot \beta$ 。

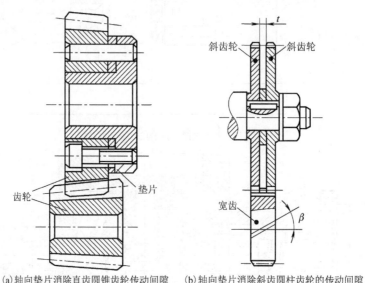

(a)轴向垫片消除直齿圆锥齿轮传动间隙　(b)轴向垫片消除斜齿圆柱齿轮的传动间隙

图 2-3-4　轴向垫片调整

　　这几种调整方法结构比较简单，具有较好的传动刚度。

　　(2) 柔性调整法。柔性调整法是指调整之后齿侧间隙仍可自动补偿的调整方法。一般采用调整压力弹簧的压力来消除齿侧间隙，并在齿轮的齿厚和周节有变化的情况下，也能保持无间隙啮合。

　　① 轴压弹簧调整法：如图 2-3-5 所示，两个啮合着的锥齿轮 1 和 2，锥齿轮 1 在弹簧力 3 的作用下可稍作轴向移动，从而消除间隙。弹簧力的大小由螺母 4 调整。

　　② 周向弹簧调整法：图 2-3-6(a)所示为用周向弹簧调整直齿圆柱齿轮的齿侧间隙。两个齿数相等的薄片齿轮 1 和 2 与另一宽齿轮啮合，齿轮 1 空套在齿轮 2 上，可以相对转动。每个齿轮端面分别装有 4 个螺纹凸耳 3 和 8，齿轮 1 的端面有四个通孔，凸耳 3 可以从中穿过，弹簧 4 分别勾在调节螺钉 5 和凸耳 3 上。旋转螺母 5 和 6 可以调整弹簧 4 的拉力，弹簧拉力可以使薄片齿轮错位，即两片薄齿轮的左右齿面分别与宽齿轮齿槽的左右贴紧，从而消除侧隙。

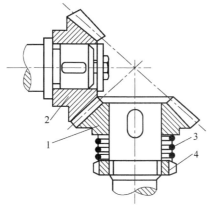

1、2-锥齿轮；3-弹簧；4-螺母

图 2-3-5　轴压弹簧调整

图 2-3-6(b)所示为用周向弹簧调整圆锥齿轮的齿侧间隙。将一对啮合的锥齿轮中的一个齿轮做成大小两片 1 和 2，在大片上制有 3 个圆弧槽，在小片上制有 3 个凸爪，凸爪 6 伸入大片的圆弧槽中。弹簧 4 的一端顶在凸爪 6 上，另一端顶在镶块 3 上。为了安装方便，用螺钉 5 将大小片齿圆相对固定，安装完毕后再将螺钉卸去，利用弹簧力使大小片锥齿轮稍微错开，消除间隙。

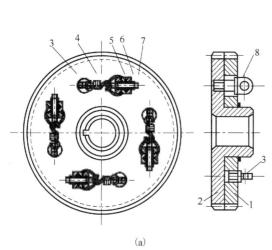

(a)

1、2-薄片齿轮；3、8-螺纹凸耳；4-弹簧；5、6-螺母；7-调节螺钉

(b)

1、2-薄片齿轮；3-镶块；4-弹簧；5-螺钉；6-凸爪

图 2-3-6　周向弹簧调整

2)滚动导轨

滚动导轨是在导轨面之间放置滚动件，导轨面之间是滚动摩擦而不是滑动摩擦。因此，摩擦因数低(0.0025～0.005)，动静摩擦因数相差小，几乎不受运动速度变化的影响。定位精度和灵敏度高，磨损小，精度保持性好。但滚动导轨结构复杂，制造成本高，抗振性差。数控机床常用的导轨有滚动导轨块和直线运动导轨两种。

(1)滚动导轨块。这是一种滚动体循环运动的滚动导轨，其结构如图 2-3-7 所示。在使用时，滚动导轨块安装在运动部件的导轨面上，在每一条导轨上至少用两块或更多块，导轨块的数目与导轨的长度和负载的大小有关，与之相配的导轨多用镶钢淬火导轨。当运动部件移动时，滚柱 3 在支撑部件的导轨面与本体 6 之间滚动，同时又绕本体 6 循环滚动，滚柱 3 与运动部件的导轨面不接触，因而该导轨面不需要淬硬磨光。

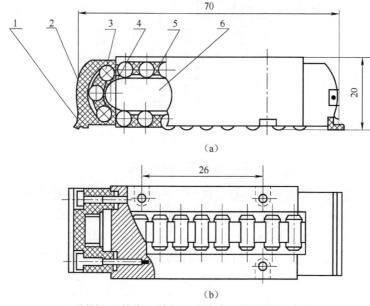

1-防护板；2-端盖；3-滚柱；4-导向片；5-保持器；6-本体

图 2-3-7　滚动导轨块的结构

滚动导轨块的优点是刚度高，承载能力大，效率高，灵敏性好，润滑简单。

（2）单元直线滚动导轨。单元直线滚动导轨副由一根长导轨和一个或几个滑块组成，外形如图 2-3-8 所示，结构如图 2-3-9 所示。单元直线滚动导轨主要由导轨体 1、滑块 7、滚珠 4、保持器 3、端盖 6 组成。在使用时，导轨体固定在不运动部件上，滑块固定在运动部件上。当滑块沿导轨移动时，滚珠在轨道和滑块之间的圆弧至槽内滚动，并通过端盖内的滚道，从负荷区移动到非负荷区，然后继续滚回到负荷区，不断循环，从而把轨道和滑块之前的移动变成了滚珠的滚动。为防止灰尘和脏物进入导轨滚道，滑块两端和下部均装有塑料密封垫，滑块上还有润滑油注油杯。

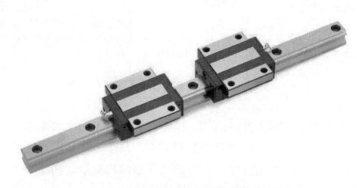

图 2-3-8　单元直线滚动导轨外形

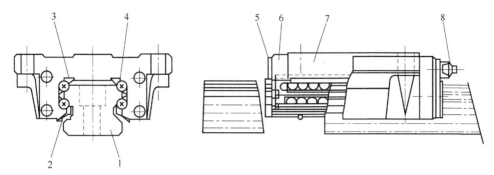

1-导轨；2-侧面密封垫；3-保持器；4-滚珠；5-端部密封垫；6-端盖；7-滑块；8-润滑油杯

图 2-3-9　单元直线滚动导轨结构

这种滚动导轨将支承导轨和运动导轨组合在一起，作为独立的标准导轨副部件，由专门生产厂家制造，用户只要把导轨单元的轨道和导轨块分别固定在机床的固定导轨和运动导轨上即可，用户使用、安装、维修都很方便。并且对机床固定导轨要求不严，只需精铣或精刨。

单元直线滚动导轨副的移动速度可达 60r/min，在数控铣床和加工中心上得到广泛应用。

4. 故障诊断与维修

【故障现象一】　XK5040 数控铣床，给运动指令后，Z 轴没有动作。

（1）故障分析　导致故障的原因可能有：

① Z 轴电动机制动器没有脱开，使 Z 轴处于制动状态。

② Z 轴电动机和中间轴的连接齿轮固定螺钉脱落，丝杠锥齿轮锁紧螺母松动，电动机空转。

③ 过渡轴上的联结半轴折断，造成动力无法传输。

（2）故障定位　检查 Z 轴制动器已脱开；检查齿轮固定没有松动；抽出过渡轴检查发现其联结半轴折断。

（3）故障排除　按照说明书中的图纸重做新轴，装上试车，Z 轴工作正常。

【故障现象二】　一台数控铣床进行框架零件强力铣削时，Y 轴产生剧烈抖动，向正方向运行时尤为明显，向负方向运行时抖动减小。

（1）故障分析　根据故障现象分析可能原因有：

① 伺服电动机电刷损坏，编码器进油，伺服电动机内部进油，电动机磁钢脱落。

② 丝杠轴承损坏或丝杠螺母松动，间隙过大。

③ 丝杠丝母间隙过大。

（2）故障定位　将电动机和丝杠脱开空运行，电动机运转正常，没抖动；检查轴承完好，重新紧固螺母，故障仍然存在。检查丝母座发现丝母座和结合面的定位销及紧因螺钉松动，造成单方向抖动。

（3）故障排除　重新紧固丝母座，故障消失。

【故障现象三】　加工一排等距孔的零件，出现了严重孔距误差（达 0.16mm）、加工误差（正向误差），连续多次试验皆同。

（1）故障分析　由于这个现象连续多次试验都是同样的结果，初步推断故障发生在机械部件。此误差可能的原因有：

① X 坐标的伺服电动机和丝杠传动齿轮间隙过大。调整电动机前端的偏心调整盘，使齿

轮间隙合适。

② 固定电动机、机械齿轮的紧固锥环松动，造成齿轮运动时产生间隙。检查并紧固锥环的压紧螺钉。

③ X 坐标导轨镶条的锁紧螺丝脱落或松动，造成工作台在运动中出现间隙。重新调整导轨镶条，使工作台在运动中不出现过紧或过松现象。

④ X 坐标导轨和镶条出现不均匀磨损，丝杠局部螺距不均匀，丝杠丝母之间间隙增大。检查并修研调整，使导轨的接触面积(斑点)达到 60%以上，用 0.04mm 塞尺不得塞入；检查丝杠精度应为正常，测量丝母和丝杠的轴向间隙应在 0.01mm 以内，否则就重新预紧丝母和丝杠。

⑤ X 坐标的位置检测元件脉冲编码器的联轴节磨损及编码器的固定螺钉松动都会造成误差；编码器进油后也会造成丢脉冲现象。打开编码器用无水酒清洗，检查电动机和编码器的联轴节要求 0.01mm 的塞尺不得塞入其传动键面，紧固编码器螺钉。

⑥ 滚珠丝杠丝母座和上工作台之间的固定联结松动，或丝母座端面和结合面垂直。检查结合面有无严重磨损并将丝母座和上工作台的紧固螺钉重新紧固一遍。

⑦ 因丝杠两端控制轴轴向窜动的推力短，圆柱滚动轴承(9180，p4 级)严重研损造成间隙增大，或轴承座上用以消除轴承间隙的法兰压盖松动，以及调节丝杠轴向间隙的调节螺母松动，都造成间隙增大。卸下丝杠两端的四套轴承，发现轴承内外环已经出现研损，轴承已经失效，重换轴承并重配法兰盘压紧垫的尺寸，使法兰盘压紧时对轴承有 0.01mm 左右的过盈量，这样才能保证轴承的运转精度和平稳性，使机床在强力切削时，不会产生抖动。装上轴承座并调整锁紧螺母，用扳手转动丝杠使工作台运动，应使用不大的力量就能使其运动，并且没有忽轻忽重的感觉。

这些故障可能的原因，经一一检查和处理故障仍然存在。

(2)故障定位　仔细想想，机械所能带给的误差，在坐标轴上的反应一般都是位移距离偏少，对孔距来说就是减误差，孔距的尺寸是减小的。而现在是坐标的实际位移距离比指令值给出的位移量偏多了 0.16mm，由此判断问题出现在电气方面，从实际位移大于指令位移来看，问题可能出在 X 轴的位置反馈环节上，也就是说，当运动指令值为 0.16mm 后，反馈脉冲才进入数控系统中，这样就可以肯定是反馈环节中某些性能不良所致。将系统控制单元和 X 轴速度控制单元换到另一台机床上，经测试出现同样现象，这说明控制单元有故障。

(3)故障排除　将控制单元送厂家检修后，故障排除。

【故障现象四】　一台数控铣床，配置 FANUC Oi Mate M 系统。出现过载报警和机床有爬行现象。

(1)故障分析　引起过载的原因无非是：

① 机床负荷异常，引起电动机过载；

② 速度控制单元的印制电路板设定错误；

③ 速度控制单元的印制电路板不良；

④ 电动机故障；

⑤ 电动机的检测部件故障等。

(2)故障定位　经详细检查，最后确认是电动机不良引起的。

(3)故障排除　更换电动机后，过载报警和爬行消除。

【故障现象五】　某厂有一台 XK7140 立式铣床,加工过程中 X 轴出现跟踪误差过大报警。

（1）故障分析及定位　该机床采用闭环控制系统,伺服电动机与丝杠采用直连的连接方式。在检查系统控制参数无误后,拆开电动机防护罩,在电动机伺服带电的情况下,采用手动拧动丝杠,发现丝杠与电动机有相对位移,可以判断是由电动机与丝杠连接的张紧套松动所致。

（2）故障排除　紧固螺钉后,故障排除。

【故障现象六】　一台数控镗铣床,Z 轴在运动过程中出现明显的抖动,CNC 发生位置跟随误差报警。

（1）故障分析　分析故障可能的原因是机械传动系统存在间隙,可能 Z 轴滑枕的楔铁存在松动,或者是滚珠丝杠或螺母存在轴向窜动。

（2）故障定位　通过对机床各部位的检查,最后确认滚珠丝杠螺母副上调整间隙的锁紧螺母松动是导致传动出现间隙的根本原因。

（3）故障排除　重新安装锁紧螺母,并对间隙调整后,故障排除。

【故障现象七】　某数控龙门铣床,用右面垂直刀架铣削时,发生工作表面粗糙度达不到预订的精度要求。

（1）故障分析及定位　检测右面垂直刀架的主轴箱内的各部滚动轴承的安装与精度,发现各部滚动轴承均正常。经过研究分析及检查,发现提供工作台的蜗杆及固定工作台下面的螺母条传动副润滑油管中无油,造成机床润滑不良,引起运动的不稳。

（2）故障排除　调节控制油管出油量的节流阀,保证润滑油管流量正常,故障排除。

【故障现象八】　某数控铣床,手动操作时,X 轴位置显示正常,但实际坐标轴没有运动。

（1）故障分析　该铣床进给伺服系统为半闭环系统,对于半闭环系统,当出现位置显示正常,但坐标轴不产生运动的故障时,应首先检查 CNC 参数。当参数设定无误,系统未处于模拟运动方式的前提下,可再检查伺服电机的实际转动情况,从而确定故障部位在机械传动系统还是电气控制系统。

（2）故障定位　检查 CNC 参数设定,确认系统未处于模拟运动方式,排除了 CNC 参数设定方面的可能。观察本机床的 X 轴伺服电机,发现电机可以正常运转,且具有足够的输出转矩,因此,可以确认故障是机械传动系统不良引起的。进一步检查发现,该轴的伺服电机与滚珠丝杠间连接的联轴器存在松动。

（3）故障排除　经重新安装、固定联轴器后机床恢复正常。

【故障现象九】　某数控铣床,在加工过程中,发现零件的 Y 方向定位位置产生了整体偏移,导致工件的报废。

（1）故障分析　仔细测量加工零件的实际加工尺寸,发生偏移位置正好与 Y 轴的滚珠丝杠螺距相符,产生此类故障的最大原因是机床参考点的位置产生了整螺距的偏移。其原因一般是参考点减速挡块固定不良,导致减速挡块位置发生了变化。

（2）故障定位　检查机床参考点减速挡块,发现安装位置正确,固定可靠。而且重新进行多次回参考点操作,利用等分表检查 Y 向的参考点定位位置,发现定位位置均准确,由此判定故障原因与参考点减速挡块的安装无关。经仔细检查,发现该轴行程开关上有较多的铁屑,因此判断参考点减速挡块的误动作可能是偶然性铁屑干涉所引起的。

（3）故障排除　维修时在参考点减速开关上增加了防护后,机床恢复正常工作,故障排除。

【故障现象十】　　某 SIEMENS 810D 数控铣床，在手动移动时，CNC 出现 ALM25050 报警。

（1）故障分析　　ALM25050 报警的含义是系统出现轮廓监控错误。机床故障时，手动方式移动坐标轴，工作台无任何动作。分析故障原因，不外乎机械部件与控制系统两方面。

（2）故障定位　　为了尽快确认故障原因，考虑机床为半闭环系统，维修时松开了电机与丝杠间的联轴器，进行单独电气系统运行试验。检查发现，在松开联轴器后，电机可以正常旋转，且有足够的输出转矩，由此判定故障原因在机械传动系统上。检查机械传动系统，发现故障机床的滚珠丝杠螺母副已经损坏，使得滚珠丝杠无法转动，导致 CNC 出现 ALM25050 报警。

（3）故障排除　　更换滚珠丝杠后，机床恢复正常。

5. 维修总结

在进给传动系统中，误差大，且每次故障现象相同，就有可能是机械部件间隙大导致的。在分析和检查时，需针对轴承间隙、丝杠螺母间隙、齿轮传动间隙、联轴器等部位进行检查。

6. 知识拓展

静压导轨将有一定压力的油液，经节流器输送到导轨面上的油腔中，形成承载油膜，浮起运动部件，使导轨工作表面处于液体摩擦状态。这种导轨磨损小、精度保持性好、摩擦因数极低、机械效率高。油膜厚度几乎不受速度的影响，油膜承载能力大、刚性高、吸振性好，导轨运动平稳，低速时不爬行，高速时不振动。缺点是结构复杂，并需要备置一套专门的供油系统，油的清洁度要求也较高。多用于大型、重型数控机床上。

静压导轨可分为开式和闭式两大类。图 2-3-10 为开式静压导轨工作原理图。

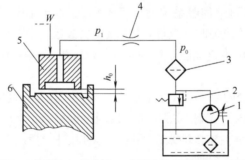

1-液压油；2-溢流阀；3-过滤阀；4-节流阀；5-运动导轨；6-床身导轨

图 2-3-10　开式静压导轨工作原理

来自液压泵的压力油，其压力为经节流器压力降为 p_1，进入导轨的各个油腔内，借油腔内的压力将动导轨浮起，使导轨面间以一层厚度为 h_0 的油膜隔开，油腔中的油不断地穿过各油腔封油间隙流回油箱，压力降为零。当动导轨受外载 W 作用时，它向下产生一个位移，导轨间隙降为 h_1，使油腔回油阻力增大，油腔中压力也相应增大，以平衡负载，使导轨始终在纯液体摩擦下工作。

图 2-3-11 为闭式液体静压导轨的工作原理，闭式静压导轨各方向导轨面上都开有油腔，所以，闭式导轨具有承受各方面载荷和颠覆力矩的能力，设油腔各处的压强分别为 $p_1 \sim p_6$，当受颠覆力矩为 M 时，$h_1 \sim h_3$ 处间隙变小，$h_4 \sim h_6$ 处间隙变大，则 $p_4 \sim p_6$ 变小，可形成一个与颠覆力矩成反向的力矩，从而使导轨保持平衡。

另外还有以空气为介质的空气静压导轨，亦称气浮导轨。它不仅摩擦力低，而且还有很好的冷却作用，可减少热变形。

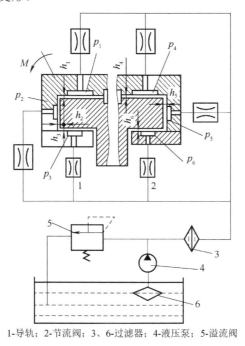

1-导轨；2-节流阀；3、6-过滤器；4-液压泵；5-溢流阀

图 2-3-11　闭式液体静压导轨工作原理

任务 2　数控铣床进给伺服系统故障诊断与维修

数控铣床的进给伺服系统要能够控制 3 个以上伺服轴，而且数控铣床多采用半闭环(多为外置环)或全闭环伺服系统。因此，进给伺服系统的故障率高，占总故障的 70%以上。数控铣床进给伺服的故障诊断和维修就显得尤为重要。

1. 技能目标

(1)能够判断数控铣床伺服系统的类型。

(2)能够读懂数控铣床伺服系统原理图。

(3)能够根据伺服驱动及数控系统的显示信息判断机床的工作状态。

(4)能够分析数控铣床伺服系统常见故障成因。

(5)能够排除数控铣床伺服系统常见故障。

2. 知识目标

(1)理解开环、半闭环、闭环伺服系统的工作原理及特点、应用场合。

(2)掌握数控铣床进给伺服系统的机械结构。

(3)掌握数控铣床进给伺服系统常见故障的表现形式。

3. 引导知识

数控铣床 3 个进给轴的伺服驱动形式都是基本相同的。

1)开环伺服系统

如图 2-3-12 所示，开环伺服系统采用步进电机作为驱动元件，没有位置反馈回路和速度反馈回路，设备投资低，调试维修方便，但精度差、高速扭矩小，用于中低挡数控机床及普通机床改造。

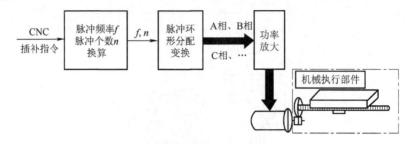

图 2-3-12　开环伺服系统

2）闭环伺服系统

如图 2-3-13 所示，闭环伺服系统的位置检测装置安装在机床的工作台上，检测装置构成闭环位置控制，大量用在精度要求较高的大型数控机床上。

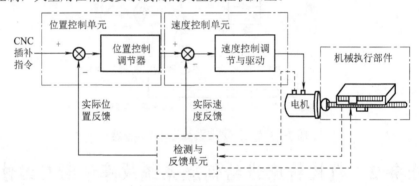

图 2-3-13　闭环伺服系统

3）半闭环伺服系统

如图 2-3-14 所示，位置检测元件安装在电动机轴上或丝杠上，用以精确控制电机的角度，为间接测量；坐标运动的传动链有一部分在位置闭环以外，其传动误差没有得到系统的补偿；半闭环伺服系统的精度低于闭环系统，适用于精度要求适中的中小型数控。

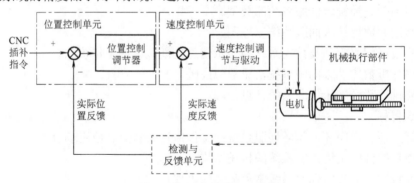

图 2-3-14　半闭环伺服系统

4. 故障诊断与维修

【故障现象一】　配置系统的数控铣床，开机后 X、Y 轴工作正常，但手动移动 Z 轴，发现在较小的范围内 Z 轴可以运动，但继续移动 Z 轴，系统出现伺服报警。

(1)故障分析　检查机床实际工作状况，发现开机后 Z 轴可以少量运动，不久温度迅速上升，表面发烫。引起以上故障的原因可能是，机床电气控制系统故障或继续传动系统不良。

(2)故障定位　为了确定故障部位，考虑到本机采用的是半闭环结构，维修时首先松开伺服与丝杠的联结，并再次开机试验，发现故障现象不变，故确认报警是由电气控制系统不良引起的。

由于机床 Z 轴伺服电机带有制动器，开机后测量制动器的输入电压正常，在系统驱动器关机情况下，对制动器单独加入电源进行试验，手动转动 Z 轴，发现制动器已松开，手动转动轴平稳轻松，证明制动器工作良好。

为了进一步缩小故障部位，确认 Z 轴伺服电动机的工作情况，维修时利用同规格的 X 轴伺服电动机在机床侧进行了互换试验，发现换上的伺服电动机同样发生发热现象，且工作时的故障现象不变，从而排除了伺服电动机本身的原因。

为了确认驱动器的工作情况，维修时在驱动器侧对 X、Z 轴的驱动器进行了互换试验，即将 X 轴驱动器与 Z 轴伺服电动机连接，Z 轴驱动器与 X 轴伺服电动机连接，经试验发现故障转移到了 X 轴，Z 轴工作恢复正常。

根据以上试验，可以确认以下几点：

① 机床机械传动系统正常，驱动器工作良好。

② 数控系统工作正常，因为当 Z 轴驱动器带 X 轴时，机床无警报。

③ Z 轴伺服电动机工作正常，因为将它在机床侧与 X 轴互换后，工作正常。

④ Z 轴驱动器工作正常，因为通过 X 轴驱动器(确认无故障的)在电柜侧互换，控制 Z 轴后，同样发生故障。

综合以上判断，可以确认故障是由 Z 轴伺服电动机的电缆连接引起的。

仔细检查伺服的电缆连接端一一对应，相序存在错误。

(3)故障排除　用相序表确定好电源相序重新连接后，故障消失，Z 轴可以正常。

【故障现象二】　深圳华亚数控机床有限公司的 YHM600A 型数控铣床，配华中世纪星 HNC-21M，Y 轴不动，急停报警，报警信息为 Y 轴跟踪误差较大。

(1)故障分析　根据故障现象分析，只有 Y 轴电机不转，可能是伺服控制信号不到位，或是驱动单元损坏，或是电机损坏。

(2)故障定位　查看 Y 轴伺服控制器指示灯状态，发现使能指示灯不亮，检测使能逻辑电平(低电平)正确，初步确认 Y 轴伺服控制器损坏。调换 X、Y 轴伺服控制器。Y 轴正确，X 轴不动，确定原 Y 轴伺服控制器损坏。打开伺服控制器，检查使能信号输入部分电路，初步确认该电路中的光电隔离开关损坏。

(3)故障排除　将空位置的光电隔离开关与信号输入端的光电隔离开关互换，重新装机试机，故障排除。

【故障现象三】　深圳华亚数控机床有限公司的 YHM600A 型数控铣床，配华中世纪星 HNC-21M，手动状态移动 X 轴，X 轴不动，急停报警，报警信号为 X 轴跟踪误差过大；手动 Y、Z 轴，出现同样的故障现象。

(1)故障分析　根据原理分析，3 轴出现同样的故障现象，故障应该出现在 3 个轴的公共电气部分，因为 3 轴同时损坏几乎不可能。如图 2-3-15 所示，根据图纸分析，故障可能出现在伺服强电部分，也可能出现在伺服控制信号的公共部分(使能信号 Y02 为 3 轴伺服控制器的公共使能信号)。

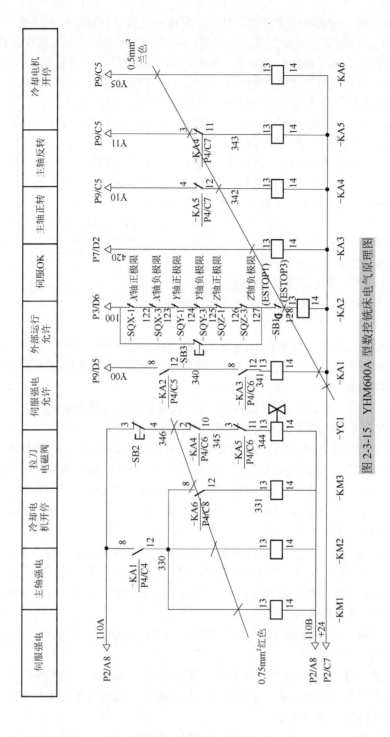

图 2-3-15 YHM600A 型数控铣床电气原理图

（2）故障定位　检查发现伺服强电的驱动器主电源接触器 KM1 没有吸合,测量 KM1 线圈两端(330,110B)没有 110V 交流电压,再测量与之串联的继电器 KA1 的常开触点 P4/C4 两端(110A,330)有 110V 交流电压,说明继电器 KA1 常开触点 P4/C4 没有闭合,进而检查继电器 KA1 线圈两端(341,+24)有 24V 直流电压,确定继电器 KA1 损坏(线圈断路)。

（3）故障排除　更换继电器,故障消除。

【故障现象四】　XK715 型工作台升降数控立式铣床,数控系统采用了 FANUC 0i Mate M 数控系统。该铣床自动或手动运行时,发现机床工作台 Z 轴运行振动,伺服电动机声响异常现象,尤其是回零点快速运行时更为明显。故障特点是,有一个明显的劣化过程,即此故障是逐渐恶化的。故障发生时,系统不报警。

（1）故障分析　由于系统不报警,且 CRT 及现行位置显示器显示出的 Z 轴运行脉冲数字的变化速度还是很均匀的,故可推断系统软件参数及硬件控制电路是正常的。由于振动异响发生在机床工作台的 Z 轴向(主轴上下运动方向),故可采用交换法进行故障部位的判断。

（2）故障定位　经交换法检查,可确定故障部位在 Z 轴直流伺服电动机与滚珠丝杠传动链一侧。

为区别机、电故障部位,可拆除 Z 轴电动机与滚珠丝杠间的挠性联轴器,单独通电试测 Z 轴电动机(只能在手动方式操作状态进行)。检查结果表明,振动异响故障部位在 Z 轴直流伺服电动机内部(进行此项检查时,需将主轴部分定位,以防止平衡锤失调造成主轴箱下滑运动)。经拆机检查发现,电动机内部的电枢电刷与测速发电机转轴电刷磨损严重(换向器表面被电刷粉末严重污染)。

（3）故障排除　将磨损电刷更换,并清除粉尘污染影响。通电试机,故障消除。

【故障现象五】　当机床在加工或快速移动时,Z 轴、Y 轴电动机声音异常,Z 轴出现不规则的抖动,而且在主轴启动后此现象更为明显。

（1）故障分析　从表面看,此故障属于干扰所致。

（2）故障定位　分别对各个接地点和机床所带的浪涌吸收器件进行了检查,并做了相应处理,启动机床并没有好转,之后又检查了各个轴的伺服电动机和反馈部件,均未发现异常,又检查了各个轴和 CNC 系统的工作电压,都满足要求。只好用示波器查看各个点的波形,发现伺服上整流块的交流输入电压波形不对,往前循迹,发现一输入匹配电阻有问题,焊下后测量,阻值变大。

（3）故障排除　更换一相应电阻后机床正常。

【故障现象六】　高速数控铣床,开机后,各轴伺服均有抖动现象。

（1）故障分析　由于铣床三轴伺服驱动工作都不正常,可以初步确认故障与驱动公共部分有关。

（2）故障定位　测量驱动器的电源电压及直流母线电压,发现直流母线电压为直流 200V 左右。对于交流 380V 输入的驱动器,其直流母线电压正常情况下应为 600V 左右。该机床进线电压交流 380V 为正常,伺服系统也已报警,因此故障与直流主回路有关。根据驱动系统的主回路原理图,逐一检查直流母线各元器件,确认放电电阻损坏。

（3）故障排除　更换放电电阻后,故障排除,机床恢复正常。

【故障现象七】　一台配置华中 HNC-21M 的数控铣床启动后 X 轴无法执行系统默认的正向回零操作。按下回零按钮后做负向运动。

（1）故障分析　　通过观察运动状态，判断其负向运动速度约为回参考点定位速度，而只能通过按下急停按钮才能停止其运动。初步分析为系统参数中回参考点方式、方向设置错误，或者是回零电路出现断路。首先了解下华中系统坐标轴的回零过程：如果机床不执行回零指令，回参考点电路应始终为通路，监测 PLC 状态显示，X 回零输入信号 X04 应为高电平状态，只有在回零时，坐标轴先以回参考点快移速度逼近参考点，直到该常闭的行程开关被压下，通路断开，坐标轴会按照系统默认的方式以回参考点定位速度再向负向运动直到行程开关被释放，再向正向移动到第二次压下开关，最后找到 Z 脉冲的正确位置，机床坐标系清零，回零结束。

（2）故障定位　　在确认这一过程之后，检查系统参数中回零方式、方向为正常，用万用表检查回零回路，发现由行程开关至机床电柜端子排的部分为断路，是信号线路老化、破损导致断路所致。

（3）故障排除　　由于线路采用密封结构，要更换电缆必须作大量拆卸工作，会破坏机床的密闭性，因此考虑临时用 X 轴负向超程报警信号的一对电缆替代，这样系统将在 X 轴负向超程时无报警，但不影响机床使用，随后再联系厂家前来更换。

【故障现象八】　　某数控铣床，伺服驱动采用 PWM 技术的直流伺服系统，使用磁尺构成半封闭环系统。CNC 启动完成，伺服一进入准备状态，Y 轴即快速向负方向运动，直到撞上极限开关，快速移动过程伴有较强烈的振动。

（1）故障分析　　这种故障有很大的破坏性，不允许做更进一步的观察试验。为安全起见，没有压急停，而是迅速切断了整机电源。因而无法得知 CNC 是否提供了报警信息。从没给运动指令 Y 轴即产生运动来看，问题可能出在：

① CNC 故障。通电后 CNC 送出了不正常的速度指令。

② 伺服放大器故障。从伴有较强烈的振动来看，伺服单元处问题的可能性最大。

（2）故障定位　　用新的备件驱动器直接替换了 Y 轴伺服驱动器。启动 CNC 系统，Y 轴恢复正常，说明判断是正确的。为了进一步缩小检查的范围，将 Y 轴移至正方向靠近极限的位置，将已确定损坏的伺服放大器上的控制板换到新的伺服驱动器上。给 CNC 通电后，故障再次出现，问题定位在控制板上。使用 BW4040 在线测试仪，重点对板上与驱动模块有关的节点进行检查、比较，很快就发现有一个厚膜驱动块（型号 DK421B）损坏。

（3）故障排除　　更换之后，伺服放大器恢复正常。

【故障现象九】　　数控铣床在工作过程中，当 X 轴以 G00 的速度运动时，机床抖动得厉害，而且加工过程中，随着进给倍率增加，机床也有抖动感，但是 CRT 没有任何报警信息。

（1）故障分析　　初步推断该故障的原因可能是传动系统机械故障；或者是由于 X 轴运动阻力增大，电机转速降低，位置反馈跟踪慢，造成数字调节器净输入信号过大引起系统振荡。

（2）故障定位　　首先确认伺服电机驱动单元并没有任何报警，初步怀疑反馈环节有问题，造成系统超调、振荡。在 MDI 状态下，给控制器输入指令 G1 X100 F200，此时观察 X 轴移动时动态跟随误差为 5～115mm，增益 K 约为 1.7，原设定值为 1.5，偏高 14%，有轻微抖动，连续按下屏幕上"增益－"使动态增益降至 1.5，此时显示动态跟随误差为 133mm 左右，抖动消失，观察 X 轴静止状态时，静态跟随误差为 0±1mm，属正常范围，再以 G00 速度移动 X 轴，抖动已无明显感觉。

（3）故障排除　　经过几天的运转发现，虽然抖动现象消失，但 X 轴相应速度明显减慢，拆

下 X 轴护罩，检查其电机传动部分发现，X 轴导轨侧面有一辊式滚动块损坏，更换新滚动块并调整后，X 轴运行平稳。

【故障现象十】　　数控铣床 Z 轴加工过程中频繁出现报警，内容是"跟随误差超限"。

故障诊断及排除。检查发现 Z 轴报警大部分发生在 Z 轴以较高的进给量(F500 以上)移动的过程中，此时如果修改参数表中跟随误差极限误差值也可以消除报警，但这样会使定位精度降低。于是，在 MDI 状态下，先让 Z 轴已接近报警 F 值的速度移动，同时，逐渐提高 Z 轴增益值，观察在调整过程中，Z 轴动态跟随误差成反比降低，当增益提高到 1.7 时，Z 轴移动不再出现报警，机床也没有抖动现象。在检查润滑回路时，发现分油管有堵塞，Z 轴导轨润滑不良，造成 Z 轴运动阻尼过大，跟随误差超限，润滑故障排除后，又将增益值调回 1.5，机床不再出现报警。

5. 维修总结

(1)数控系统的位置环调整应该是在伺服驱动单元优化调整基本合适的基础上进行的，当报警出现时，应首先检查伺服驱动单元是否存在故障或调整不当。

(2)临时改变某些机床数据，可能会减少报警出现或不出现，但这样也容易掩盖传动链及硬件驱动电路的故障，所以必须找出故障的实际根源。

(3)维修人员平时多注意积累正常加工状态时机床各伺服轴增益及跟随误差的变化情况，通过前后对比，找出潜在的故障源，为机床调整提供科学依据。

6. 知识拓展

机床伺服系统常见故障如下：

(1)超程。当进给运动超过由软件设定的软限位时，就会发生超程报警，一般会在 CRT 上显示报警内容，根据数控系统说明书即可排除故障，解除报警。

(2)过载。当进给运动的负载过大、频繁正反向运动以及进给传动链润滑状态不良时，均会引起过载故障。一般会在 CRT 上显示伺服电机过载、过热或过流等报警信息，同时，在强电柜中的进给驱动单元上，用指示灯或数码管提示驱动单元过载或过电流等信息。

(3)窜动。在进给时出现窜动现象的原因为：

① 测速信号不稳定，如测速装置故障和测速反馈信号干扰等。

② 位置控制信号不稳定或受到干扰。

③ 接线端子接触不良，如螺钉松动。

④ 当窜动发生在由正向运动向反向运动的瞬间时，一般是进给传动链的反向间隙或伺服系统增益过大所致。

(4)爬行。一般是进给传动链的润滑状态不良、伺服系统增益过低及外加负载过大等因素所致。尤其要注意的是，伺服电动机和滚珠丝杠联结用的联轴器，由于联结松动或联轴器本身的缺陷(如裂纹等)，可造成滚珠丝杠转动和伺服电动机的转动不同步，从而使进给运动忽快忽慢，产生爬行现象。

(5)机床振动。分析机床振动周期是否与进给速度相关。

① 如与进给速度相关，振动一般与该轴的速度环增益太高或速度反馈故障有关。

② 如与进给速度无关，振动一般与位置环增益太高或位置反馈故障有关。

③ 如振动在加减速过程中产生，往往是加减速时间设定过小造成的。

(6)伺服电动机不转。数控系统至进给驱动单元除了速度控制信号外，还有使能控制信号，一般为+24V DC 继电器线圈电压。

① 检查数控系统是否有速度控制信号输出。

② 检查使能信号是否接通。通过 CRT 观察 I/O 状态，分析机床 PLC 梯形图（或流程图），以确定进给轴的启动条件，如润滑和冷却等是否满足。

③ 对点电磁制动的伺服电动机，应检查电磁制动是否释放。

④ 进给驱动单元故障。

⑤ 伺服电动机故障。

(7) 位置跟随误差超差报警。当伺服轴运动超过位置允许范围时，数控系统就会产生位置误差过大的报警，包括跟随误差、轮廓误差和定位误差等。主要原因：机械传动系统故障，速度控制电源故障，伺服系统增益设置不当或位置偏差值设定错误，进给传动链累积误差过大，伺服过载或有故障。

(8) 漂移。当指令值为零时，坐标轴仍移动，从而造成位置误差。通过漂移补偿和驱动单元上的零速调整来消除。

(9) 回参考点故障。回参考点故障一般分为找不到参考点和找不准参考点两类，前一类故障一般是回参考点减速开关的信号或零位脉冲信号失效，可以通过检查脉冲编码器零标位或光栅尺零标位是否有故障；后一类故障是参考点开关挡块位置设置不当引起的，需要重新调整挡块位置。

(10) 伺服电动机开机后即自动旋转。主要原因：位置反馈的极性错误，由于外力使坐标轴产生了位置偏移，驱动器、测速发电机、伺服电动机或系统位置测量回路不良，电动机或驱动器故障。

任务 3　数控铣床进给反馈装置故障与维修

数控铣床的半闭环伺服系统或闭环伺服系统中常用的反馈装置有编码器、光栅尺、磁尺等位置检测元件。

1. 技能目标

(1) 能够识别反馈装置的常见故障。

(2) 能维护和维修反馈装置。

2. 知识目标

(1) 理解编码器、光栅尺的工作原理。

(2) 掌握编码器、光栅尺对工作环境的要求。

3. 引导知识

1) 脉冲编码器

脉冲编码器是一种旋转式脉冲发生器，其作用是把机械转角变成电脉冲，是一种常用的角位移检测元件。

(1) 脉冲编码器的工作原理。脉冲编码器分为光电式、接触式和电磁感应式 3 种，数控机床上常用光电式脉冲编码器。图 2-3-16 是光电盘工作原理示意图。

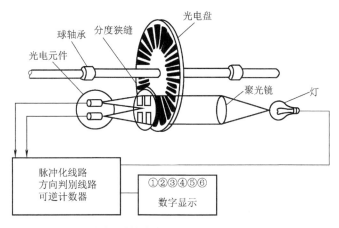

图 2-3-16　光电盘工作原理图

　　在码盘的边缘上开有间距相等的透光窄缝隙，在码盘的两侧分别安装光源与光敏元件。当码盘随被测工作轴一起旋转时，每转过一个缝隙就发生一次光线的明暗变化，使光敏元件的电阻值改变，这样就把光线的明暗变化转变成电信号的强弱变化。然后，经放大、整形处理后，光电盘输出脉冲信号。

　　脉冲的个数就等于转过的缝隙数。如果将脉冲信号送到计数器中记数，计数显示就反映了码盘转过的角度。

　　为了判别旋转方向，可在码盘两侧再装一套光电转换装置，分别用 A 和 B 表示。两套光电转换装置在光电元件上形成两条明暗变化的光线，产生两组近似于正弦波的电流信号 A 与 B，两者的相位差 90°，经放大和整形电路处理后变成方波，如图 2-3-17 所示。

　　若 A 相超前于 B 相，对应电动机作反向旋转，若以该方波的前沿或后沿产生计数脉冲，可以形成代表正向位移和反向位移的脉冲序列。脉冲编码器除有 A 相和 B 相输出信号外，还有 Z 相一转输出信号，它是用来产生机床的基准点的。通常，数控机床的机械原点与各轴的脉冲编码器 Z 相输出信号的位置是一致的。

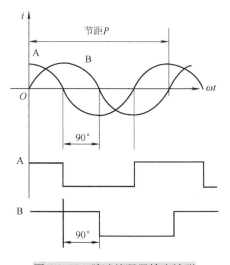

图 2-3-17　脉冲编码器输出波形

表 2-3-1 光电式脉冲编码器

脉冲编码器	每转移动量/mm
2000P/r	2,3,4,6,8
2500P/r	5,10
3000P/r	3,6,12

（2）脉冲编码器结构与选用。光电脉冲编码器按每转发出脉冲数的多少来分，有多种型号，根据机床滚珠丝杠的螺距来确定。数控机床上最常用型号见表 2-3-1。

光电脉冲编码器结构如图 2-3-18 所示，编码器通过十字连接头与伺服电动机连接，法兰盘固定在电动机端面上，罩上保护罩构成完整的驱动部件。

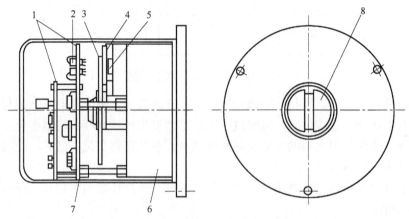

1-印刷电路板；2-光源；3-圆光栅；4-指示光栅；5-光电池组；6-底座；7-护罩；8-轴

图 2-3-18 光电脉冲编码器结构示意图

2）光栅测量装置

在高精度的数控机床上，目前大量使用光栅作为检测元件。它是一种将机械位移或模拟量转变为数字脉冲的测量装置。常见的光栅从形状上可分为圆光栅和直线光栅两大类。圆光栅用于测量转角位移；直线光栅用于检测直线位移。光栅的检测精度较高，一般可达几微米。

（1）光栅测量装置的构成。光栅测量装置由光源、标尺光栅、指示光栅和光电元件等组成，如图 2-3-19 所示。

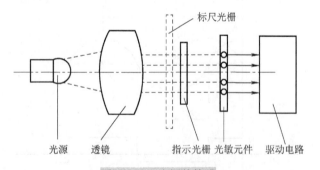

图 2-3-19 光栅的构成

（2）光栅的工作原理。常见光栅的工作原理都是基于物理上的莫尔条纹形成原理。莫尔条纹的形成原因对粗光栅来说，主要是挡光积分效应；对细光栅来说，则是光线通过线纹衍射后，发生干涉的结果，如图 2-3-20 所示。

若用 W 表示莫尔条纹的宽度，d 表示光栅刻线的栅距，θ 表示两光栅尺线纹的夹角，则它们之间的关系为

$$W = d / \sin\theta$$

当 θ 很小时，$\sin\theta \approx \theta$，则上式可写为 $W = d / \theta$。若取栅距 $d = 0.01\mathrm{mm}$，$\theta = 0.01\mathrm{rad}$，则可得 $W = 1\mathrm{mm}$。这说明，利用挡光效应就能把光栅的栅距转化成放大 100 倍的莫尔条纹的宽度。

光栅具有精度高、相应速度较快等特点，是一种非接触式检测装置。但它对外界环境条件要求较高，使用时注意加强维护和保养。

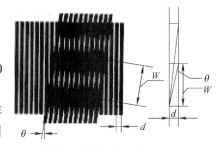

图 2-3-20　莫尔条纹形成原理图

4．故障诊断与维修

【故障现象一】　一台数控铣床，加工零件时的 Y 向加工尺寸与编程尺寸存在较大的误差，而且误差值与 Y 轴的移动距离成正比，距离越长，误差越大。

(1) 故障分析　为了确认故障原因，维修时对机床 Y 轴的定位精度进行了仔细测量，测量后发现，机床 Y 轴每移动一个螺距，实际移动距离均相差 0.1mm 左右，而且具有固定的规律。根据故障现象，机床存在以上问题似乎与系统的参数设定有关，即系统的指令倍率、检测倍率和反馈脉冲数等参数设定错误，是产生以上故障的常见原因，但在机床上，由于机床参数被存储于 EPROM 上，因此参数出错的可能性较小。

进一步观察，测量机床 Y 轴移动的情况，发现该机床 Y 轴伺服在移动到某一固定角度时都有一冲击过程；在无冲击的区域，测量实际移动距离与指令值相符。根据以上现象，初步判断，故障原因与位置检测系统有关。

(2) 故障定位　因该机床采用半闭环系统，维修时拆下伺服内装式编码器检查，经仔细观察发现，在冲击区域，编码器动光栅上有一明显的黑斑。

(3) 故障排除　考虑到更换编码器的成本与时间问题，维修时对编码器进行了仔细的清洗，洗去由于轴承润滑脂熔化产生的黑斑重新安装编码器后，机床可以正常工作，Y 轴冲击现象消失，精度恢复。

【故障现象二】　一台数控铣床 X 轴漂移，具体表现为 X 轴按指令停在某一位置时，始终停不下来。

(1) 故障分析　机床伺服系统采用了西门子公司产品。机床使用了一段时间后，X 轴的位置锁发生了漂移，表现为 X 轴停在某一位置时，运动不停止，出现大约 $\pm 0.0007\mathrm{mm}$ 的振幅偏差。而这种振动的频率又较低，直观地可以看到丝杠在来回旋动。鉴于这种情况，初步断定这不是控制回路的自激振荡，有可能是定尺(磁尺)和动尺(读数头)之间有误差所致。

(2) 故障定位及排除　经调整定尺和动尺的配合间隙，情况大有好转，后又配合调整了机床的静态几何精度，此故障消除。

【故障现象三】　机床正常加工在 M17 指令结束后 X 轴超越基准点，快速负向运行直至负向极限开关压合，CRT 显示 B3 报警，机床停止。此时液压夹具未放松，门不解锁，操作人员也无法工作。

(1) 故障分析及定位　就此故障检查分析如下：

① 机床安装调试运转时，可能出现这种故障。但调试好光栅尺及各限位开关位置后，已经过较长时间正常使用，并且是自动按程序正常加工好几个工件，因此故障不出自程序和操作者。

② 人工解锁：按【故障排除】键，B3 消失，开机床前右侧门；扳动 X 轴电动机轴，使 X 轴向正向运行，状态选择开关置于手动移动位置，按【X+】或【X-】键，X 轴也能正常移动。状态选择开关置于基准点返回位置，按【X-】键，X 轴向负向移动超过基准点不停止。X 轴超越报警 B3 又出现。根据这一故障现象，极可能是数控柜内部 CNC 系统接收不到 X 参考点 I，或 U_{UO} 参考脉冲。

③ 检查相关的 X 轴向限位开关及信号，按【PC】及【O】键，PC 状态图像显示后分别输入 E56.4、E56.5，按压 X 向限位开关，"0" 和 "1" 信号转换正常，说明是光栅尺内参考标记信号、参考脉冲传递错误或没建立。用示波器检查光栅尺信号处理放大的插补和数字化电路 EXE 部件输出波形，移动 X 轴到参考点处于无峰值变化，则证明信号传递、参考点脉冲未形成。基本可以断定光栅尺内是产生此故障的根源。

(2) 故障排除　拆卸 X 轴光栅尺检查，发现密封唇老化破损后有少量断片在尺框内。该光栅尺是德国 HEIDENHAIN 产生的 LS 型，结构精致、紧凑。细心将光栅头拆开，取出安装座与读数头，清理光栅框内部密封唇断片及油污，用白绸、无水乙醇擦洗聚光镜、内框及光栅。重新装卡参考标记。细心组装读数头滑板、连接器、连接板、安装座、尺头。按规范装好光栅尺、插上电缆总线，问题便得到解决。

为了避免加工中油污及切削进入光栅尺框内再发生故障，将原来密封唇形状未变的选一段切开，进行断面形状尺寸测绘、作用，制作密封唇模具，用耐油橡胶作新的密封唇，安装好光栅尺，现已正常使用一年多未再次发生该故障。

注意：

a. 光栅尺内参考标记重新装卡后或光栅尺拆下重新安装，不可能在原有位置，所以加工程序的零点偏移需实测后作相应改动，否则出废品或损坏切削刀具。

b. 因光栅尺内读数头与光栅间隙要求较高，安装光栅尺时要校正好与轴向移动的平行度。

c. 压缩空气接头有保护作用，不能忘记安装。

d. 该故障再次发生后，首先检查在 PC 状态镜像 X 轴向限位开关 E56.4、E56.5 的信号转换切开，若 "1" 不能转换成 "0"，或 "0" 不能转换成 "1"，则可能限位开关坏或是过渡保护触头卡死不复原。

【故障现象四】　数控龙门镗铣床采用 SIEMENS 8M 数控系统，运行几年后，机床的 X 轴在回参考点等高速进给行走时出现 PLC0101 X 轴实际转矩大于预置转矩、NC101 X 轴的测速反馈电压过低、静态容差等故障报警。

(1) 故障分析　从机床结构分析，X 轴分为 $X1$ 和 $X2$ 同步轴(其中 $X1$ 轴为主动轴、$X2$ 轴为辅助轴)，分别由两台相同型号的电动机作为运行动力，这两台电动机是由两台 SIEMENS V5 直流进给伺服单元驱动。两台电动机的测速反馈分别送回到 V5 伺服 A2 版的 55 号和 13 号端子，但 NC 的位置检测单元(光栅尺)安装在 $X1$ 主动轴上，NC 发出 X 轴移动指令的同时送到 $X1$ 和 $X2$ 轴上(即 $X1$ 主动直流伺服单元的 56 号、14 号端子得到的同一个给定)。T1 和 T2 两个旋转变压器产生的 $X1$ 和 $X2$ 的位置差值(即附加值)通过一比较放大电路送到 $X2$ 辅助直流伺服单元的 24 号和 8 号端子上，使 $X2$ 输出电压产生相应的变化与 $X1$ 的输出电压平衡。这样对 X 轴来说就存在 3 个反馈环：①用于直流伺服单元调整的测速反馈；②用于同步调整的旋转变压器比较反馈；③用于 NC 调整的实际位置反馈。

由于 3 个反馈交织在一起，因此给 X 轴的总体调试带来了很大的困难。单独调整任何一个反馈环，其他运行环节都会产生报警信号，并关闭整合机床。

（2）故障定位及排除　首先将 DC1 和 DC2 两台直流电动机负载线断开，再拆去由 NC 来的 56 号和 14 号端子线，用导线将直流伺服单元上的 56 号和 14 号端子短接。反复调整 V5 直流伺服单元 A2 板上的 R31，观察直流电动机转动情况，直至电动机不转动，这样就消除了直流伺服单元自身的各种干扰。

将电压表接到附加给定值端子 57 号和 69 号上，反复调整 V5 直流驱动器 A2 板上的 R28 电位器值，使电压表上显示的电压值最小，并且电压显示值在 X 轴运行时比较稳定，消除 X 轴来回运动中产生的误差。

将 NC 数控系统的维修开关打到第二位，观察机床数据 N820 的跟踪误差，反复调整机床数据 N230 内的数据，使 N820 显示的数据最小为止。经反复调整后故障排除。

5. 维修总结

当出现位置环开环报警时，将检测元件与被检测元件脱开。在 CNC 系统的一侧，把检测元件连接器上的+5V 线同 ALM 报警线连在一起，合上数控系统电源，根据报警是否再出现，便可迅速判断故障部位是在检测元件还是 CNC 系统的接口板上。若问题出现在测量装置，则可测量检测元件的输入和输出信号来定位故障点。

6. 知识拓展

绝对值脉冲编码器阐述如下。

图 2-3-21 所示光电盘结构是最初的光电脉冲编码器，因为光电盘读数方法测得的角度值都是相对于上一次读数的增量值，所以是一种增量值角位移检测装置。其输出信号是脉冲，通过计量脉冲的数目和频率即可测出工作轴的转角和转速。

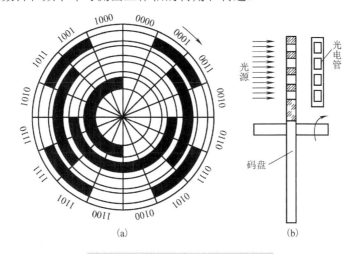

图 2-3-21　光电式绝对值脉冲编码器

图 2-3-21（b）为光电式绝对值脉冲编码器，码盘上有 4 条码道就是码盘上的同心圆。按照二进制分布规律，把每条码道加工成透明和不透明相间的形式。码盘的一侧安装光源，另一侧安装一排径向排列的光电管，每个光电管对准一条码道。

当光源照射码盘时，如果是透明区，则光线被光电管接受，并转变成电信号，输出信号为"1"；如果是不透明区，光电管接受不到光线，输出信号为"0"。

被测工作轴带动码盘旋转时，光电管输出的信息就代表了轴的对应位置，即绝对位置。

项目(四)　数控铣床辅助装置故障诊断与维修

数控铣床主要辅助装置有:

(1)润滑系统。数控铣床的润滑系统主要包括机床导轨、传动齿轮、滚珠丝杠及主轴箱等的润滑,其形式有电动间歇润滑泵和定量式集中润滑泵等。其中电动间歇润滑泵用得较多,其自动润滑时间和每次泵油量,可根据润滑要求进行调整或用参数设定。

(2)液压和气动装置。数控机床所用的液压和气动装置应结构紧凑,工作可靠,易于控制和调节,有如下辅助功能:

① 机床运动部件的平衡,如机床主轴箱的重力平衡等。

② 机床运动部件的制动和离合器的控制,齿轮的拨叉挂挡等。

③ 机床的润滑、冷却。

④ 机床防护罩、板、门的自动开关。

⑤ 工作台的松开夹紧,交换工作台的自动交换动作等。

⑥ 夹具的自动松开、夹紧。

⑦ 工作、工具定位面自动吹屑功能等。

(3)排屑装置。排屑装置的安装位置一般都尽可能地靠近刀具的切削区域。数控铣床的容屑槽通常位于工作台边侧位置。

任务1　数控铣床分度工作台和回转工作台故障诊断与维修

为了提高数控铣床的生产效率,扩大其工艺范围,对于数控铣床的进给运动,除了沿坐标轴 X、Y、Z 三个方向的直线进给运动外,还常常需要有分度运动和圆周进给运动。数控铣床常常安装分度工作台或数控开环回转工作台来实现这些运动。

1. 技能目标

(1)能够看懂分度工作台和开环回转工作台的结构图。

(2)能够诊断和排除这两种工作台的故障。

2. 知识目标

(1)了解分度工作台和回转工作台的结构。

(2)理解分度工作台和回转工作台的液压原理。

(3)掌握分度工作台和回转工作台的工作原理。

3. 引导知识

1)分度工作台

分度工作台的功用是完成分度辅助运动,将工件转位换面,和自动换刀装置配合使用,实现工件一次安装能完成几个面的多道工序的加工。

分度工作台的分度、转位和定位是按照控制系统的指令自动进行的,每一次转位可回转一定的角度(45°、60°、90°等)。

　　分度工作台按其定位机构的不同分为端面齿盘式和定位销式两类。

　　(1) 端面齿盘式分度工作台。端面齿盘式分度工作台是目前用得较多的一种精密的分度定位机构，主要由工作台底座、夹紧液压缸和端面齿盘等零件组成，其结构如图 2-4-1 所示。

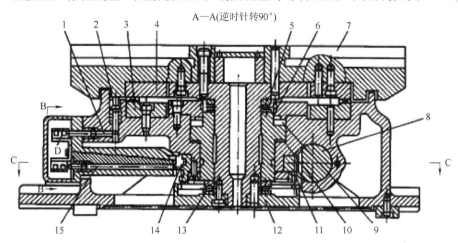

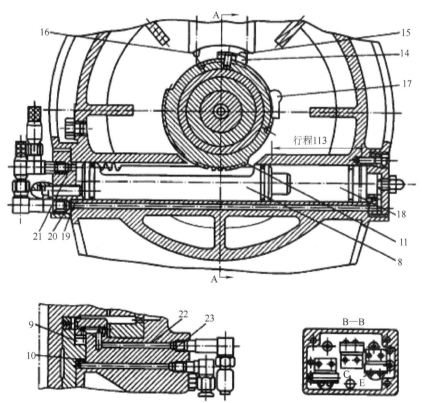

1、2、15、16-推杆；3-下齿盘；4-上齿盘；5、13-推力轴承；6-活塞；7-工作台；8-齿条活塞；9-升降液压缸上腔；
10-升降液压缸下腔；11-齿轮；12-齿圈；14、17-挡块；18-分度液压缸右腔；19-分度液压缸左腔；
20、21-分度液压缸进油管道；22、23-分度液压缸回油管道

图 2-4-1　端面齿盘式工作台

端面齿盘式分度工作台的分度转位动作过程可分为 3 大步骤：

① 工作台的抬起。当机床需要分度时，数控装置就发出分度指令(也可以用手压按钮进行手动分度)，由电磁铁控制液压阀(图中未示)，使压力油经管道 23 至分度工作台 7 中央的夹紧液压缸的下腔 10，推动活塞 6 上移，经推力球轴承 5 使工作台 7 抬起，上端面齿轮 4 和下端面齿盘 3 脱离啮合。与此同时，在工作台 7 向上移动的过程中带动内齿圈 12 上移并与齿轮 11 啮合，完成了分度前的准备工作。

② 回转分度。当工作台 7 向上抬起时，推杆 2 在弹簧的作用下向上移动，使推杆 1 在弹簧的作用下右移，松开微动开关 D 的触头，控制电磁阀(图中未示)使压力油经管道 21 进入分度液压缸的左腔 19 内，推动齿条活塞 8 右移，与它相啮合的齿轮 11 逆时针转动。根据设计要求，当齿条活塞 8 移动 113mm 时，齿轮 11 回转 90°，此时内齿轮 12 与齿轮 11 已经啮合，所以分度工作台也回转 90°。回转角度的近似值将由微动开关和挡块 17 控制，回转开始时，挡块 14 离开推杆 15 使微动开关 C 复位，通过电路互锁，始终保持工作台处于上升位置。

③ 工作台下降定位夹紧。当工作台转到预定位置附近，挡块 17 压动推杆 16，使微动开关 E 被压下，控制电磁铁使夹紧液压缸上腔 9 通入压力油，活塞 6 下移，工作台 7 下降。端面齿盘 4 和 3 又重新啮合，定位并夹紧。管道 23 中有节流阀用来限制工作台 7 的下降速度，避免产生冲击。当分度工作台下降时，推杆 2 被压下，推杆 1 左移，微动开关 D 的触头被压下，通过电磁铁控制液压阀，使压力油从管道 20 进入分度液压缸的右腔 18，推动活塞齿条 8 左移，使齿轮 11 顺时针回转并带动挡块 17 及 14 回到原处，为下一次分度做好准备。

端面齿盘式分度工作台的分度和定心精度高，分度精度可达±(0.5~3)″，由于采用多齿重复定位，因此重复定位精度稳定，定位刚度高，只要是分度能除尽端面齿盘齿数，都能分度，适用于多工位分度。缺点是端面齿盘制造较为困难，且不能进行任意角度的分度。

(2)定位销式工作台。这种工作台的定位元件由定位销和定位套孔组成，图 2-4-2 为自动换刀卧式数控铣镗床的定位销式分度工作台的结构。

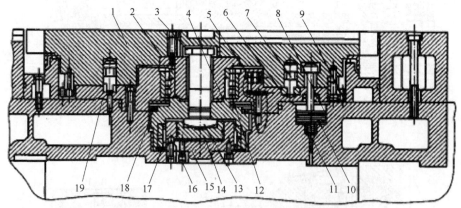

1-工作台；2-转台轴；3-六角螺钉；4-轴套；5、10、14-活塞；6-定位套；7-定位销；8、15-液压缸；9-齿轮；
11-弹簧；12、17、18-轴承；13-止推螺钉；16-管道；19-转台座

图 2-4-2　定位销式分度工作台

分度工作台 1 的两侧有长方形工作台，在不单独使用分度工作台时，它们可以作为整个工作台使用。

在分度工作台 1 的下方有 8 个均布的圆柱定位销 7，在转台座 19 上有一个定位套 6 和一

个供定位销移动的环形槽。其中只有一个定位销 7 进入定位套中，其他 7 个定位销都在环形槽中。定位销之间间隔 45°，工作台只能做 2、4、8 等分的分度运动。

分度过程如下：

① 工作台抬起。当需要分度时，首先由机床的数控系统发出指令，使 6 个均布于固定工作台上的夹紧液压缸 8(图中只画了一个)上腔中的压力油流回油箱，活塞 10 被弹簧 11 顶起，分度工作台处于放松状态。同时消隙液压缸活塞 5 也卸荷，液压缸中的压力油经管道流回油箱。中央液压缸 15 由管道 16 进油，使活塞 14 上升，通过止推螺钉 13、止推轴套 4 把止推轴承 18 向上抬起 15mm，顶在转台座 19 上。分度工作台 1 用 4 个螺钉与转台轴 2 相连，而转台轴 2 用六角螺钉 3 固定在轴套 4 上，所以当轴套 4 上移时，通过转台轴使工作台 1 抬高 15mm，固定在工作台台面上的定位销 7 从定位轴套中拔出，完成了分度前的准备工作。

② 分度。工作台抬起之后发出信号使液压马达驱动减速齿轮(图中未示)，带动固定在工作台 1 下面的大齿轮 9 转动，进行分度运动。分度工作台的回转速度由液压马达和液压系统中的单向节流阀调节，分度处作快速运动，由于在大齿轮 9 上沿圆周均布 8 个挡块，当挡块碰到第一个限位开关时减速，碰到第二个限位开关时准停。此时定位销 7 正好对准定位套的定位孔，准备定位。

③ 定位、消隙与夹紧。分度完毕后，数控系统发出信号使中央液压缸 15 卸荷，油液经管道 16 流回油箱，分度台 1 靠自重下降，定位销 7 插入定位套孔 6 中。

定位完毕后，消隙液压缸通入压力油，活塞 5 顶向工作台面 1，以消除径向间隙。

夹紧液压缸 8 上腔进油，活塞 10 下降，通过活塞杆上端的台阶部分将工作台夹紧。至此分度工作进行完毕。

④ 分度工作台的支承。分度工作台的回转部分支承在加长型双列圆柱滚子轴承 12 和滚针轴承 17 中，轴承 12 的内孔带有锥度，可用来调整径向间隙。轴承内环固定在转台轴 2 和轴套 4 之间，并可带着滚柱在加长外环内作 15mm 的轴向移动。轴承 17 装在轴套 4 内，能随轴套作上升或下降移动，并作另一端的回转支承。轴套 4 内还装有推力球轴承，使工作台回转很平稳。

(3)精度要求。定位销式分度工作台的定位精度取决于定位销和定位孔的精度，最高可达 5"。有时为了调头镗孔，对最常用的相差 180° 同轴线孔的定位精度要求高些，而对其他角度的定位精度要求可稍低些。

定位销和定位套的制造与装配精度要求都很高，硬度的要求也很高，且耐磨性要好。

2)数控回转工作台

数控回转工作台主要用于数控镗床和数控铣床，它的功用是使工作台进行圆角进给，以完成切削工作，也可使工作台进行分度。

数控回转工作台的外形和分度工作台很相似，但由于要实现圆周进给运动，所以其内部结构具有数控进给驱动机构的许多特点，区别在于数控机床的进给驱动机构实现的是直线运动，而数控回转工作台实现的是旋转运动。数控回转工作台分为开环和闭环两种。

(1)开环数控回转工作台。开环数控回转工作台和开环直线进给机构一样，都可以用功率步进电机驱动。

图 2-4-3 为自动换刀数控立式铣镗床的开环数控回转工作台的结构。步进电动机 3 的输出轴的运动由齿轮 2 和齿轮 6 传递给蜗杆 4，蜗杆 4 的两端装有滚针轴承，左端为自由端，可

以伸缩，右端装有两个角接触球轴承，承受蜗杆的轴向力，蜗轮 15 下部的内、外两面装有夹紧瓦 18 和 19，数控回转工作台的底座 21 上的固定支座 24 内均布 6 个液压缸 14 上腔进压力油时，柱塞 16 向下移动，通过钢球 17 推动夹紧瓦 18 和 19 将蜗轮夹紧，从而将数控回转工作台夹紧，实现精确分度定位。

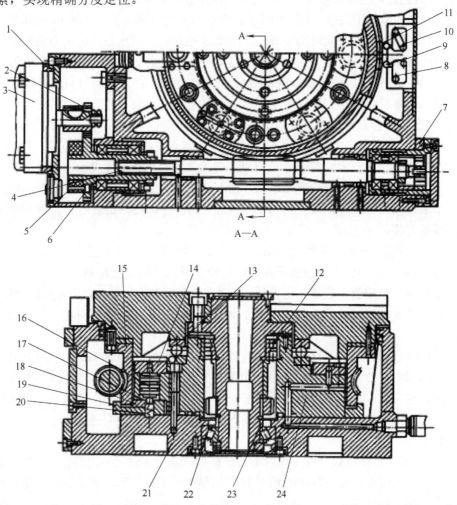

1-偏心环；2、6-齿轮；3-电动机；4-蜗杆；5-垫圈；7-调整环；8、10-微动开关；9、11-挡块；12、13-轴承；14-液压缸；
15-蜗轮；16-柱塞；17-钢球；18、19-夹紧瓦；20-弹簧；21-底座；22-圆锥滚子轴承；23-调整套；24-支座

图 2-4-3　开环数控回转工作台

① 数控回转工作台圆周进给运动。控制系统首先发出指令，使液压缸 14 上腔的压力油流回油箱，在弹簧 20 的作用下将钢球 17 抬起，夹紧瓦 18 和 19 就松开蜗轮 15，柱塞 16 到上位发出信号，功率步进电机启动并按照指令脉冲的要求驱动数控回转工作台实现圆周进给运动。当工作台作圆周分度运动时，先分度回转再夹紧蜗轮，以保证定位的可靠，并提高承受负载的能力。

数控回转工作台的圆形导轨采用大型推力滚珠轴承 13 支承，回转灵活。径向导轨由滚子轴承 12 及圆周滚子轴承 22 保证回转精度和定位精度。调整轴承 12 的预紧力，可以消除回转轴的径向间隙。调整轴承 22 的调整套 23 的厚度，可以使圆导轨上有适当的预紧力，保证导

轨有一定的接触刚度。

数控回转工作台的分度定位和分度工作台不同，它是按照控制系统所定制的脉冲数来决定转位角度，没有其他的定位元件，因此，对开环数控回转工作台的传动精度要求较高，传动间隙应尽量小。

齿轮 2 和 6 的啮合间隙由调整偏心环 1 来消除。齿轮 6 与蜗杆 4 用花键结合，花键间隙应尽量小，以减小对分度精度的影响。蜗杆 4 为双导程蜗杆，可以用轴向移动蜗杆的办法来消除蜗杆 4 与蜗轮 15 的啮合间隙。调整时只要将调整环 7(两个半圆垫片)的厚度尺寸改变，便可使蜗杆轴向移动。

② 零点定位。数控控制台设有零点，当它做回零控制时先快速回转，运动至挡块 11 时压动微动开关 10，发出"慢速回转"的信号，再由挡块 9 压动微动开关 8 发出"点动步进"信号，最后由功率步进电动机停在某一固定的通电相位上(称为锁相)，从而使工作台准确停在零点位置上。

开环数控回转工作台可做成标准附件，回转轴可水平安装也可垂直安装，以适应不同工件的加工要求。

数控回转工作台脉冲当量是指每一个脉冲宽使工作回转台的角度，现有的脉冲当量在 0.001° 脉冲到 2′/脉冲之间，使用时根据加工精度要求和工作台直径大小来选取。

(2)闭环数控回转工作台。闭环数控回转工作台和开环数控回转工作台大致相同，其区别在于闭环数控回转工作台有转动角度的测量元件(圆光栅或元感应同步器)。所测量的结果经反馈可与指令值相比较，按闭环原理进行工作，使工作台分度精度更高。图 2-4-4 为闭环数控回转工作台的结构。

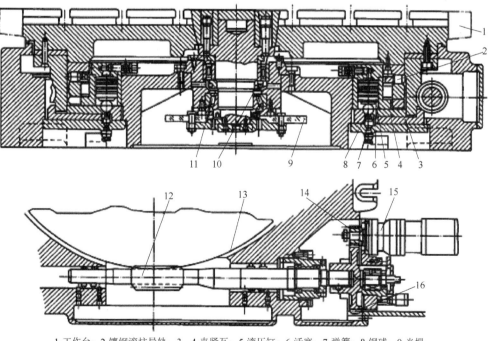

1-工作台；2-镶钢滚柱导轨；3、4-夹紧瓦；5-液压缸；6-活塞；7-弹簧；8-钢球；9-光栅；
10、11-轴承；12-蜗杆；13-蜗轮；14、16-齿轮；15-电机

图 2-4-4　闭环数控回转工作台

　　闭环数控回转工作台由直流伺服电机 15 通过减速齿轮 14、16 及蜗杆 12、蜗轮 13 带动工作台 1 回转，工作台的转角位置用圆光栅 9 测量。

　　测量结果发出反馈信号与数控装置发出的指令信号进行比较，若有偏差，经放大后控制伺服电机朝消除偏差方向转动，使工作台精度运转或定位。

　　当工作台静止时，必须处于紧锁状态。台面的紧锁用均布的 8 个小液压缸 5 来完成，当控制系统发出夹紧指令时，液压缸上腔进压力油，活塞 6 下移，通过钢球 8 推开夹紧瓦 3 及 4，从而将蜗轮 13 夹紧。

　　当工作台回转时，控制系统发出指令，液压缸 5 上腔压力油流回油箱，在弹簧 7 的作用下，钢球 8 抬起，夹紧瓦松开，不再夹紧蜗轮 13，然后按数控系统的指令，由伺服电机 15 通过传动装置实现工作台的分度转位、定位、夹紧或连续回转运动。

4. 故障诊断与维修

【故障现象一】　配备 SINUMERIK 810 数控系统的数控铣床，图 2-4-5 为其分度工作台 PLC 梯形图。分度工作台不能分度且无报警。

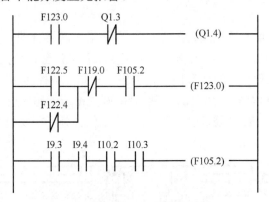

图 2-4-5　分度工作台 PLC 梯形图

　　（1）故障分析与定位

　　①分析输入/输出信号。SIEMENS 系统用 I 表示外围设备有信号输入 PLC，用 Q 表示 PLC 有信号输入外围设备，用 F 表示状态，用以存储中间结果。如图 2-4-5 所示的 PLC 梯形图中 I9.3、I9.4，I10.2 和 I10.3 为 4 个接近开关的检测信号，检测分度工作台的齿条和齿轮是否啮合；Q1.4 为输出信号，控制电磁阀，由液压缸驱动分度齿条，啮合带动分度工作台齿轮完成旋转分度动作。

　　② 分析工作原理。从梯形图中可以看出，从 4 个接近开关输入到 Q1.4 输出之间有 F123.0 和 F105.2 标志字节。判断故障是 Q1.4 无信号输出，所以应逐一检测影响 Q1.4 输出的因素。

　　③ 具体的检查方法。查看数控系统的 PLC 输入/输出及标志位的状态，发现 Q1.4、F123.0、F105.2、I10.2 状态均为"0"，而 I9.3、I9.4 和 I10.3 为"1"。根据梯形图分析 I10.2 为"0"，引起 F105.2、F123.0 为"0"，导致 Q1.4 信号没有输出，电磁阀不会动作，说明输入 I10.2 接近开关的检测信号错误。检查接近开关发现损坏。

　　（2）故障排除　更换新的接近开关元件，并调整到适当的间隙，故障消失。

　　【故障现象二】　某卧式数控铣床，图 2-4-6 为其回转工作台 PLC 梯形图，出现回转工作台不旋转的故障。

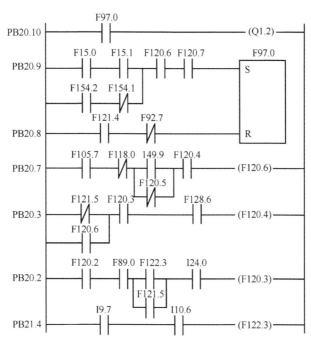

图 2-4-6　回转工作台 PLC 梯形图

（1）故障分析

① 分析输入/输出信号。I9.7、I10.6 是两个工位分度起始位置的检测信号，Q1.2 输出控制气动电磁阀，F122.3 是分度到位标志位。

② 分析工作原理。PLC 输出 Q1.2 电磁阀得电，工作台首先抬起，然后旋转，根据工艺的要求，当两个工位的分度头都在起始位置时，回转工作台才能旋转。

③ 具体的检验方法。从 PLC 的 PB20.10 中观察，由于 F97.0 未闭合，导致 Q1.2 无输出，电磁阀不得电。继续观察 PB20.9，发现 F120.6 未闭合导致 F97.0 未闭合。向下检查，PB20.7、F120.4 未闭合引起 F120.6 未闭合。向下检查，PB20.2、F122.3 未闭合引起 F120.3 未闭合；观察 PB21.4，发现 I9.7、I10.6 状态总是相反，故 F122.3 总是"0"。故判断故障是两个工位分度头部同步引起的。

（2）故障定位　检查两个工位分度头的机械装置是否错位；检查检测开关 I9.7、I10.6 是否发生偏移。发现两个工位分度头的机械装置错位。

（3）故障排除　拆卸分度头重新安装，故障消失。

【故障现象三】　某厂一数控铣床，开机后回转工作台回参考点，工作台不运动，并且 CNC 出现位置跟随误差报警。

（1）故障分析　利用 PLC 诊断，通过对工作台夹紧开关的检查，确认回转工作台已经正常松开。但工作台松开后，此信号松开，此信号在工作台抬起时，又由"1"变成了"0"，致使驱动器的使能信号被撤销，CNC 出现位置跟随误差报警。

（2）故障定位　为了检查故障原因，经过多次试验最终发现工作台的液压存在问题。该机床液压系统的正常工作压力为 4.0～4.5MPa，但在工作台抬起时压力迅速由 4.0MPa 下降到 2.5MPa 左右，致使工作台不能完全抬起，电机旋转时产生过载。拆开回转工作台，检查发现工作台抬起油缸的活塞支承环的 O 形密封圈有直线性磨损，油缸的内壁粗糙，环装刀纹明显。

（3）故障排除　经更换齿轮，重新调整试车，故障排除。

【故障现象四】　某台卧式数控铣床，在机床使用过程中回转工作台经常在分度后不能落入鼠齿定位盘内，导致机床停机。

（1）故障分析　回转工作台在分度后出现顶齿现象而不能落入鼠齿定位盘内，通常是工作台分度不准确引起的。原因可能有电气和机械两方面：一是电气控制系统的参考点调整不当、CNC 的参考设定与调整不当；二是机械部分传动链间隙过大或转动累计间隙过大。

（2）故障定位　经过检查，确认齿轮、蜗轮与轴间的键配合间隙过大。

（3）故障排除　经更换齿轮，重新安装后，故障排除。

【故障现象五】　一台配套 FANUC OMC，型号为 XH754 的数控机床，转台回零不准，回零后工作台歪斜。

（1）故障分析与定位　出现这种故障一般是由于转台回零开关不良、行程压块松动或开关松动。

（2）故障排除　关机后将转台侧盖打开，用手压行程开关正常，查开关座正常，估计行程开关压合断开点变化。将开关座向正确的方向调整小段距离后开机，故障消除。

5．维修总结

分度工作台和回转工作台在数控铣床中都是由 PLC 控制其动作的。工作台故障如果是电气故障可以通过 PLC 梯形图诊断。如果是机械故障多发生在传动齿轮、蜗轮蜗杆与轴的配合或连接上，注意检查相关位置。

6．知识拓展

数控机床用 PLC 的指令必须满足数控机床信息处理和动作控制特殊要求，如 CNC 输出的 M、S、T 二进制代码信号的译码（DEC、DECB），机械运动状态或液压系统动作状态的延时（TMR、TMRB）确认，加工零件的计数（CTR），刀库、分度工作台沿最短路径旋转和现在位置至目标位置步数的计算（ROT、ROTB），换刀时数据检索（DSCH、DSCHB）和数据变址传送指令（XMOV、XMOVB）等。对于上述指令的译码、定时、计数、最短径选择，以及比较、检索、转移、代码转换、四则运算、信息显示等控制功能，仅用基本指令编程，实现起来将会十分困难，因此要增加一些专门控制功能的指令，这些专门指令就是功能指令。功能指令都是一些子程序，应用功能指令就是调用了相应的子程序。FANUC PMC 的功能指令数目因型号不同而不同。本书将以 FANUC-0i 系统的 PMC-SA1/SA3/SB7 为例，介绍 FANUC 系统常用 PMC 功能指令的功能、指令格式及数控机床的具体应用。

1）顺序程序结束指令

FANUC-0i 系统的 PMC 程序结束指令有第一级程序结束指令 END1、第二级程序结束指令 END2 和总程序结束指令 END 三种，其指令格式如图 2-4-7 所示。

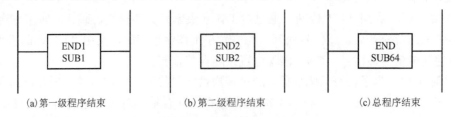

　　（a）第一级程序结束　　　　　（b）第二级程序结束　　　　　（c）总程序结束

图 2-4-7　程序结束功能指令格式

(1)第一级程序结束指令 END1。第一级程序结束指令 END1 每隔 8ms 读取程序，主要处理系统急停、超程、进给暂停等紧急动作。第一级程序过长将会延长 PMC 整个扫描周期，所以第一级程序不宜过长。如果不是用第一级程序，必须在 PMC 开头指定 END1，否则无法正常运行。

(2)第二级程序结束指令 END2。第二级程序用来编写普通的顺序程序，如系统就绪、运行方式切换、手动进给、手轮进给、自动运行、辅助功能(M、S、T 功能)控制、调用于程序及信息显示控制等顺序程序。通常第二级的步数较多，在一个 8ms 内不能全部处理完(每个 8ms 内都包括第一级程序)，所以在每个 8ms 中顺序执行第二级的一部分，直至执行第二级的终了(读取则 END2)。在第二级程序中，因为有同步输入信号存储器，所以输入脉冲信号的信号宽度应大于 PMC 的扫描周期，否则顺序程序会出现错动作。

(3)总程序结束指令 END。系统 PLC 程序编制子程序时，用 CALL 或 CALLlU 命令由第二级程序调用。PMC 的梯形图的最后必须用 END 指令结束。

图 2-4-8 为某一数控立式加工中心用 PMC 程序结束指令的具体例子。

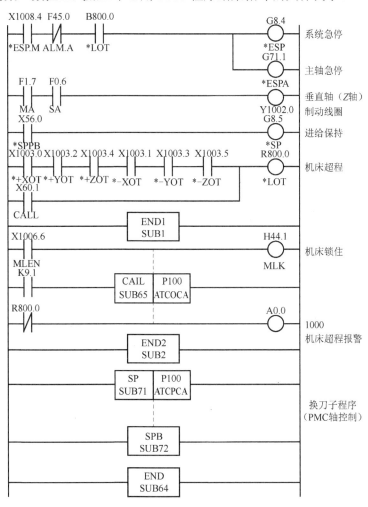

图 2-4-8　PMC 程序结束指令的应用

2）定时器指令

数控机床梯形图编制中，定时器是不可缺少的指令，用于程序中需要与时间建立逻辑关系的场合，其功能相当于一种通常的定时继电器（延时继电器）。FANUC 系统 PMC 的定时器按时间设定形式分为可变定时器（TMR）和固定定时器（TMRB）两种。

（1）可变定时器（TMR）。TMR 指令的定时时间可通过 PMC 参数进行更改，指令格式和工作原理如图 2-4-9 所示。指令格式包括三部分，分别是控制条件、定时器号和定时继电器。

① 控制条件：当 ACT＝0 时，输出定时继电器 TM01＝0；当 ACT＝1 时，经过设定延时时间后，输出定时继电器 TM01＝1。

② 定时器号：PMC-SA3 为 1～40 个，其中 1～8 号最小单位为 48ms（最大为 1572.8s）；9 号以后最小单位为 8ms（最大为 262.1s）。定时器的时间在 PMC 参数中设定（每个定时器占两个字节，以十进制数直接设定）。

③ 定时继电器：作为可变定时器的输出控制，定时继电器的地址由机床厂家设计者决定，一般采用中间继电器。

定时器工作原理如图 2-4-9（b）所示。当 ACT＝1 时，定时器开始计时，到达预定的时间后，定时继电器 TM01 接通；当 ACT＝0 时，定时器开始计时，到达预定的时间后，定时继电器 TM01 接通；当控制条件 ACT＝0 时，定时继电器 TM01 断开。

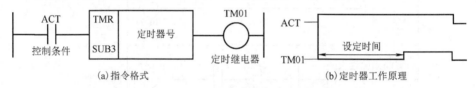

| （a）指令格式 | （b）定时器工作原理 |

图 2-4-9　可变定时器的指令格式和工作原理

图 2-4-10 为某数控机床利用定时器实现机床报警灯闪烁的例子。其中 X1008.4 为机床急停报警，R600.3 为主轴报警，R600.4 为机床超程报警，R600.5 为润滑系统油面过低（润滑油不足）报警，R600.6 为自动换刀装置故障报警，R600.7 为自动加工中机床的防护门打开报警。当上面任何一个报警信号输入时，机床报警灯（Y1000）都闪亮（间隔时间为 5s）。通过 PMC 参数的定时器设定画面分别输入定时器 01、02 的时间设定值（5000ns）。

（2）固定定时器（TMRB）。TMRB 指令的定时时间不是通过 PMC 参数设定的，而是通过 PMC 程序编制的。固定定时器一般用于机床固定时间的延时，不需要用户修改时间，如机床的封闭均由固定定时器来控制。图 2-4-11 为固定定时器的指令格式和应用实例。

① 控制条件：当 ACT＝0 时，输出定时继电器 TM03＝0。当 ACT＝1 时，设定延时时间后，输出定时继电器 TM03＝1。

② 定时器号：PMC-SA3 共有 100 个，编号为 001～100。

③ 设定时间：设定时间的最小单位为 8ms，设定范围为 8～262136ms。

④ 定时继电器：作为可变定时器的输出控制，定时继电器的地址由机床厂家决定，一般用中间继电器。

图 2-4-11（b）中，表示当 X000.0 为 1 时，经过 5000 ms 的延时，定时继电器 R000.0 为"1"。

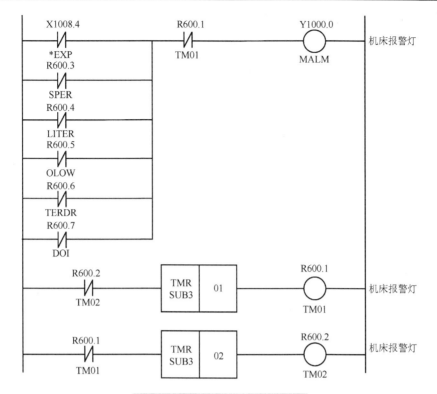

图 2-4-10　机床报警灯的闪烁电路

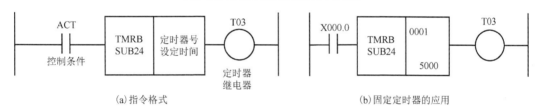

(a)指令格式　　　　　　　　　　　　　　　　(b)固定定时器的应用

图 2-4-11　固定定时器的指令格式和应用实例

任务2　数控铣床液压、气动、排屑等常见辅助装置

1. 技能目标

(1)能够读懂数控铣床液压气动原理图。

(2)能够进行数控铣床的润滑。

(3)能够分析定位和维修数控铣床辅助装置故障。

2. 知识目标

(1)了解数控铣床液压和气动装置的工作原理。

(2)理解液压和气动装置的维护要点。

(3)掌握数控铣床辅助装置的常见故障表现。

3. 引导知识

1)液压系统

液压传动系统在数控机床的机械控制与系统调整中占有重要的位置，它所担任的控制调整任务仅次于电气系统，广泛应用于主轴的自动装夹、主轴箱齿轮的变挡和主轴轴承的润滑、自动换刀装置、静压导轨、回转工作台及尾座等结构中。数控机床的液压系统驱动控制的对象有液压卡盘、主轴的松刀液压缸、液压拨叉变速液压缸、液压驱动机械手、静压导轨、主轴箱的液压平衡液压缸等。

(1)液压系统的维护。液压系统的维护及其工作正常与否对数控机床的正常工作十分重要。液压系统的维护要点有：

① 控制油液污染，保持油液清洁，是确保液压系统正常工作的重要措施。据统计，液压系统的故障有 80%是油液污染引起的，油液污染还加速液压缸元件的磨损。

② 控制油压系统中油液的温升是减少能源消耗、提高系统效率的一个重要环节。一台机床的液压系统，若油温变化范围大，其后果是：

a. 影响液压泵的吸油能力及容积效率。

b. 系统工作不正常，压力速度不稳定，动作不可靠。

c. 液压元件内外泄漏增加。

d. 加速油液氧化变质。

③ 控制液压系统漏油极为重要，因为泄漏和吸空是液压系统常见的故障。要控制泄漏，首先是提高液压元件零部件的加工精度和元件的配置质量以及管道系统的安装质量，其次是提高密封件的质量，注意密封件的安装使用与定期更换，最后是加强日常维护。

④ 防止液压系统振动与噪声。振动影响液压件的性能，使螺钉松动、管接头松脱，引起漏油。

⑤ 严格执行日常点检制度。液压系统故障存在隐蔽性、可变性和难以判断性，因此，应对液压系统的工作状态进行点检，把可能产生的故障现象记录在日检维修卡上，并把故障排除在萌芽状态，减少故障发生。

⑥ 严格执行定期紧固、清洗、过滤和更换制度。液压设备在工作过程中，由于冲击振动、磨损和污染等因素，使管件松动，金属件和密封件磨损，因此必须对液压件及油箱等实行定期清洗和维修，对油液密封件执行定期更换制度。

(2)液压系统的点检。点检包括：

① 各液压阀液压缸及管子接头是否有外漏。

② 液压泵或液压马达运转时是否有异常噪声等现象。

③ 液压缸移动时工作是否正常平稳。

④ 液压系统的各测压点压力是否在规定的范围内。

⑤ 油液温度是否在允许的范围内。

⑥ 油液系统工作时有无高频振动，压力是否稳定。

⑦ 电气控制或撞块(凸轮)控制的换向阀工作是否灵敏可靠。

⑧ 油箱内油量是否在油标刻度线范围内。

⑨ 行程开关或限位挡块的位置是否有变动。

⑩ 液压系统手动或自动工作循环时是否有异常现象。

⑪ 定期对油箱内的油液进行取样化验，检查油液质量。

⑫ 定期检查蓄能器的工作性能。

⑬ 定期检查冷却器和加热器的工作性能。

⑭ 定期检查和紧固重要部位的螺钉、螺母、接头和法兰螺钉。

⑮ 定期检查更换密封件。

⑯ 定期检查清洗或更换液压件。

⑰ 定期检查清洗或更换滤芯。

⑱ 定期检查清洗油箱和管道。

2)气动系统

数控机床上的气动系统用于主轴锥孔吹气和开关防护门。

(1)气动系统维护的要点。

① 保证供给洁净的压缩空气。压缩空气中通常都含有水分、油分和粉尘等杂质。水分会使管道、阀和气缸腐蚀；油分会使橡胶、塑料盒密封材料变质；粉尘造成阀体动作不灵。选用合适的过滤器，可以消除压缩空气中的杂质。使用过滤器时应及时排除积存的液体，否则，当积存液体接近挡水板时，气流仍可将积存物卷起。

② 保证空气中含有适量的润滑油。大多数气动执行元件和控制元件都要求适度的润滑。如果润滑不良，将会出现以下故障：

a. 由于摩擦阻力增大而造成气缸推力不足，阀芯动作不灵。

b. 由于密封材料磨损而造成空气泄漏。

c. 由于生锈造成元件的损伤及动作失灵。

润滑的方法一般采用油雾器进行喷雾润滑，油雾器一般安装在过滤减压阀之后，油雾器的供油量不宜过多，通常每 $10m^3$ 的自由空气供 $1ml$ 的油量(即 $40\sim50$ 滴油)。

检查润滑是否良好的一个方法是：找一张清洁的白纸放在换向阀的排气口附近，如果阀在工作 $3\sim4$ 个循环后，白纸上只有很轻的斑点，表明润滑良好。

③ 保持气动系统的密封性。漏气不仅增加了能量的消耗，也会导致供气压力的下降，甚至造成气动元件工作失常。严重的漏气在气动系统停止运动时，由漏气引起的响声很容易发现；轻微的漏气则利用仪表或涂抹肥皂水的方法进行检查。

④ 保证气动元件中运动零件的灵敏性。从空气压缩机排出的压缩空气包含粒度为 $0.01\sim0.08\mu m$ 的压缩机油微粒，在排气温度为 $120\sim220℃$ 的高温下，这些油粒会迅速氧化，氧化后油粒颜色变深，黏性增大，并逐步由液态固化成油泥。这种微米级以下颗粒，一般过滤器无法滤除。当它们进入换向阀后便附着在阀芯上，使阀的灵敏度逐渐降低，甚至出现动作失灵。为了消除油泥，保证灵敏度，可在气动系统的过滤器之后安装油雾分离器，将油泥分离出来。此外定期清洗阀也可以保证阀的灵敏度。

⑤ 保证气动装置具有合适的工作压力和运动速度。调节工作压力时，压力表应当工作可靠，读数准确。减压阀和节流阀调节好后，必须紧固调压阀或锁紧螺母，防止松动。

(2)启动系统的点检与定检。主要包括：

① 管路系统的点检。主要内容是对冷凝水和润滑油的管理。冷凝水的排放，一般应当在启动装置运行之前进行。但是当夜间温度低于 $0℃$ 时，为防止冷凝水冻结，气动装置运行结束后，就应开启放水阀门将冷凝水排放。补充润滑油时，要检查油雾器中油的质量和滴油量是否符合要求。此外，点检还应包括检查供气压力是否正常、有无漏气现象等。

② 气动元件的定检。主要内容是彻底处理系统漏气现象，如更换密封元件，处理管接头或连接螺钉松动，定期检验测量仪表、安全阀和压力继电器等。气动元件的定检见表 2-4-1。

表 2-4-1　气动元件的定检

元件名称	定检内容
气缸	1. 活塞杆与端盖之间是否漏气
	2. 活塞杆是否划伤
	3. 管接头配管是否松动损伤
	4. 气缸动作时有无异常声音
	5. 缓冲效果是否符合要求
电磁阀	1. 电磁阀外壳温度是否过高
	2. 电磁阀动作时阀芯工作是否正常
	3. 气缸行程到末端时，通过检查阀的排气口是否有漏气来确诊电磁阀是否漏气
	4. 紧固螺栓及管接头是否松动
	5. 电压是否正常，电线是否损伤
	6. 通过检查排气口是否被油润湿或排气是否会在白纸上留下油污斑点来判断润滑是否正常
油雾器	1. 油杯油量是否足够，润滑油是否变色、浑浊，油杯底部是否沉积有灰尘和水
	2. 滴油量是否足够，润滑油是否变色、浑浊
减压阀	1. 压力表读数是否在规定范围内
	2. 调压阀盖火锁紧螺母是否锁紧
	3. 有无漏气
过滤器	1. 储水杯中是否积存冷凝水
	2. 滤芯是否应该清洗或更换
	3. 冷凝水排放阀是否可靠
溢流阀及压电继电器	1. 在调定压力下动作是否可靠
	2. 校验合格后是否有铅封或锁紧
	3. 电线是否损伤，绝缘是否合格

3）自动排屑装置

（1）自动排屑装置在数控机床上的作用。数控铣床的工件安装在工作台上，切屑不能直接落入排屑装置，故往往需要大量切削液冲刷，或压缩空气吹扫等方法使切屑进入排屑槽，然后再回收切削液并排出切屑。自动排屑装置是一种具有独立功能的附件，随着数控机床技术的发展，它的工作可靠性和自动化程度不断提高，并逐步趋向标准化和系列化。数控机床自动排屑装置的结构和工作形式应根据机床的种类、规格、加工工艺特点、工件的材料和使用的切削液种类等来选择。

（2）典型自动排屑装置。自动排屑装置的种类繁多，下面是几种常见的自动排屑装置。

① 平板链式自动排屑装置。平板链式自动排屑装置以滚动链轮牵引钢制平板链带在封闭箱中运转，加工中的切屑落在连带上被带出机床。这种装置能排除各种形状的切屑，适应性强，各类机床都能采用。在车床上使用时，多余机床切削液箱合为一体，以简化机床结构。

② 刮板式自动排屑装置。刮板式自动排屑装置的传动原理与平板链式基本相同，只是链板不同，它带有刮板链板。这种装置常用于传送各种材料的短小切屑，排屑能力强。因负载大，需采用较大功率的电机。

③ 螺旋式自动排屑装置。螺旋式自动排屑装置是利用电动机经减速装置，驱动安装在沟槽中的一根长螺旋杆进行工作的。螺旋杆转动时，沟槽中的切屑既有螺旋杆推动连续向前运动，最终排入切屑收集箱。螺旋杆有两种结构形式：一种是使用扁钢条卷成螺旋弹簧状；另一种是在轴上含有螺旋型钢板。这种装置占据空间小，适于安装在机床与立柱间空隙狭小的

位置上。螺旋式自动排屑装置结构简单，排屑性能良好，但只适合沿水平或小角度倾斜的直线方向排屑，不能大角度倾斜、提升或转向排屑。

④ 倾斜式床身及切屑传送带自动排屑装置。为防止切屑滞留在滑动面上，床体上的床身倾斜布置，加工中的切屑落到传送带上被带出机床。倾斜式床身及切屑传送带自动排屑装置广泛应用于中小型数控车床。

⑤ 旋转式交换工作台自动排屑装置。旋转式交换工作台自动排屑装置是一种包含切屑清理、清扫工作台、工作台自动交换功能的旋转式交换工作台自动排屑系统。

4. 故障诊断与维修

【故障现象一】　数控铣床排屑困难，电动机过载报警。

(1)故障分析　该数控铣床采用螺旋式排屑器，加工中的切屑沿着床身的斜面落到螺旋式排屑器所在的沟槽中，螺旋杆转动时，沟槽中的切屑既有螺旋杆推动连续向前运动，最终排入切屑收集箱。机床设计时为了在提升过程中将废屑中的切削液分离出来，在排屑器排口处安装一直径 160mm、长 350mm 的圆筒形排屑口，排屑口向上倾斜 30°。机床试运行时，大量切屑阻塞在排屑口，电动机过载报警。

(2)故障定位　故障原因是切屑在提升过程中，受到圆筒形排屑口内壁的摩擦，相互挤压，集结在圆筒形排屑口内。

(3)故障排除　将圆筒形排屑口改为喇叭形排屑口后，锥角大于摩擦角，故障排除。

【故障现象二】　某数控龙门铣床，用右面垂直刀架铣产品时，发现工件表面粗糙达不到预定的精度要求。

(1)故障分析及定位　把查找故障的注意力集中在检查右垂直刀架主轴箱内各部滚动轴承(尤其是主轴的前后轴承)的精度上，但出乎意料的是各部滚动轴承均正常；后来经过研究分析及细致的检查发现，是工作台螺杆及固定在工作台下部的螺母条这一传动副提供润滑油的 4 根管基本上不供油。

(2)故障排除　经调解布置在床身上控制这四根油管出油量的 4 个针型节流阀，使润滑油管流量正常后，故障消除。

【故障现象三】　XK5040 数控铣床 Z 轴液压转矩放大器伺服阀经拆卸检查再装上后控制失灵，不是直接给油快速运动，就是打不开油路，没有进给。

(1)故障分析及定位　XK5040 数控铣床是北京第一机械厂 20 世纪 70 年代的产品。1988年由西安庆安公司用 MNCZ-80 改造了原数字控制柜，保留了功效部分及步进液压转矩放大器。

此步进液压转矩放大器经过近 20 年的使用，特别是 Z 轴，负载最大，出现了随动超差及带不动现象，交由机修车间进行机械修理。当把伺服阀杆装在前端接通油路时，液动机在气动液压马达后，就直接带动丝杠快速前进。拆下重装，将伺服阀杆装在关闭油路的位置后再装上，液动机又不能开启了，步进电动机的旋转打不开伺服阀口。

机修人员要求电修人员帮助解释这样一个问题，既然阀口的开启、开启时间、开启量由步进电动机控制，那么丝杠控制的伺服阀的关闭运动伺服也应由步进电动机的反转来关闭。电修人员从电的知识认为，步进电动机只在需要正转的时候发正转脉冲序列，需要反转的时候发反转脉冲序列，不发脉冲的时候就停止，不存在停止运动时关闭阀口的反向运动。

拆下 X 轴伺服阀后首先发现伺服阀杆既不在前端，也不在后端，而是在中间位置，再用烟吹油路进口，发现它现在与哪一个孔都不通，但只要轻轻一旋阀杆，向前，接通的是正向油路；向后，接通的是反向油路，灵敏度极高，但是关闭靠什么？在确定了程序中不会关闭脉冲后，仔细观察伺服阀杆与液动机的连接，发现二者之间是靠十字头相接的。那么步进电动机一旦停止运动，液动机内油的反压力就能通过十字头给伺服阀杆一个反转矩。由于步进电动机不动，使伺服阀杆产生一个反运动，加上伺服阀杆的高灵敏度，马上就关闭了这开启的阀口。正常运动的时候，步进电动机产生的转矩就一直在克服油的这个反压力，使阀口保持开启。当步进电动机速度极高时，就能使阀口开启得大些，丝杠运动就快些。反之，则小，则慢，步进电动机运动时间就是通断时间，只是存在一定的随动误差。

(2)故障排除　在仔细观察 X 轴伺服阀，并掌握了调整方法以后，对 Z 轴伺服阀也进行了仔细的调整，在其关闭向上和向下两个阀口的中间位置状态装入十字头，使之良好连接，注意不影响刚调好的阀杆状态，并更换损坏了的油封后，装上步进电动机，恢复 X 轴的步进液压转矩放大器，试车。经过清洗更换油封的 Z 轴随动误差达到要求范围，失灵现象消除，故障排除。

5. 知识拓展

数控铣床维护和保养阐述如下。

1)安全操作

(1)数控铣床是一种精密的设备，所以对数控铣床的操作必须做到三定(定人、定机、定岗)。

(2)操作者必须经过专业培训并且能熟练操作，非专业人员勿动。

(3)在操作前必须确认一切正常后，再装夹工件。

2)日常维护和保养

(1)操作者在每班加工结束后，应清扫干净散落于工作台、导轨处的切屑、油垢；在工作结束前，应将各伺服轴回归原点后停机。

(2)检查确认各润滑油箱是否符合要求，各手动加油点按规定加油。

(3)注意观察机器导轨与丝杠表面有无润滑油，使之保持润滑良好。

(4)检查确认液压夹具运转情况、主轴运转情况。

(5)工作中随时观察积屑情况，切削液系统是否工作正常，积屑严重时应停机清理。

(6)如果离开机器时间较长，要关闭电源，以防非专业者操作。

3)每周的维护和保养

(1)每周要对机器进行全面的清理，各导轨面和滑动面及各丝杠加注润滑油。

(2)检查和调整皮带、压板及镶条松紧适宜。

(3)检查并扭紧滑块固定螺丝、走刀传动机构、手轮、工作台支架螺丝、顶丝。

(4)检查滤油器是否干净，若较脏则必须清洗。

(5)检查各电器柜过滤网，清洗黏附的尘土。

4)月与季度的维修保养

(1)检查各润滑油管畅通无阻、油窗明亮，并检查油箱内有无沉淀物。

(2)清扫机床内部切屑油垢。

(3)各润滑点加油。

(4)检查所有传动部分有无松动，检查齿轮与齿轮条啮合情况，必要时进行调整或更换。

(5)检查强电柜及操作平台，各紧固螺钉是否松动，用吸尘器或吹风机清理柜内灰尘，检查接线头是否松动(详见电器说明书)。

(6)检查所有按钮和选择开关的性能，各接触点良好，不漏电，损坏的更换。

5) 每年的维修保养

(1)检查滚珠丝杠，洗丝杠上的旧润滑脂，换新润滑脂。

(2)更换 X、Z 轴进给部分的轴承润滑脂，更换时，一定要把轴承清洗干净。

(3)清洗各类阀过滤器，清洗油箱底，按规定换油。

(4)主轴润滑箱清洗，更换润滑油。

(5)检查电机换向器表面，去除毛刺，吹净碳粉，磨损过多时碳刷及时更换。

(6)调整电动机传动带松紧。

(7)清洗离合器片，清洗冷却箱并更换冷却液，更换冷却油泵过滤器。

项目(五)　数控铣床安装、调试与验收

在实际数控铣床检验工作中，往往有很多的用户在新机验收时忽视了对机床精度的检验，他们以为新机在出厂时已做过检验，在使用现场安装只需调一下机床的水平，只要是加工零件经检验合格就认为机床通过检验，这样的做法会忽视一些非人为因素对机床精度及性能的影响，如机床在运输过程中产生的振动和变形，其水平基准与出厂检验时的状态已完全两样，此时机床的几何精度与其在出厂检验时的进度产生偏差；气压、温度、湿度等条件发生改变，也会对位置精度产生影响。本项目以 XKA715 型数控铣床为例，介绍数控铣床的安装、调试和验收方法。

任务 1　数控铣床的安装

1. 技能目标

(1)能够正确选择和使用安装数控铣床的工具。

(2)能够正确安装数控铣床。

2. 知识目标

(1)了解数控铣床安装工具的使用方法。

(2)掌握数控铣床的安装方法及注意事项。

3. 引导知识

1)机床安装前的检查

数控铣床由生产厂家运到用户落地后，要完成以下工作：

(1)检查机床包装箱正面的设备品名及件数与运货单是否一致，并核对所送货物与购买合同是否相同。

(2)检查包装箱外观是否完好或是否有明显的修补，目的是要检查机床在运输过程中是否有碰撞和严重振动。

(3)开箱检查，观察机床油箱是否有机油流出，床身表面是否有碰撞痕迹。

(4)以上三点检查完确认没有问题后，在送货单上签字。

2)机床的安装与就位

XKA715 型数控铣床是整机包装，除冷却液箱没有与机床连接外，其他部件在出厂前都已安装好，不需要再进行装配。

(1)将机床床身预包装底座间的连接螺丝旋开，把吊车的钢绳挂在机床的吊装环上，将机床调离包装底座，并移向机床的就位位置。

(2)将可调底脚对准机床地脚孔(共 8 个)，缓慢落下机床，并将可调螺丝调到最小。

(3)将机床置正。

(4)检查每个地脚的松紧情况，将松地脚旋紧。

任务 2 数控铣床调试

1. 技能目标

(1)能够正确选择和使用调试数控铣床的工具。

(2)能够正确调试数控铣床。

2. 知识目标

(1)了解数控铣床调试前的准备工作。

(2)掌握数控铣床调试的方法。

3. 引导知识

1)调试前的准备工作

机床落地就位后由机床的生产厂来校正并完成调试，在调试前进行的准备工作如下：

(1)将机床周围清理干净。

(2)将三相 380V 电源接到机床电器控制框里，但不要给机床送电。

(3)按机床说明要求准备 40L 液压油、20L 润滑油、60L 冷却液及 2L 煤油。

(4)准备杠杆百分表、表架及磁力表座，千分表、表架及磁力表座，水平仪，300mm 标准验棒。

(5)试切刀具、夹具、试切材料。

2)机床的调试

(1)用棉布沾煤油将数控铣床的工作台和主轴导轨面及防护板面的防锈油擦净。

(2)机床床身水平的调试。

粗调：把精度为 0.02:1000mm 的框式水平仪放在工作台上，长边与 X 轴平行，观察气泡的位置，调整机床可调地脚的螺丝，使气泡处于刻度的中间；X 轴调好后将水平仪长边与 Y 轴平行，用同样的方法调整工作台方向的水平。此时调整误差要控制在 3 小格。

精调：检查每个地脚是否都已着力，如有松动的要使其着力，再重复粗调的过程进行精调。应注意的是，地脚要尽量着力均匀，并控制水平调整误差在 1 小格(0.02mm)以内。

(3)机床注油及注入冷却液。在机床液压站油箱内注入冷却液，在机床液压站油箱内注入 20 号液压油，注油时要用滤网仔细过滤；向自动润滑系统油箱注入 40 号机油；向冷却液箱内注入冷却液，并将冷却液管及水泵电源与机床可靠连接。

(4)机床通电并调整正反相，机床通电前要检查接电位置是否正确可靠，接地是否良好，如没有问题，方可送电。

打开机床总电源，NC 送电。

注意：过几分钟再操作机床。目的是液压站和润滑系统充分工作。

将主轴低速旋转，检查主轴电机的正反相，如反相，需及时调整。

检查手轮的正反相。

检查水泵电机的正反相。

(5)检查操作面板各按键是否完好灵敏，数据传输接口是否完好。

(6)调试计算机与机床之间的数据传输功能，使用 PCIN 软件来进行数据的在线传输，使用前注意以下几点：机床与计算机之间的波特率要相同；使用的 COM 口要和软件设置的相同。

(7)检查机床的向零点及超行程限位，检查回零点和限位的目的是确定机床在出厂时各轴限位块是否准确和牢固，行程开关是否灵敏，各轴的行程是否能达到技术要求。

(8) 移动各轴并变换速度，检查各轴移动时的噪声是否正常。

任务3　数控铣床的精度检验

1. 技能目标

(1) 能够正确选择和使用检测数控铣床的工具。

(2) 能够检测和验收数控铣床。

2. 知识目标

(1) 了解数控铣床几何精度、定位精度、切削精度的检测项目及目标要求。

(2) 掌握数控铣床几何精度、定位精度、切削精度的检测方法。

3. 引导知识

机床生产厂在机床出厂前对机床的精度进行检验，其检验依据为《数控床身铣床精度检验》(JB/B 121.1—1999) 标准，其中位置精度执行《数控铣床位置精度》(Q/B 121 474—2001) 标准。验收检验主要依据机床的《合格说明书》提供的数据来完成。

精度检验前机床要进行主轴试车运转，主要检查主轴的温升。主轴转速为 2000r/min，运转 30min 左右，温度应没有明显改变。在主轴运转停机后进行以下精度检验，并将测得的结果与《合格说明书》的检测结果对照。

1) 几何精度验收

(1) 机床调平。

检验工具：精度水平仪。

检验方法：如图 2-5-1 所示，将工作台置于导轨行程的中间位置，将两个水平仪分别沿 X 轴、Y 轴置于工作台中央，调整机床垫铁高度，使水平仪水泡处于读数中间位置；分别沿 X 轴和 Y 轴坐标全行程移动时水平仪读数的变化范围小于 2 格，且读数处于中间位置即可。

(2) 检测工作台的平面度。

检测工具：百分表、平尺、可调整块、等高块、精密水平仪。

检验方法：在规定的测量范围内，当所有点被包含在该平面平行并相距给定值的两个平面内时，则认为该平面是平面的。如图 2-5-2 所示，首先在检验面上选 A、B、C 点作为零位标记，将 3 个等高量块放在这 3 点上，则这 3 个量块的上表面就确定了与被检测面作比较的基准面。将平尺置于 A 和 C 点上，并在检测面上 E 点处放一可调块，使其与平尺的小表面接

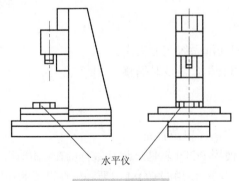

图 2-5-1　机床调平

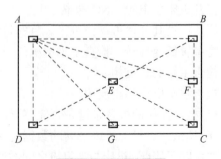

图 2-5-2　检测平面度

触。此时，量块 A、B、C、E 的上表面均在同一平面上。再将平尺放在 B 和 E 点上，即可找到 D 点的偏差。在 D 点放一可调量块，并将其上表面调到由已经就位的量块上表面所确定的平面上。将平尺分别放在 A 和 D 点及 B 和 C 点上，即可找到被检测面上 A 和 D 点及 B 和 C 点之间的偏差。其余各点之间的偏差可用同样的方法找到。

(3) 主轴锥孔线的径向跳动、主轴端面偏摆、主轴套筒外壁偏摆。

检验方法：验棒/百分表。

检验方法：如图 2-5-3 所示，将验棒插在主轴锥孔内，百分表安装在机床固定部件上，百分表测头垂直触及被测表面，旋转主轴，记录百分表的最大读数差值，在 a、b 处分别测量。标记验棒与主轴圆周方向的相对位置，取下验棒，同分别旋转验棒 90°、180°、270° 后插入主轴锥孔，每个位置分别检测。取 4 次检测的平均为主轴锥孔轴线的径向跳动误差。

检测主轴端面偏摆、主轴套筒外壁偏摆如图 2-5-4 所示。

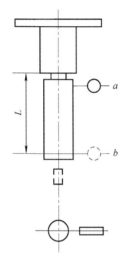

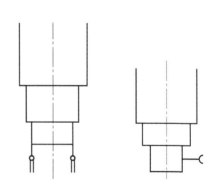

图 2-5-3 检测主轴锥孔轴线径向跳动   图 2-5-4 检测主轴端面偏摆及主轴套筒外壁偏摆

(4) 主轴轴线对工作台面的垂直度。

检测工具：平尺、可调量块、百分表、表架。

检验方法：如图 2-5-5 所示，将带有百分表的表架装在主轴上，并将百分表的测头调至平行于主轴轴线，被测平面与基准面之间的平行度偏差可以通过百分表测头在被测平面上摆动的检查方法测得。主轴旋转一周，百分表读数的最大差值即为垂直度偏差，分别在 XZ、YZ 平面内记录百分表在相隔 180° 的两个位置上的读数差值。为消除测量误差，可在第一次检验后将检具对于主轴转过 180° 再重复检验一次。

(5) 主轴箱垂直移动对工作台面的垂直度。

检测工具：等高块、平尺、角尺、百分表。

检验方法：如图 2-5-6 所示，将等高块沿 Y 轴方向放在工作台上，平尺置于等高块上，将角尺置于平尺上(在 YZ 平面内)，百分表固定在主轴箱上，百分表侧头垂直触及角尺，移动主轴箱，记录百分表读数及方向，其读数最大差值即为在 YZ 平面内主轴箱垂直移动对工作台面的垂直度误差；同理，将等高平尺/角尺置于 XY 平面内重新测量一次，百分表读数最大差值即为在 YZ 平面内主轴箱垂直移动对工作台面的垂直度误差。

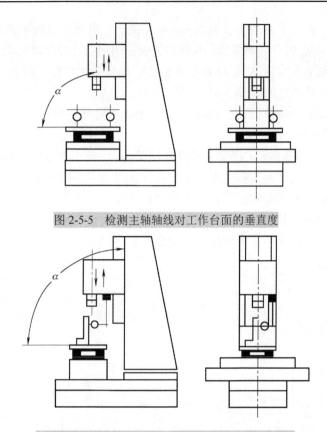

图 2-5-5　检测主轴轴线对工作台面的垂直度

图 2-5-6　检测主轴箱垂直移动对工作台面的垂直度

（6）主轴套筒移动对工作台面的垂直度。

检验工具：等高块、平尺、角尺、百分表。

检验方法：如图 2-5-7 所示，将等高块沿 Y 轴方向放在工作台上，平尺置于等高块上，将角尺置于平尺上，并调整角尺位置使角尺轴线与主轴轴线重合；百分表固定在轴上，百分表测头在 YZ 平面内垂直触及角尺，移动主轴，记录百分表读数及方向，其读数最大值即为 YZ 平面内主轴套筒垂直移动对工作台面的垂直度误差；同理，百分表测头在 XY 平面内垂直触及角尺重新测量一次，百分表读数最大差值为 XY 平面内主轴套筒垂直移动对工作台面的垂直度误差。

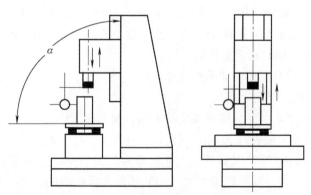

图 2-5-7　检测主轴套筒垂直移动对工作台面的垂直度

(7) 工作台 X 轴方向或 Y 轴方向移动对工作台面的平行度。

检验工具：等高块、平尺、百分表。

检验方法：如图 2-5-8 所示，将等高块沿 Y 轴方向放在工作台上，平尺置于等高块上，把百分表测头垂直触及平尺，Y 轴方向移动工作台，记录百分表读数，其读数最大差值即为工作台 Y 轴方向移动对工作台面的平行度误差；将等高块沿 X 轴方向放在工作台上，X 轴方向移动工作台，重复测量一次，其读数最大差值即为工作台 X 轴方向移动对工作台面的平行度误差。

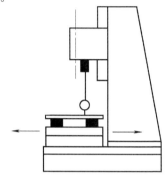

图 2-5-8　检测工作台 X 轴、Y 轴
方向移动对工作台面的平行度

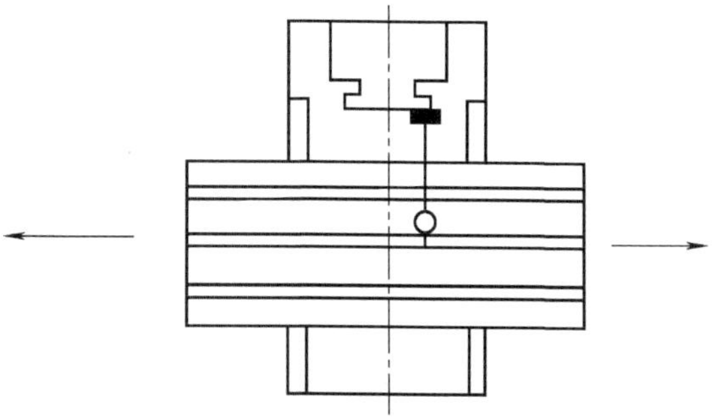

图 2-5-9　检测工作台 X 轴方向移动对工作
台面基准(T 形槽)的平行度

(8) 工作台 X 方向移动对工作台面基准(T 形槽)的平行度。

检验工具：百分表。

检验方法：如图 2-5-9 所示，把百分表固定在主轴箱上，使百分表测头垂直触及基准(T 形槽)的平行度误差。

(9) 工作台 X 轴方向移动对 Y 轴方向移动的工作垂直度。

检验工具：角尺、百分表。

检验方法：如图 2-5-10 所示，工作台处于行程的中间位置，将角尺置于工作台面上，把百分表固定在主轴箱上，将百分表测头垂直触及角尺(Y 轴方向)，Y 轴方向移动工作台，调整角尺位置，使角尺的一个边与 Y 轴轴线平行，再将百分表测头垂直触及角尺的另一边(X 轴方向)，X 轴方向移动工作台，记录百分表读数，其读数最大值即为工作台 X 轴方向移动对 Y 轴方向移动的工作垂直度误差。

2)定位精度验收

数控铣床的定位精度只要检测以下内容：

(1)机床各直线运动坐标轴定位精度和重复定位精度。

(2)机床各直线运动坐标轴机械点的复归精度。

(3)机床各直线运动坐标轴反向误差。

(4)回转运动(回转工作台)的定位精度和重复定位精度。

(5)回转运动的反向误差。

(6)回转轴原点的复归精度。

测量直线运动定位精度的工具有电子测微仪、成

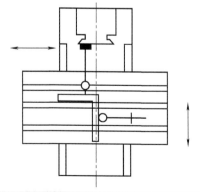

图 2-5-10　检测工作台 X 轴方向移动对 Y
方向移动的工作垂直度

组块规、标准刻度尺、双频激光干涉仪等。测回转运动定位精度的工具有 360 齿精确分度的标准转台或角度多面体、高精度圆光栅及平行光管等。

（1）直线运动定位精度检测。直线运动定位精度检测一般是在机床和工作台空载条件下进行的。按国家标准和国际标准化组织的规定，对数控机床的检测，应以激光测量为准，在没有激光干涉仪的情况下，一般用户也可用标准刻度尺配以光学读数显微镜进行比较测量。测量仪器的精度必须比被测精度高 1～2 个等级。

（2）用激光干涉仪以及光学读数显微镜测量机床直线运动定位精度的方法如图 2-5-11 所示。

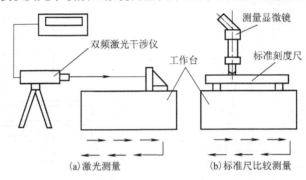

图 2-5-11　直线运动定位精度检测方法

评 价 标 准

本学习情境的评价内容包括专业能力评价、方法能力评价及社会能力评价三个部分。其中自我评分占 30%、组内评分占 30%、教师评分占 40%，总计为 100%，见表 2-5-1。

表 2-5-1　学习情境二综合评价表

种类别	项目	内容	配分	考核要求	扣分标准	自我评分占 30%	组内评分占 30%	教师评分占 40%
专业能力评价	任务实施计划	1. 实训的态度及积极性； 2. 实训方案制定及合理性； 3. 安全操作规程遵守情况； 4. 考勤遵守情况； 5. 完成技能训练报告	30	实训目的明确，积极参加实训，遵守安全操作规程和劳动纪律，有良好的职业道德和敬业精神；技能训练报告符合要求	实训计划占 5 分；安全操作规程占 5 分；考勤及劳动纪率占 5 分；技能训练报告完整性占 10 分			
专业能力评价	任务实施情况	1. 数控铣床数控系统故障诊断与维修； 2. 数控铣床主轴故障诊断与维修； 3. 数控铣床进给系统故障诊断与维修； 4. 数控铣床辅助装置故障诊断与维修； 5. 数控铣床安装、调试与验收	30	掌握数控铣床的拆装方法与步骤以及注意事项，能正确分析数控铣床的常见故障及修理；能进行系统调试；任务实施符合安全操作规程并功能实现完整	正确选择工具占 5 分；正确拆装数控铣床占 5 分；正确分析故障原因拟定修理方案占 10 分；任务实施完整性占 10 分			

续表

种类别	项目	内容	配分	考核要求	扣分标准	自我评分 占30%	组内评分 占30%	教师评分 占40%
专业能力评价	任务完成情况	1. 相关工具的使用； 2. 相关知识点的掌握； 3. 任务实施的完整性	20	能正确使用相关工具；掌握相关的知识点；具有排除异常情况的能力并提交任务实施报告	工具的整理及使用占10分；知识点的应用及任务实施完整性占10分			
方法能力评价	1.计划能力； 2.决策能力	能够查阅相关资料制定实施计划；能够独立完成任务	10	能准确查阅工具、手册及图纸；能制定方案；能实施计划	查阅相关资料能力占5分；选用方法合理性占5分			
社会能力评价	1.团结协作； 2.敬业精神； 3.责任感	具有组内团结合作、协调能力；具有敬业精神及责任感	10	做到团结协作；做到敬业；做到全责	团结合作能力占5分；敬业精神及责任心占5分			
合计			100					

年　　月　　日

教 学 策 略

本学习情境按照行动导向教学法的教学理念实施教学过程，包括咨讯、计划、决策、执行、检查、评估六个步骤，同时贯彻手把手、放开手、育巧手，手脑并用；学中做、做中学、学会做，做学结合的职教理念。

1. 咨讯

(1)教师首先播放一段有关数控铣床故障诊断与维修的视频，使学生对数控铣床故障诊断与维修有一个感性的认识，以提高学生的学习兴趣。

(2)教师布置任务。

① 采用板书或电子课件展示任务1的内容和具体要求。

② 通过引导问题让学生在规定时间内查阅资料，包括工具书、计算机或手机网络、电话咨询或同学讨论等多种方式，以获得问题的答案，目的是培养学生检索资料的能力。

③ 教师认真评阅学生的答案，对重点和难点问题，教师要加以解释。

针对每一个项目的教学实施：对于任务1，教师可播放与任务1有关的视频，包含任务1的整个执行过程；或教师进行示范操作，以达到手把手，学中做，教会学生实际操作的目的。

对于任务2，由于学生有了任务1的操作经验，教师可只播放与任务2有关的视频，不再进行示范操作，以达到放开手，做中学的教学目的。

对于任务3，由于学生有了任务1和任务2的操作经验，教师既不播放视频，也不再进行示范操作，让学生独立思考，完成任务，以达到育巧手，学会做的教学目的。

2. 计划

1)学生分组

根据班级人数和设备的台套数，由班长或学习委员进行分组。分组可采取多种形式，如随机分组、搭配分组、团队分组等，小组一般以4～6人为宜，目的是培养学生的社会能力、与各类人员的交往能力，同时每个小组指定一个小组的负责人。

2）拟定方案

学生可以通过头脑风暴或集体讨论的方式拟定任务的实施计划，包括材料、工具的准备，具体的操作步骤等。

3．决策

由学生和老师一起研讨，决定任务的实施方案，包括详细的过程实施步骤和检查方法。

4．执行

学生根据实施方案按部就班地进行任务的实施。

5．检查

学生在实施任务的过程中要不断检查操作过程和结果，以最终达到满意的操作效果。

6．评估

学生在完成任务后，要写出整个学习过程的总结，并做电子课件汇报。教师要制定各种评价表格，如专业能力评价表格、方法能力评价表格和社会能力评价表格，如表 2-5-1 所示，根据评价结果对学生进行点评，同时布置课下作业，作业一般选取同类知识迁移的类型。

学习情境三

加工中心故障诊断与维修

加工中心是带有刀库及自动换刀装置的数控机床。它最早是在数控铣床的基础上,通过增加刀库与回转工作台发展起来的,因此加工中心具有数控铣床、数控镗床、数控钻床等功能,零件在一次装夹后,可以进行多面的铣、镗、钻、扩、绞及攻螺纹等多工序的加工。加工中心主要特点如下:

(1)工序高度集中,一次装夹后可以完成多个面的加工。

(2)带有自动分度装量和回转工作台、刀库系统。

(3)可自动改变主轴转速、进给量和刀具相对于工件的运动轨迹。

(4)生产率是普通机床的 5~6 倍,尤其适合加工形状复杂、精度要求较高、品种更换频繁的零件。

(5)操作者劳动强度低,但机床结构复杂,对操作者技术含量要求较高。

(6)机床成本高。

加工中心主要由基础部件、主轴部件、数控系统、自动换刀系统、辅助装置等部分组成,按布局及换刀形式分类,加工中心主要有如下几种:

(1)立式加工中心。主轴轴心线垂直布置。结构多为固定立柱式,适合加工盘类零件,可在水平工作台上安装回转工作台,用于加工螺旋线。

(2)卧式加工中心。主轴水平布置,带有分度回转工作台,有 3~5 个运动坐标,适合箱体类零件加工。卧式加工中心又分为固定立柱式和固定工作台。

(3)龙门式加工中心。龙门式加工中心主轴多为垂直布置，带有可更换的主轴头附件，一机多用，适合加工大型或形状复杂的零件。

(4)万能加工中心。具有卧式和立式的功能，工件一次装夹后，可以完成除安装面外的所有面的加工。降低了工件的形位误差，可省去二次装夹，生产率高，成本低，但此加工中心结构复杂，占地面积大。

(5)带机械手与刀库的加工中心。加工中心的换刀装置由刀库与机械手共同完成。这类加工中心加工范围较广，刀库一般可以自带，也可以几台加工中心共享。

(6)回转刀架换刀的加工中心。此类加工中心换刀是通过刀库和主轴的配合来完成的。一般把刀库放在主轴箱可以运动到的位置。刀库中刀具的存放位置方向与主轴的方向一致。换刀时，主轴运动到刀位上的换刀位置，由主轴直接取走或放回刀具。

(7)转塔刀库式加工中心。在小型加工中心上广泛采用，以孔加工为主。

项目(一)　加工中心数控系统故障诊断与维修

加工中心能实现三轴或三轴以上的联动控制，以保证刀具进行复杂表面的加工。加工中心的数控系统除具有直线插补和圆弧插补功能外，还具有各种加工固定循环、刀具半径自动补偿、刀具长度自动补偿、加工过程图形显示、人机对话、故障自动诊断、离线编程等功能。

任务 1　FANUC 0i M 系列数控系统故障诊断与维修

1. 技能目标

(1)认识 FANUC 0i M 系列加工中心数控系统的接口。

(2)能够读懂 FANUC 0i M 系列加工中心数控系统说明书。

(3)能够连接数控系统与外围设备。

(4)能够诊断和调试 FANUC 0i M 系列加工中心数控系统的故障。

2. 知识目标

(1)了解 FANUC 0i M 系列加工中心数控系统的硬件结构。

(2)理解 FANUC 0i M 系列加工中心数控系统软、硬件的工作过程。

(3)掌握 FANUC 0i M 系列加工中心数控系统连接及调试方法。

3. 引导知识

1)FANUC 0i M 系统的选型和配置

图 3-1-1 为 FANUC 0i M 系统的配置图。

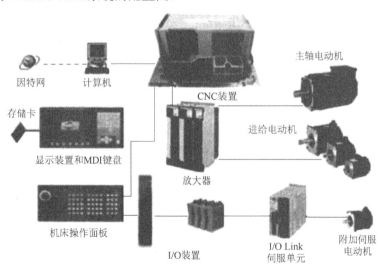

图 3-1-1　FANUC 0i M 系统的配置图

(1)系统功能的选择。系统功能包括 A 包和 B 包两种选择。2007 年 4 月以后 0i M 系列系统具备 5 个 CNC 轴控制功能(选择功能)和 4 个轴联动。根据机床特点和加工需要，系统可以选择扩展功能板，如串行通信(DNC2)功能板、以太网板、高速串行总线(HSSB)功能板及数据服务器功能板，但具体使用时只能从中选择两个扩展功能板。

（2）显示装置和MDI键盘。系统A包功能的显示装置标准为8.4″彩色LCD，选择配置为4″高分辨率的彩色LCD；系统B包则为7.2″黑白LCD。MDI键盘标准为小键盘，选择配置为全键盘，显示器与MDI键盘形式有水平方式和垂直方式两种。

（3）伺服放大器和电动机。系统A包标准为αi伺服模块驱动αi系列主轴电动机和进给伺服电动机；系统B包标准为βi/βiS伺服单元驱动βiS系列主轴电动机和进给伺服电动机。

（4）I/O装置。根据机床特点和要求选择各种I/O装置，如外置I/O单元、分线盘式I/O模块及机床面板I/O板等。

（5）机床操作面板。可以选择系统标准操作面板，也可以根据机床的特点选择机床厂家的操作面板。

（6）附加伺服轴。系统的选择配置，需要I/O Link βi系列伺服放大器和βiS伺服电动机，最多可以选择8个附加伺服轴，每个伺服轴占用128个输入/输出点，根据机床I/O Link使用的点数来确定。

2）FANUC 0i M系列系统的连接

FANUC 0i M系列系统的功能接口如图3-1-2所示。

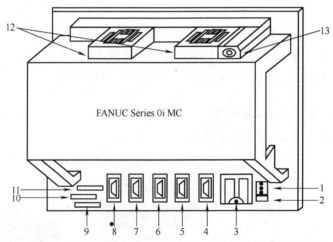

1-CP1；2-FUSE；3-电源单元；4-JA7A；5-JD1A；6-JA40；7-JD36B；8-JD36A；
9-CN2；10-CA55；11-CA69；12-系统电源风扇；13-系统存储器电池

图3-1-2　FANUC 0i M系列系统的功能接口

（1）CPI：系统直流24V输入电源接口。

（2）FUSE：系统DC24V输入熔断器（5A）。

（3）JA7A：串行主轴/主轴位置编码器信号接口。

（4）JA40：模拟量主轴的速度信号接口（0～10V）。

（5）JD1A：外接的I/O卡或I/O模块信号接口（I/O Link控制）。

（6）JD36A：RS-232-C串行通信接口（0、1通道）。

（7）JD 36B：RS-232-C串行通信接口（2通道）。

3）FANUC 0i M系统实际接线

图3-1-3为FANUC 0i M系统实际接线图。

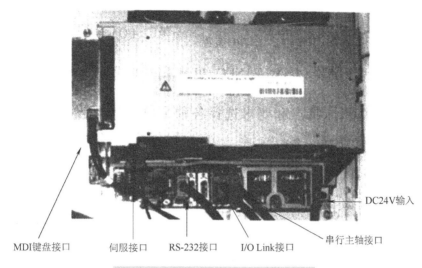

MDI键盘接口   伺服接口   RS-232接口   I/O Link接口   串行主轴接口   DC24V输入

图 3-1-3   FANUC 0i M 系统实际接线图

4. 故障诊断与维修

【故障现象一】   某配套 FANUC 0i M 的立式加工中心，在长期停用后首次开机，出现电源无法接通的故障。

(1)故障分析   对照说明书中的原理图，测量电源输入单元，输入 U / V / W 为 200 V 正常，但检查 U1、V1、W1 端无输出。根据原理图分析其故障原因应为 F1、F2 熔断，经测量确认 F1、F2 已经熔断。

(2)故障定位   进一步检查发现，输入单元上存在短路。为了区分故障部位，取下电源输入单元的连接，进行再次测量，确定故障在输入单元的外部。检查路线发现电缆绝缘破损。

(3)故障排除   在更换电缆及熔断器 F1、F2，排除短路故障后，机床恢复正常。

【故障现象二】   某配套 FANUC 0i M 的卧式加工中心，开机时发现系统电源无法正常接通。

(1)故障分析   电源无法接通的原因可能与电源输入单元的进线或开关有关。

(2)故障定位   经检查，输入单元的发光二极管 PIL 灯亮，但 LC1/LC 未吸合。进一步检查发现系统的"OFF"按钮连接脱落。

(3)故障排除   重新连接后，机床恢复正常。

【故障现象三】   与上例同一台加工中心，开机时系统电源无法正常连通。

(1)故障分析   经检查，输入单元的发光二极管 PIL 灯亮，但按下 MDI/CRT 上的"ON"按钮，LC1/LC 不吸合。对照原理图，经测量发现 0V 与 COM 间、门互锁触点、AL 触点均可靠闭合，+24V 电源正常，但按下"ON"按钮仍无法接通系统电源。由此初步判断其故障是由按钮"s1"故障或连接不良引起的。

(2)故障定位   维修时通过短接线，瞬间对 EON-COM 端进行了短接试验，CNC 电源即接通。由此证明，故障原因在"ON"或"OFF"按钮的连接上。进一步检查发现，故障原因是"ON"按钮损坏。

(3)故障排除   经更换后，机床即恢复正常。

【故障现象四】   TC1000 型加工中心操作面板显示消失。

(1)故障分析及定位   经检查，操作面板电源熔丝熔断，诊断发现其内部无短路现象。

(2)故障排除　换上熔丝后，显示恢复。

【故障现象五】　TC1000 型加工中心出现 PLC 功能异常。

(1)故障分析　PLC 功能异常可能原因有程序错误、PLC 板损坏、PLC 外围部件功能异常。

(2)故障定位　排除程序错误，更换 PLC 板，故障现象依然存在。检查人员发现其底座上的冷风机损坏，转动不灵活。

(3)故障排除　更换风机后，系统功能正常。

【故障现象六】　TC500 型加工中心启动不起来，面板显示 EPROM 故障并提示出报警部位在 EPROM CHIP 41。

(1)故障分析　因为系统软件全部存储于 EPROM 存储器中，它们的正确性是系统正常工作的基本条件，因此，机床每次启动时系统都会对这些存储器的内容进行校验和检查，一旦发现有误，立即显示文字报警，并指示出错芯片的片号。据此可知故障与 41 号芯片有关。

(2)故障定位及排除　经检查 41 号芯片在伺服处理器 MS250 上，更换 41 号芯片故障依然存在，更换 MS250 故障消失。

【故障现象七】　配置 FANUC 0i M 数控系统的立式加工中心，产生 99 号报警，该报警无任何说明。

(1)故障分析　利用机床 PMC 诊断，发现数据 T6 的第 7 位数据由"1"变"0"，该数据位为数控柜过热信号，正常时为"1"，过热时为"0"。

(2)故障定位　检查数控柜中的热控开关，检查数控柜的通风是否良好，检查数控柜的稳压装置是否损坏。检查后发现通风扇损坏不工作。

(3)故障排除　更换数控柜通风扇，故障消除。

5. 维修总结

(1)FANUC 0i M 系统电源控制，由于采用了"输入单元"进行电源通、断控制，因此，其控制线路比直接电源加入型系统要复杂。通过测绘输入单元的电气原理图，再对照原理图进行维修是最有效、最可靠的方法。

(2)由于输入单元的控制电压种类较多，在进行测量维修处理，特别是做短接试验时，必须十分谨慎，防止损坏控制元器件。

(3)根据个人的维修经验，FANUC 0i M 系统的电源输入单元的元器件，除熔断器外，其他元器件损坏的概率非常小，维修时不要轻易更换元器件。

(4)在某些机床上，由于机床互锁的需要，使用了外部电源切断信号，这时应根据机床电气原理图，综合分析故障原因，排除外部电源切断的因素，才能启动。

6. 知识拓展

数控系统故障诊断常用方法如下。

1)直观法

依靠人体的器官和简单的仪器仪表，寻找故障的原因和故障定位，这种方法是维修工作中常用和最优先采用的。

2)数控系统自诊断法

现代数控系统都有自诊断功能，一旦数控发生故障，系统就会发出相应的报警信息，根据这些报警信息，就可以大致判断故障的部位。自诊断有以下 3 种方式：

（1）开机自诊断。在每次启动数控系统时，自诊断程序会依次对数控的各部件进行诊断，并在 CRT 上显示诊断过程。如果某一部件没有通过诊断，则 CRT 会显示相关的信息，根据这些信息，维修人员可以大致判断故障的位置。只有所有部件全部通过检验以后，数控系统才能正常启动工作。

（2）在线自诊断。数控系统启动后，通过系统的诊断程序，在系统运行过程中，实时监控数控系统，一旦数控系统发生故障，就会产生相应的报警信息。

（3）离线自诊断。当故障发生以后，可以将专用的诊断程序输入数控系统，观察 CRT 上显示的诊断信息，通过这些信息来分析故障。

3）数据和状态检查

数据和状态检查包括接口信息检查和参数检查两个方面：

（1）接口信息检查。检查机床与数控系统之间的各个接口信号的状态，确定故障的部位。数控系统的诊断功能可以将接口信号的状态显示在 CRT 上，供维修人员读取。

（2）参数检查。参数是数控系统和机床之间实现最优匹配的有效工具。每一台机床都有若干参数，这些参数均需通过正确的设置才能保证机床正确工作。例如，使用参数选择数控系统显示的语言、设置增益和设置加（减）速度时间常数等。这些参数有时会由于各种原因造成丢失或需要更改，因此，有时可以使用参数来维修机床。

4）利用数控的报警指示灯来诊断故障

在数控系统的主板、速度控制单元和电源单元等布置有相应的故障指示灯，利用这些指示灯状态，也能帮助诊断故障。

5）备件置换法（交换法）

当数控系统发生故障时，如果怀疑某一零部件有问题而又不能确认，可以使用相同的零部件替换试验。通过替换法可以判断所替换的零部件是否有故障。值得注意的是，使用此法时一定要注意板上的设定要与原板一致，否则，可能会造成严重的后果，还要分析周围电路对置换板的危害，避免损坏置换的板。这些备板的来源可以是库存的零部件，也可以是本机床上功能完全相同的零部件。

6）敲击法

对于接触不良的故障，可以使用绝缘材料轻轻敲击怀疑部位。若故障出现或故障恢复，则说明故障在敲击点附近，这样就缩小了故障范围。

7）升温、降温法

对于由温度变化引起的故障，可以采用此法。具体做法是：在怀疑的部位使用电热吹风，若故障出现，则说明故障在附近。或用凉风吹怀疑的部位，故障消失，说明故障就在附近。需要注意的是，温度不可太高，以免损坏部件。

8）拉偏电源法

有些不定期出现的故障与电网的波动有关，可以人为使电源电压升高或降低，检查故障的出现时机和规律，从而确定故障。

9）功能程序试验法

将数控的 G、M、T 和 F 代码等编写成一个综合试验程序，运行该程序，检查程序在哪一个功能出现故障，从而找到故障点。

10）机、电、液、气综合分析法

数控机床是机电一体化产品。某一部分出现问题，就可能影响数控机床的正常运行，因此，当机床出现故障时，必须综合考虑故障原因。

11）测量比较法

数控的线路板上有许多测试端子，这些端子就是供维修人员检测用的。一旦出现故障，可以测量相关端子的电压或波形，然后与正常状态下比较，从而判断故障。一般来说，机床厂家提供的维修资料会有正常情况下的电压或波形，如果有两台相同的机床，也可以进行对比。此外，维修人员在平常就应该积累这些方面的经验和资料。

12）线路原理分析法

根据电气原理图，分析故障的部位。这种方法的前提是具有数控系统的电路原理，而实际情况是，机床厂家不提供线路图，而且对维修人员的要求也较高，所以，这种方法只是在机床厂家维修时使用，用户使用有一定困难。如果用这种方法分析强电电路，是切实可行的。

13）用 PLC 进行中断状态分析法

PLC 是联系 NC 系统和机床之间信号的中间环节，PLC 发生故障，数控机床就不能正常使用。PLC 发生故障时，其中断原因以中断堆栈的方式记忆。使用 PLC 编程器可以在系统停止状态下，调出中断堆栈，按其所指示的原因，确定故障所在。

任务 2　SINUMERIK 840 系列数控系统故障诊断与维修

SINUMERIK 840 系列控制系统的特征是具有大量的控制功能，如钻削、车削、铣削、磨削以及特殊控制，这些功能在使用中不会有任何相互影响。全数字化的系统、更新的系统结构、更高的控制品质、更高的系统分辨率以及更短的采样时间，确保了一流的工件质量。SINUMERIK 840 系列数字 NC 系统用于各种复杂加工，它在复杂的系统平台上，通过系统设定而适用于各种控制技术。840 与 SINUMERIK 611 数字驱动系统和 SIMATIC 7 可编程控制器一起，构成全数字控制系统，它适于各种复杂加工任务的控制，具有优于其他系统的动态品质和控制精度。

1. 技能目标

（1）认识 SINUMERIK 840 系列加工中心数控系统的接口。

（2）能够读懂 SINUMERIK 840 系列加工中心数控系统说明书。

（3）能够连接加工中心数控系统与外围设备。

（4）能够诊断和调试 SINUMERIK 840 系列加工中心数控系统的故障。

2. 知识目标

（1）了解 SINUMERIK 840 系列加工中心数控系统的硬件结构。

（2）理解 SINUMERIK 840 系列加工中心数控系统软、硬件的工作过程。

（3）掌握 SINUMERIK 840 系列加工中心数控系统连接及调试方法。

3. 引导知识

1）系统的构成

SINUMERIK 840 系列加工中心数控系统的构成如图 3-1-4 所示。

（1）中央控制器。中央控制器的基本部件是：电源模块、中央服务板、PLC CPU135WD，作为各功能模块的框架，为其他功能模块提供电源及数据总线。

（2）CSB（中央服务板）。为 RAM 存储器提供数据保持电池；提供电子手轮、探测头、快速 NC 输入的接口；提供风扇电源，发出 NC 准备信号；监视电池电压、电源电压、风扇、内部温度。

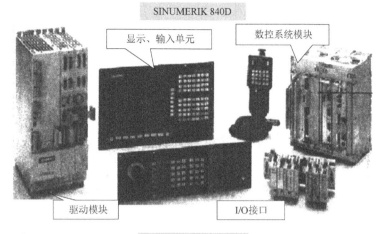

图 3-1-4　系统的构成

(3)NC-CPU。CPU 的规格为 486DX-VB/33MHz、486DX-VB/66 MHz 或 486DX4-VB/100 MHz，提供与 SIMODRIVE 611D 的数据接口，最大能够提供 3MG 的 NCU 用户存储器，用以处理零件程序。

(4)PLC-CPU。CPU 规格为 80186/16MHz，存储用户程序，并用电池保存。可连接部件：为串行分布式外设提供两个 RS485 接口；最多可连接 15 个分布式外设端子块；机床控制面板；手持单元；编程单元；为 PLC 报警处理提供的 8 个中断输入。

(5)MMC CPU。这是一个嵌入式计算机主板，规格为 486SX/486DX，该板的主要作用：中央数据存储(本板集成有硬盘)，操作和显示，为用户方案提供开放系统结构，连接显示器，提供串行口、并行口。

(6)测量电路模块。输出伺服使能信号，输出 3 个轴(坐标轴/主轴)的指令信号，接受 3 个轴的模拟测量电路模块的位置反馈信号。

(7)DMP(分布式机床外设)。它是机床输入输出信号和 PLC 用户程序之间的接口。PLC 用户程序处理的机床信号直接通过 DMP 控制机床的动作。由于 PLC 和 DMP 之间通过一根串行信号电缆连接，所以减少了机床众多电气信号直接到 PLC 的连接，提高了系统的可靠性。

2)SINUMERIK 840 系列数控系统的连接

SINUMERIK 840 系列数控系统的连接如图 3-1-5 所示。

4. 故障诊断与维修

【故障现象一】　一台配置 SINUMERIK 840 系统的立式加工中心，机床到厂后第一次开机，发现系统的电源无法接通。

(1)故障分析　系统同上例，根据输入单元的原理图分析测量，确认故障原因为输入单元的 ON/OFF 控制电路的外部触点 COM-EOF 开路。对照机床电气控制原理图分析、检查，发现 COM-EOF 触点闭合条件包括了 PLC(SS-130 WB)的输出信号，作为系统启动的互锁条件，由于此信号无输出，引起了触电的断开。

(2)故障定位　进一步检查 PLC，发现该 PLC 中的运行开关在出厂时置于"STOP"位，整个 PLC 为正常运行，根据 PLC 的说明，通过以下步骤重新启动 PLC：

① 按住 PLC 的【Restart】键并保持，将 PLC 的运行开关拨至"RUN"位，PLC 的"RUN"、"STOP"灯同时亮。

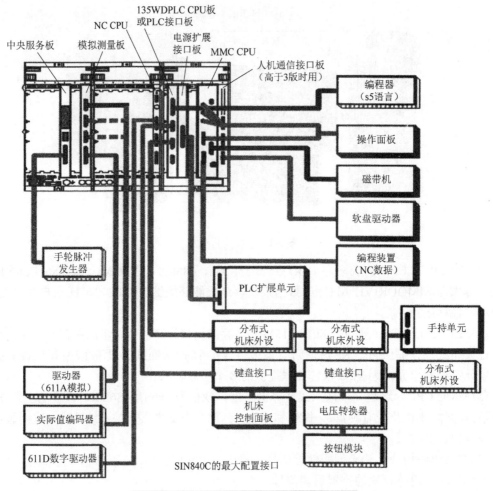

图 3-1-5　SIMENS 840 系列数控系统的连接

② 在不松开【Restart】键的前提下，等待 PLC 的指示灯"RUN"灭，"STOP"灭。

③ 松开【Restart】键，再次将 PLC 的运行开关至"STOP"，然后再拨至"RUN"。

④ PLC 的"RUN"、"STOP"再次同时亮，等待数秒后，再次变成只有"STOP"亮。

⑤ 第三次将 PLC 运行开关拨至"STOP"，然后再拨至"RUN"。

⑥ PLC 的"RUN"、"STOP"灯第三次同时亮，等待数秒后，PLC 上的"STOP"灯灭，"RUN"灯亮，PLC 完成至新启动过程。

（3）故障排除　通过以上操作，PLC 开始运行，互锁触点开始闭合，开机后，机床可以正常工作。

【故障现象二】　一台立式加工中心，机床在程序试运行过程中，突然停机，再次开机时发现系统电源无法正常接通。

（1）故障分析及定位　分析故障现象，确认故障是由 PLC 输出互锁引起的。检查 PLC 工作正常，但操纵台上的"急停"指示灯不停地闪烁，表明机床进入了急停状态。进一步检查随机提供的 PLC 程序，发现"急停"指示灯不停闪烁是工作台的超极限引起的。

（2）故障排除　在关机状态下，通过手摇 X 轴滚珠丝杠(机床上本身设计了紧急退出的手动装置)，使 X 轴退出限位后，重新启动机床，故障排除，机床恢复正常工作。

【故障现象三】　　一台立式加工中心，在夹具调试过程中突然停机，再次开机时，电源无法正常接通。

(1)故障分析及定位　分析故障现象，确定故障原因是 PLC 的互锁触点动作引起的。检查 PLC 处于正常运行状态，机床工作台未超程，但 PLC 互锁输出的中间继电器未吸合。进一步检查发现，PLC 上的 DC24V/2A 输出模块中的全部输出指示灯均不亮，但其他输出模块 (DC24V/0.5A)上的全部指示灯正常亮，由此判定故障原因是 S5-130 WB 的 DC24V/2A 的公共回路故障引起的。检查该模块的全部输出信号的公共外部电源 DC24V 为"0"，24V 断路器跳闸。进一步测量发现，夹具上的 24V 连接碰机床外壳，导致了断路器的跳闸。

(2)故障排除　将夹具的 24V 电源重新连接，与机床外壳隔离，合上 DC24V 断路器，机床恢复正常工作。

【故障现象四】　　一台配套 SIEMENS 的 SINUMERIK 840 系统的数控机床，PLC 采用 S5-130W/B，通过 NC 系统 PC 功能输入的 R 参数，在加工中不起作用，且不能更改加工程序中 R 参数的数值。

(1)故障分析　通过对 NC 系统工作原理及故障现象的分析，确认 PLC 的主板有问题。

(2)故障定位　与另一台的主板对换后，进一步确定是 PLC 主板的问题。

(3)故障排除　经厂家维修后，故障排除。

【故障现象五】　　一台配套 SINUMERIK 840 数控系统的加工中心，其加工程序编辑后无法保存。

(1)故障分析与定位　经现场多次试验发现，机床可进行手动、手轮、MDI 操作，但在编辑完程序，关机后重新启动，发现程序丢失，但系统参数仍然存在，因此可排除电池不良的原因，据初步诊断可能为存储器板损坏导致。

(2)故障处理　与另一台机床上同规格的存储器板更换后，机床恢复正常。

【故障现象六】　　一台配置 SIEMENS 840D 系统的立式加工中心，电源无法正常接通。

(1)故障分析　经分析检查，确定故障原因为 PLC 引起的互锁。检查 PLC 输出，确定 PLC 的互锁信号无输出。对照 PLC 程序与机床电气原理图，逐一检查 PLC 程序中的逻辑条件，发现可能引起 PLC 互锁的条件均已满足，且 PLC 已正常运行，输出模块上的公共 24V 电源正常，排除了以上可能的原因。

(2)故障定位　为了确定故障部位，维修时取下 PLC 输出模块进行检查，经仔细检查，需要通过设定端进行模块地址设定。在本机床上，用户在机床出现其他故障时，曾调换过 PLC 的输出模块，但在调换时未考虑到改变模块的地址设定，从而引起上述报警。

(3)故障排除　恢复地址设定后，故障排除，机床可以正常启动。

【故障现象七】　　配置 SINUMERIK 840D 数控系统的加工中心在通电后，数控系统启动失败，所有功能操作键都失效，CRT 上只显示系统页面并锁定，同时，CPU 模块上的硬件出错，红色指示灯点亮。

(1)故障分析　经过对现场操作人员的询问，了解到故障发生之前，有维护人员在机床通电的情况下，曾经按过系统位控模块上伺服位置反馈的插头，并用螺钉旋具紧固了插头的紧固螺钉，之后就造成了上述故障。

无论在断电还是通电的情况下，如果用带静电的螺钉旋具或人的肢体去触摸数控系统的连接接口，都容易使静电窜入数控系统而造成电子元器件的损坏。在通电的情况下紧固或插拔数控系统的连接插头，很容易引起接插件短路，造成数控系统的中断保护或电子元器件的损坏，故判断故障是由上述原因引起的。

(2)故障定位　在机床通电的状态下，一手按住电源模块上的复位(RESET)按钮，另一手按数控系统启动按钮，系统即恢复正常，页面可翻转；另一种方法是，在按下系统启动按钮的同时，按住系统面板上的"眼睛"键，直到 CRT 上出现页面。

(3)故障排除　通过 INITIAL CLEAR(初始化)及 SET UP END W(设定结束)软键操作，进行系统的初始化，系统即进入正常运行状态。

如果上述解决方法无效，则说明系统已损坏，必须更换相应的模块甚至整个系统。

5. 维修总结

(1)安装、调试和维修人员必须熟悉相关数控系统的技术资料。

(2)安装、调试和维修人员必须严格按规范操作。

(3)记录故障发生的经过，以便能及时查找故障原因。

6. 知识拓展

数控系统常见故障分类如下。

1)系统性故障和随机故障

根据故障出现的必然性和偶然性，分为系统性故障和随机故障。

(1)系统性故障。指故障在条件满足时，必然会出现的故障。例如，直流电压过高或过低，必然会出现故障；切削量过大，必然引起过电流报警等。

(2)随机故障。此类故障在相同条件下，并不一定出现，只是随机出现几次，诊断是非常困难的，因为无法使故障重现，所以，维修人员很难根据故障现象诊断故障，只能凭经验进行诊断。一般来说，这类故障都是机械松动或电气接触不良造成的，有时是元件老化、温度系数变差、零点漂移造成的。

2)有显示故障和无显示故障

在故障出现时，一般都会有报警显示和指示灯显示，也有些故障无任何显示，只是不能正常工作。根据故障状态下有无显示，分为有显示故障和无显示故障。

(1)有显示故障。在故障发生时可以在 CRT 上看到显示的报警号，在操作面板上看到故障指示灯，或在印刷电路板上看到指示灯的指示。根据报警号和指示灯的指示，就可以大致判断故障的部位，从而修复数控机床。

(2)无显示故障。机床不能正常工作，但无任何故障信息显示，这类故障诊断是非常困难的。这类故障可能是数控系统设计缺陷、参数设置不当或系统进入死循环等造成的。维修人员只能根据故障前后状态来分析故障原因。有时 NC 系统在等待某一接口信号出现，也会表现为这种现象。

3)破坏性故障和非破坏性故障

根据故障发生时是否具有破坏性，将故障分为破坏性故障和非破坏性故障。

(1)破坏性故障。此类故障发生时，会对设备和人身造成破坏，使加工工件报废。如飞车、超程和部件碰撞等故障，都属于破坏性故障。

破坏性故障在诊断修复时，不允许维修人员重复故障，只能向操作人员仔细询问故障出现的条件和现象，然后分析故障原因，修复故障。这类故障排除难度大，风险也较大，这就要求维修人员胆大心细，认真分析，尽量不要出现失误。

(2)非破坏性故障。大部分故障是非破坏性故障。非破坏性故障出现时，不会出现人身伤害和机床损坏。如程序通信报警，可能是通信波特率设置不恰当造成的。又如 FANUC6M 的 85 号报警，表示使用 RS232 接口传送程序，把数据存入存储器时，产生超值错误或波特率错误。显然，这样的故障是可以重现的。

4）硬件故障和软件故障

数控系统与计算机系统一样，也是由硬件系统和软件系统组成的。从这个角度，又可以将故障分为硬件故障和软件故障。

（1）硬件故障。指数控机床的硬件出现损坏，只有更换已经损坏的元器件，才能排除的故障。所以，这类故障也称为死故障。比较常见的是接口电路损坏、信号电缆损坏、进给电动机损坏等。好的数控系统在正常使用情况下，印刷线路板是极少损坏的，损坏的一般是接口电路、外围检测元件、限位开关、信号电缆、操作开关和电源单元等。

（2）软件故障。软件故障是由于软件出现问题引起的故障。数控系统的软件可分为 3 个部分，即数控厂家开发的系统软件和设置的参数、机床厂家开发的 PLC 软件和设置的参数、用户所设置的参数和编写的工件加工程序。这 3 个方面的软件出现问题，都会引起软件故障。其中故障最多的是用户编写加工程序错误引起的软件故障，其次是各种参数引起的故障。

软件故障诊断比较方便。在数控故障诊断中，应该首先判断是否是软件故障，然后再诊断硬件故障。

任务 3 华中 HNC-8 数控系统故障诊断与维修

HNC-8 系列数控系统是新一代基于多处理器的总线型高档数控系统，充分发挥多处理器的优势，在不同的处理器分别执行 HMI、数控核心软件及 PLC，充分满足运动控制和高速 PLC 控制的强实时性要求，HMI 操作安全、方便。采用总线技术突破了传统伺服在高速高精时数据传输的瓶颈，在极高精度和分辨率的情况下可获得更高的速度，极大提升了系统的性能。系统采用 3D 实体显示技术实时监控和显示加工过程，直观地保证了机床的安全操作。

1. 技能目标

（1）认识华中 HNC-8 数控系统的接口。

（2）能够读懂华中 HNC-8 数控系统说明书。

（3）能够连接数控系统与外围设备。

（4）能够诊断和调试华中 HNC-8 数控系统的故障。

2. 知识目标

（1）了解华中 HNC-8 数控系统的硬件结构。

（2）理解华中 HNC-8 数控系统软、硬件的工作过程。

（3）掌握华中 HNC-8 数控系统连接及调试方法。

3. 引导知识

1）调试准备

（1）核对。按照订货清单和装箱单清点实物是否正确，是否有遗漏、缺少等。如果不一致，立即与华中数控联系。

（2）脱机调试。为了防止出现意外，驱动、电机在和执行机构连接之前必须经过脱机调试。在调试大型机床时，此环节必不可少。具体步骤：

① 将驱动、电机放置于平坦、安全的位置（如地面）。

② 将系统与驱动、驱动与电机连接起来(详细说明请参见《硬件连接说明书》),如图3-1-6所示。

图 3-1-6　硬件连接

(3)调试要点。主要包括:

① 检测动力线的 U、V、W 的相序是否正确。

② 检查数控系统能否正确控制驱动和电机的动作,驱动和电机的工作状态是否平稳且达到设计功率。

③ 如果驱动是绝对式编码器,这时可以将电机旋转到一个适当的位置,方便调试。

例如,假设绝对式编码器的单圈计数是 17 位,多圈计数是 12 位,则总的计数范围是 0~536870912(2^{29}),那么将电机旋转到"电机位置"值一半的时候最适合,即 268435456。

原始的电机位置可以通过切换界面右上角的显示内容来选择,如图3-1-7所示。

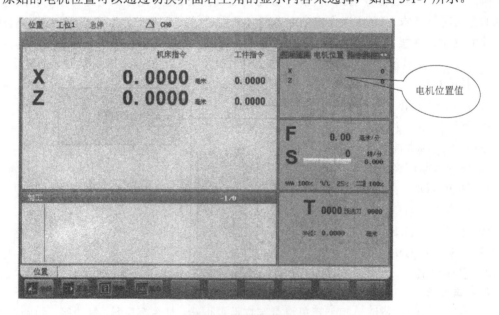

图 3-1-7　电机位置显示

(4)硬件安装及连接。步骤如下:

① 在机床不通电的情况下,按照电气设计图纸将数控系统、驱动、电机、I/O 单元等硬件单元安装到正确位置,如图3-1-8所示。

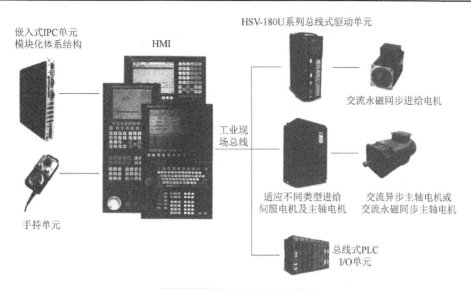

图 3-1-8　各种设备装置的准备

② 基本电缆连接(详细说明请参见《硬件连接说明书》)。

注意：由于火线的连接是个环形连接，如果不按照设备顺序连接，虽然也可以通信，但不利于梯形图调试。因此，必须按照设备顺序连接，如图 3-1-9 和图 3-1-10 所示。

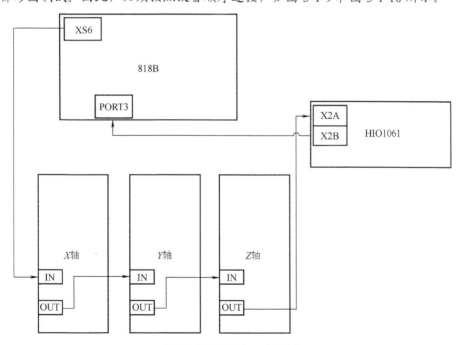

图 3-1-9　火线连接示意图

(5)接地。接地的好坏影响系统受干扰的程度，大量的调试教训总结出的结论是：好的接地会避免掉调试中不必要的意外和麻烦。接地遵守的准则如下：

① 接地标准及办法需遵守《机械电气安全　机械电气设备　第 1 部分　通用技术条件》（GB/T 5226.1—2008）。

② 中性线不能作为保护地使用。

图 3-1-10　火线连接实物图

③ 不能集中在一点接地，接地线截面积必须≥6mm²，接地线严格禁止出现环绕。

（6）通电前检查。主要包括：

① 检查 24V 回路是否存在短路。

② 检查驱动进线电源模块和电机模块的连线是否可靠连接。

2）系统调试

为了确保调试人员的安全和机床的完好无损，更方便对遇到的故障进行诊断，在调试前期过程中应该遵循"分步通电"原则：

（1）系统上电。操作步骤如下：

① 只给数控系统上电，其他部件保持断开，暂不通电。

② 系统上电后，进入："诊断"→"梯图监控"，如图 3-1-11 所示。

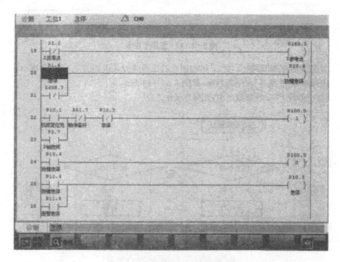

图 3-1-11　梯形图监控

调试的关键是：

① 点位核对：检查梯形图的每个 I/O 点位与机床的电气设计是否一致，若被调试机床的急停点位不是 X1.6，则需要修改梯形图。

② 抱闸：如果 Z 轴带有抱闸，检查梯形图中抱闸部分的时序。具体检查步骤如下：

a. 检查在急停动作时，是否断开 Z 轴抱闸点的输出，如图 3-1-12 所示。

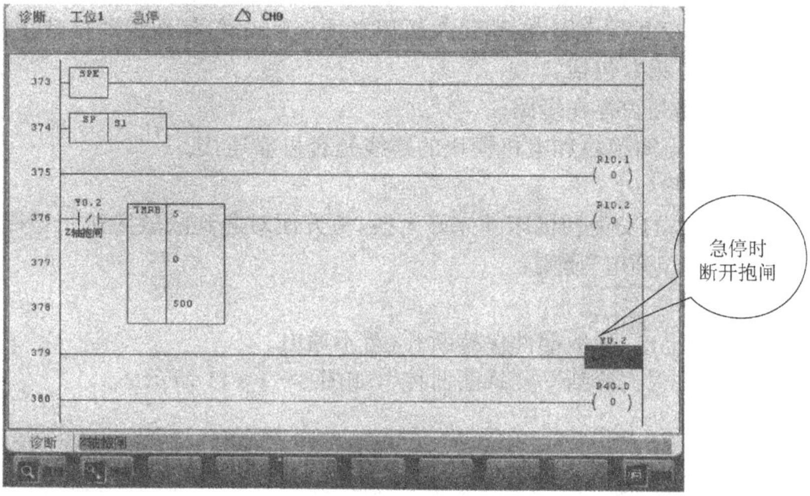

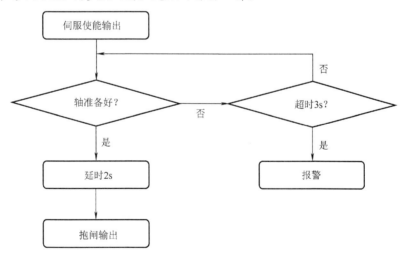

图 3-1-12　急停子程序

b. 检查在急停解除(复位)时，Z 轴抱闸点的处理流程是否如图 3-1-13 所示，在输出抱闸之前有对"轴准备好"信号的判断，如图 3-1-14 所示。

注意： 在修改 PLC 或参数之前，先做好备份工作。

图 3-1-13　抱闸输出流程

(2)进给驱动上电。只给数控系统和进给驱动上电。调试的关键是：

① 检查驱动和系统之间是否建立正常的连接。如果急停仍然有效，系统不显示"急停"模式，而一直显示"复位"，同时系统报警"总线连接不正常"，表示系统和驱动模块的连接出现故障，需要关闭机床电源，重新检查各设备总线的连接情况。

② 检查设备参数配置。如果连接已经正常，就可以查看数控系统本地与总线网络设备连接情况，同时核对各项设备参数，如果参数显示出并没有找到相应的设备，需要检查火线是否接错。

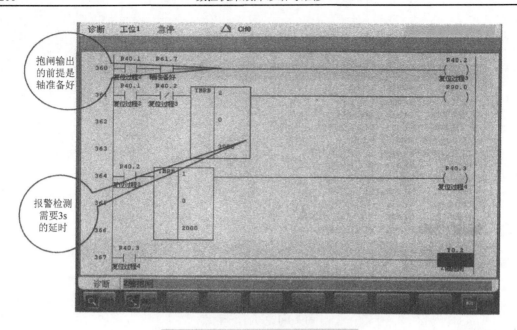

图 3-1-14　复位时抱闸信号的检测步骤

查看设备配置步骤："设置"→"参数"→"系统参数"→"设备配置"（必须先输入权限口令），如图 3-1-15 所示。

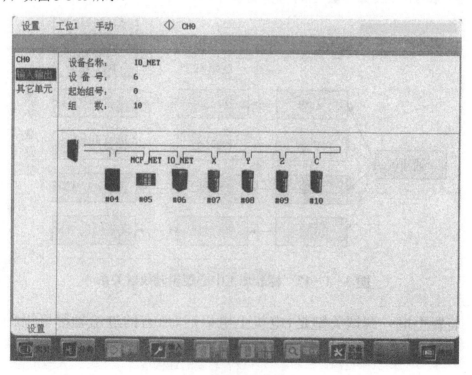

图 3-1-15　设备参数

查看接口设备参数步骤："设置"→"参数"→"接口设备参数"，如图 3-1-16 所示。

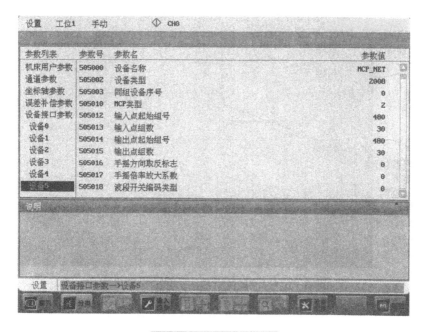

图 3-1-16　接口设备参数

设备与逻辑轴映射关系如图 3-1-17 所示。

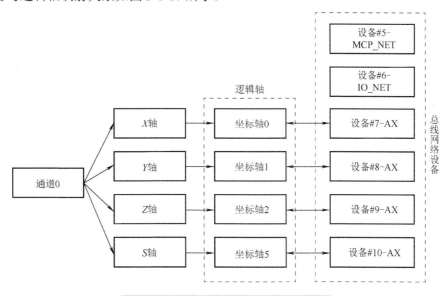

图 3-1-17　标准加工中心逻辑轴映射关系

(3)动力装置上电。调试关键是：电机上电以后，所有的进给轴都可以移动了，为了确保人员安全和机床完好，必须先确定各限位的保护是否有效。

① 硬限位和超程解除。检查梯形图中对轴硬限位和超程解除的处理，同时尝试触发每个轴各方向的限位信号，观察系统是否能给出报警，如图 3-1-18 所示。

② 软限位。轴的正负软限位在调试初期可能设置较大，但在回零和硬限位调试完毕后应重新设置合理的数值，确保机床安全，如图 3-l-19 所示。

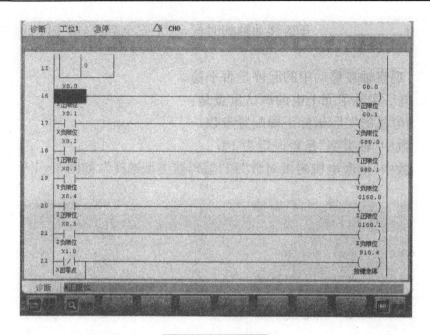

图 3-1-18　轴硬限位

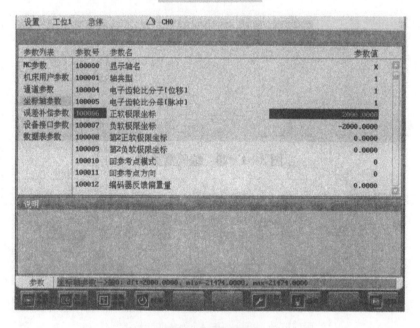

图 3-1-19　轴参数

③ 轴类型。检查轴参数中的类型是否和硬件匹配，是否旋转轴、同步轴、PMC 轴，如图 3-1-19 所示。

④ 电子齿轮比。按照机床各轴实际的螺距和驱动电机的每转脉冲数，计算并设定正确的电子齿轮比的分子和分母，如图 3-1-19 所示。

⑤ 轴速度和加速度。根据机床各轴的行程距离和驱动的功率，检查轴的回零速度、快移速度、进给速度以及加减速时间常数设置是否正确。

⑥ 进给修调和快移修调。开始移动轴的时候，为了安全起见，应先降低修调值，然后逐

步提高。

⑦ 轴性能。观察轴在移动中的启停是否平稳。

（4）主轴上电。主轴单元上电的调试重点是：

① 按照主轴电机的实际指标正确配置参数。

a. 检查轴参数中"轴类型"是否设定为10。

b. 检查轴参数中"伺服电机磁极对数"和"编码器类型选择"，如图3-1-20所示。

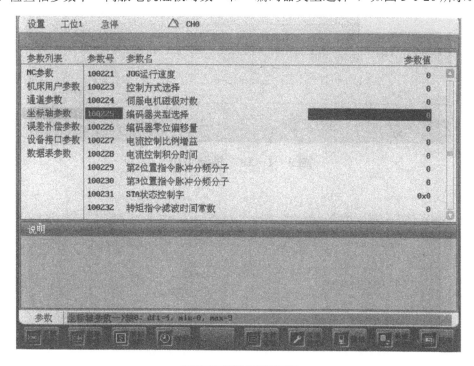

图 3-1-20　编码器类型

c. 编码器类型选择：

0：1024pps；

1：2048pps；

2：2500pps；

3：256 线正余弦增量编码器；

4：EQNl1325/1313；

5：其他正余弦增量式编码器。

例如，1201 为 1200 线正余弦增量式编码器，个位 1 表示正余弦信号。

② 检查参数中主轴最大转速是否和设备匹配。

③ 检查主轴反馈线是否和进给轴混淆，交叉接反时主轴驱动会报警 A12。

④ 调试主轴转速变化是否线性。

（5）刀库。现在的加工中心配有的刀库类型多种多样，但主流机床的刀库类型还是以斗笠式和机械手式为主。斗笠式刀库采用的是定点换刀，而机械手式刀库采用自由换刀，如图 3-1-21 和图 3-1-22 所示。

图 3-1-21　斗笠式刀库　　　　　　　　图 3-1-22　机械手式刀库-刀盘

　　刀库模块是加工中心调试的最后一环。刀库模块上电后，调试重点是：

　　① 参数核对。标准发布的梯形图中包含斗笠式和机械手式两种刀库类型。这两种刀库对应梯形图中的两个子程序模块，调试加工中心时需先核对 PMC 用户参数中指定的是哪种刀库，如图 3-1-23 所示。

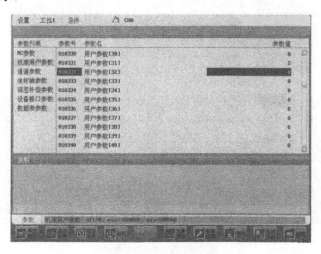

图 3-1-23　用户参数

　　如图 3-1-24 所示，当 P32.0 有效时，PLC 调用斗笠式刀库子程序（即 P32=1）；如图 3-1-25 所示，当 P32.1 有效时，PLC 调用机械手式刀库子程序（即 P32=2）。

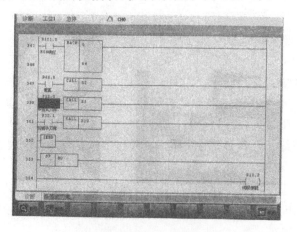

图 3-1-24　调用斗笠式刀库

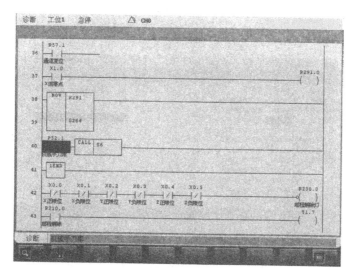

图 3-1-25　调用机械手式刀库

② 分步调试。按照 USERDEF.CYC 中对 M6 的分解，依次调试每一行代码，以斗笠式刀库的分解动作为例：

```
%1006
1F 【#190188 EQ #100026】
    M99
    ENDIF
IF【#1159 NE 40】 OR 【#1160 NE 49】
G110P-900          ; 换刀前必须取消长度和半径补偿
ENDIF
#1=#1151           ; 保存 G0/G1/G2/G3 模态 GRP1
#2=#1158           ; 保存 G20/G21/G22 模态 GRP8
#3=1163            ; 保存 G90/G91 模态 GRP13
#6=#1164           ; 保存 G94/G95 模态 GRP14
G00                ; 恢复模态组初始值
G21
G94
M35                ; 换刀开始标记
M32                ; 换刀检查
G91G30P2Z0         ; 定位到换刀位置
M33                ; 第二参考点到位检查
M19                ; 主轴定向开
IF 【#190188 NE #190189】
    M26
    ENDIF
M23                ; 刀库进
G4P1000
M21                ; 刀库松
G4P1000
G91G30P3Z0         ; Z 抬刀
M34                ; 第三参考点到位检查
```

```
G4P1000
M25                  ;选刀
G4P1000
G91G30P2Z0           ;定位到换刀位置
M33
G4P1000
M22                  ;刀具紧
M24                  ;刀库退
G4P1000
M20                  ;主轴定向关
M36                  ;换刀结束标记
G【#1】               ;恢复进循环之前模态值
G【#2】
G【#3】
G【#6】
```

我们可以依次调试 M19＝＞M23＝＞M21＝＞M25＝＞M22＝＞M24＝＞M20。

3)同步轴调试

如果机床的进给轴中含有同步轴,如图 3-1-26 所示,可按以下步骤进行配置:

(1)设置 Parm010050"PMC 及耦合从轴总数",有多少个同步轴就设多少。

(2)设置 Parm010051"PMC 及耦合从轴编号",此处要使用当前通道里没有配置过的逻辑轴号。

(3)选择 Parm010051"PMC 及耦合从轴编号"中所指定的逻辑轴,设置第 100 号参数"PMC 及耦合轴类型"为 1(向步轴)。

(4)选择 Parm010051"PMC 及耦合从轴编号"中所指定的逻辑轴,设置第 101 号参数"导引轴 1 编号"为需要同步跟随的母轴。

(5)在 PLC 中将 Parm010051"PMC 及耦合从轴编号"中所指定的逻辑轴使能。

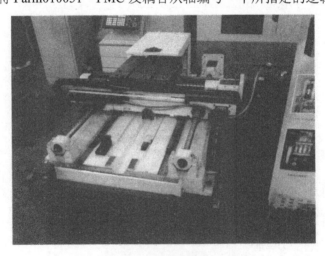

图 3-1-26　同步轴

同步轴设置完成。可移动导引轴查看从轴是否跟随。

例如,如图 3-1-27 所示,Z 轴同步机床配置步骤如下:

① 设置 Parm010050 "PMC 及耦合从轴总数" 为 1。
② 设置 Parm010050 "PMC 及耦合从轴编号" 为 3。
③ 选择 "坐标轴参数" 中的 "轴 3"，修改 Parm103100 "PMC 及耦合从轴类型" 为 1。
④ 选择 "坐标轴参数" 中的 "轴 3"，修改 Parm103101 "导引轴 1 编号" 为 2。
⑤ 在 PLC 中将 G240.7 置 1，开轴 3 使能。

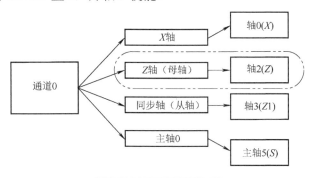

图 3-1-27　Z 轴同步机床

4)PMC 轴设置

如果机床的进给轴中含有 PMC 轴，可按以下步骤进行配置：

(1)设置 Parm010050 "PMC 及耦合从轴总数"，有多少个 PMC 轴就设多少。

(2)设置 Parm010050 "PMC 及耦合从轴编号"，此处要使用当前通道里没有配置过的逻辑轴号。

(3)在一个没有使用的通道里设置之前在 Parm010050 "PMC 及耦合从轴编号" 中所设置的轴号。

(4)选择 Parm010050 "PMC 及耦合从轴编号" 中所指定的逻辑轴，设置第 100 号参数 "PMC 及耦合轴类型" 为 0(PMC 轴)。

(5)在 PLC 中将 Parm010050 "PMC 及耦合从轴编号" 中所指定的逻辑轴使能，并且复位通道，将通道 1 的模式设为 PMC 模式。

(6)最后在 PLC 中使用 AXISMVTO 模块将轴 6 走到一个绝对位置，或用 AXISMOVE 模块使轴 6 走到一个相对位置。

例如，如图 3-1-28 所示，配置步骤如下：

① 设置 Parm010050 "PMC 及耦合从轴总数" 为 1。
② 设置 Parm010051 "PMC 及耦合从轴编号" 为 6。

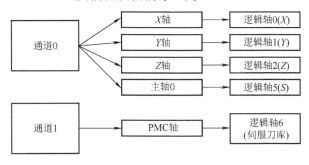

图 3-1-28　PMC 轴设置

③ 在通道 1 户的 Parm041001 "X 坐标轴轴号"处设 6。

④ 选择"坐标轴参数"中的"轴 6",修改 Parm103100 "PMC 及耦合轴类型"为 0。

⑤ 在 PLC 中将通道 1 复位,开轴 6 使能。用 MDST 模块将通道 1 设 64(PMC 模式)。

⑥ 最后在 PLC 户使用 AXISMVTO 模块将轴 6 走到一个绝对位置,或用 AXISMOVE 模块使轴 6 走到一个相对位量。

5) C/S 轴切换

设置步骤如下:

(1)将通道参数中的"C 坐标轴轴号"设为-2。

(2)修改轴参数中主轴所对应的逻辑轴,将显示轴名设为 C,修改此轴传动比等参数。

(3)在工位显示轴标志中加入主轴的显示。

(4)在 G 代码中使用 STOC 将主轴切换成 C 轴,使用 CTOS 将 C 轴切换成主轴。根据轴号可以查看主轴工作在哪个模式下,也可在 PLC 中做判断以控制主轴工作。例如,轴 5 为 C/S 轴,切换见表 3-1-1。如图 3-1-29 所示为一台数控车床的轴控制图,配置步骤为:

表 3-1-1　C/S 轴切换代码及含义

代码	含义
G402.9	切换到位置控制
G402.10	切换到速度控制
G402.11	切换到力矩控制

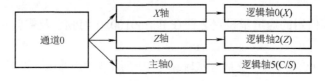

图 3-1-29　轴控制图

① 将通道参数中的"C 坐标轴轴号"设为-2,如图 3-1-30 所示。

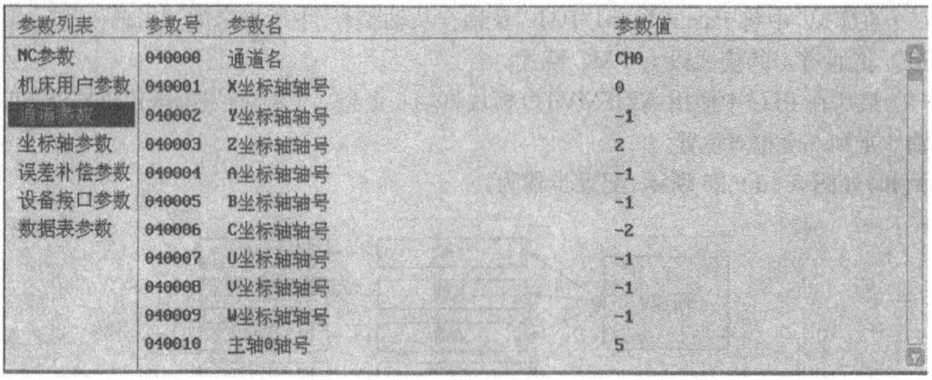

图 3-1-30　C 坐标轴轴号设置

② 修改轴参数中主轴所对应的逻辑轴,将显示轴名设为 C,修改此轴传动比等参数,如图 3-1-31 所示。

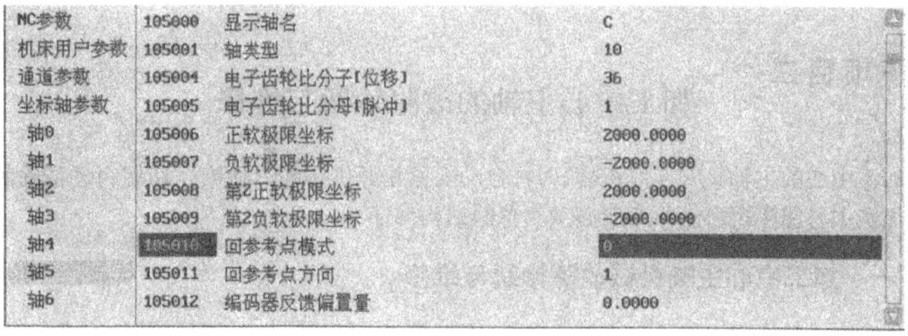

NC参数
机床用户参数
通道参数
坐标轴参数
轴0
轴1
轴2
轴3
轴4
轴5
轴6
105000 显示轴名 C
105001 轴类型 10
105004 电子齿轮比分子[位移] 36
105005 电子齿轮比分母[脉冲] 1
105006 正软极限坐标 2000.0000
105007 负软极限坐标 -2000.0000
105008 第2正软极限坐标 2000.0000
105009 第2负软极限坐标 -2000.0000
105010 回参考点模式 0
105011 回参考点方向 1
105012 编码器反馈偏置量 0.0000

图 3-1-31　传动比设置

③ 将工位显示轴标志中加入主轴的显示，如图 3-1-32 所示。

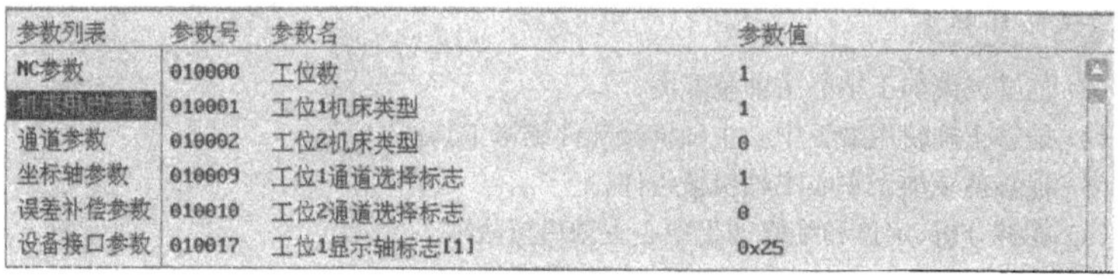

参数列表 参数号 参数名 参数值
NC参数
机床用户参数
通道参数
坐标轴参数
误差补偿参数
设备接口参数
010000 工位数 1
010001 工位1机床类型 1
010002 工位2机床类型 0
010009 工位1通道选择标志 1
010010 工位2通道选择标志 0
010017 工位1显示轴标志[1] 0x25

图 3-1-32　主轴显示设置

④ 在 G 代码中使用 STOC 将主轴切换成 C 轴，使用 CTOS 将 C 轴切换成主轴，如图 3-1-33 所示。

程序 工位1 自动运行 CH0
机床实际 机床实际
X 0.0000 毫米 0.0000
Z 0.0000 毫米 0.0000
C 0.5270 度 0.5270
F 3915.60 毫米/分
S -955 转/分
0000 %8888
0001 STOC
0003 CTOS
0004 M3S500
0005 G04P200
0006 M5
本次切削 0时 00分 05秒
程序

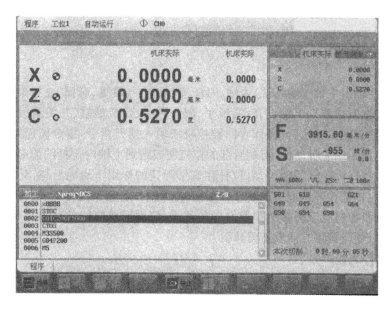

图 3-1-33　C 轴和主轴切换

项目(二)　加工中心主轴故障诊断与维修

加工中心的主轴具有准停机构、刀杆自动夹紧松开机构和刀柄锥孔切屑自动清除装置，这是加工中心能实现自动换刀所必须具备的结构保证。

任务 1　加工中心主轴机械故障诊断与维修

加工中心的主轴组件由主轴电动机、主轴箱、主轴和主轴支承等零部件组成。五面加工中心的主轴有的能实现立卧转换，有的可以作 360° 回转。

1．技能目标

(1)能够读懂加工中心主轴装配图。

(2)能够正确使用加工中心主轴机械部件维修工具。

(3)能够拆装加工中心主轴机械组件。

(4)能够分析、定位和维修加工中心主轴机械故障。

2．知识目标

(1)了解加工中心主轴传动方式配置特点。

(2)理解主轴实现准停的形式及特点。

(3)掌握主轴机械的常见故障表现。

(4)掌握主轴机械故障诊断和排除的原则与方法。

3．引导知识

加工中心主轴由主轴控制系统、主轴、刀杆、钢球、空气喷嘴、套筒、支撑架、拉杆、蝶形弹簧、定位盘、油缸(及活塞)、无触点开关、滚子、限位开关、定位油缸、开关组成。当刀具由机械手或其他方法装到主轴孔后，操作者向数控机床输入换刀指令，指令传递给微机，微机发出换刀信号，由此控制主轴动作，刀柄后部的拉钉便被送到主轴内拉杆的前端。当接到夹紧信号时，液压缸推杆向主轴后部移动，拉杆在蝶形弹簧的作用下也向后移，其前端圆周上的钢球或拉钩在主轴锥孔的逼迫下收缩分布直径，将刀柄拉钉紧紧拉住；当液压缸接到数控系统的松刀信号时，拉钉克服弹簧的弹簧力向前移动，使钢球或拉钩的分布直径变大，松开刀具，松开刀柄，以便机械手方便取走刀具。

1)主轴准停装置

主轴准停功能又称主轴定位功能，即主轴停止时，控制其停在固定的位置。这是换刀所必需的功能，因为每次换刀时都要保证刀具锥柄处的键槽对准主轴上的端面键，也要保证在精镗孔完毕退刀时不会划伤已加工表面。

准停装置分为机械式和电气式两种。现代的数控机床一般都采用电气式主轴准停装置，只要数控系统发出指令，信号主轴就可以准确地定向。

较常用的电气方式有两种：一种是利用主轴上光电脉冲发生器的同步脉冲信号；另一种是利用磁力传感器检测定向。

图 3-2-1 为利用磁力传感器检测定向的工作原理，在主轴上安装有一个永久磁铁 4 与主轴

一起旋转，在距离永久磁铁 4 旋转轨迹外 1～2mm 处，固定有一个磁传感器 5，当机床主轴需要停车换刀时，数控装置发出主轴停转的指令，主轴电动机 3 立即降速，使主轴以很低的转速回转，当永久磁铁 4 对准磁传感器 5 时，磁传感器发出准停信号，此信号经过放大后，由定向电路使电动机准确地停止在规定的周向位置上。这种准停装置机械结构简单，发磁体与磁传感器间没有接触摩擦，准停的定位精度可达±1°，能满足一般换刀要求。而且定向时间短，可靠性较高。

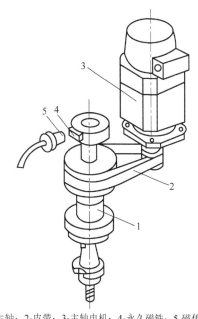

1-主轴；2-皮带；3-主轴电机；4-永久磁铁；5-磁传感器

图 3-2-1　磁力传感器定向装置

2）高速切削主轴

高速切削是 20 世纪 70 年代后期发展起来的一种新工艺。切削速度比常规的要高几倍至十多倍，如高速铣削铝件的最佳切削速度可达 2500～4500m/min，加工钢件为 400～1600m/min，加工铸铁为 800～2000m/min，进给速度也相应提高很多倍。

这种加工工艺不仅切削效率高，而且具有加工表面质量好、切削温度低和刀具寿命长等优点。

高速主轴部件是高速切削机床最重要的部件，要求有精密机床那样高的精度和刚度。为此，主轴零件应精确制造和进行动平衡校验。另外，还应重视主轴驱动、冷却、支承、润滑、刀具夹紧和安全等的精心设计。

高速主轴的驱动多采用内装电动机式主轴，这种主轴结构紧凑、质量轻和惯性小，有利于提高主轴启动或停止时的响应特性。

高速主轴选用的轴承主要是高速球轴承和磁力轴承。磁力轴承是利用电磁力使主轴悬浮在磁场内，使其具有无摩擦、无磨损、无需润滑、发热少、刚度高、工作时无噪声等优点。主轴的位置用非接触传感器测量，信号处理器则根据测量值以每秒 10000 次的速度计算出校正主轴位置的电流值。

图 3-2-2 为瑞士 IBAG 公司开发的内装高频电动机的主轴部件，它采用的是激磁式磁力轴承。

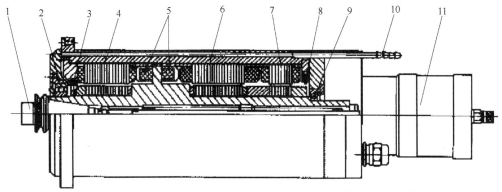

1-刀具系统；2、9-轴承；3、8-传感器；4、7-径向轴承；5-轴向止推轴承；6-高频电动机；10-冷却水管路；11-气液压力放大器

图 3-2-2　用磁力轴承的高速主轴部件

4. 故障诊断与维修

【故障现象一】　某加工中心主轴定位不良，导致换刀过程发生中断。

(1)故障分析　开始时，出现次数不是很多，重新开始后又能正常工作，但故障反复出现。根据这一现象，在故障发生后，对机床进行仔细检查，发现故障原因是主轴定向后发生位置偏移，且主轴在定位后用手碰一下，主轴则会产生相反方向的漂移。

(2)故障定位　检查电气单元无任何报警，该机床的定位采用的是编码器，从故障现象和可能发生的部位来看，电气部分的可能性较小，机械部分结构又很简单，最主要是连接发生松动，所以决定检查连接部分。在检查到编码器的连接时，发现编码器上连接套的紧定螺钉松动，使连接套后退，造成与主轴的连接部分间隙过大，使旋转不同步。

(3)故障排除　将紧定螺钉按要求固定好后，故障排除。

【故障现象二】　一台镗铣加工中心，执行 M53(主轴立卧转换)指令时，在立卧转换中断刀库运行时出现换刀位置不正确报警。

(1)故障分析　正常情况是当 CNC 执行 M53 指令时，完成 X、Y 回零到位、换刀机械手手臂移除、夹手张开、立铣头摆动等，直到机床各动作的初始复位，立卧转换过程完毕。现由于故障，动作不能连续完成。中途停止的原因有两点：一是反馈信号中断，二是 RAM 随机储存程序丢失。

(2)故障定位及排除　手动推液压阀芯，用每一机械动作完成到位的方法检查了每一机械动作的分解过程，证明问题不在机械故障方面。测量反馈信号均正常后重装了 RAM 储存器，方法如下：逐项把 RAM 储存器中的内容传出，暂存在微机中，拆掉 CNC 储存器后备电池连线，更换电池，再连接好电池的连线，把程序重装入储存器，则机床恢复立卧转换功能。

【故障现象三】　某立式加工中心镗孔精度下降、圆柱度超差、主轴发热、噪声大，但用手拨动主轴转动阻力较小。

(1)故障分析　造成主轴发热、噪声大的原因是主轴轴承精度降低或主轴传动不利，但用手拨动主轴转动阻力较小，说明主轴传动组件无异常。

(2)故障定位　主轴部件解体检查，发现故障原因如下：一是主轴轴承润滑脂内混有粉尘和水分，这是因为该加工中心用的压缩空气无精滤和干燥装置，故气动吹屑时少量粉尘和水汽窜入主轴轴承润滑脂内，造成润滑不良，导致发热且有噪声；主轴内锥孔定位表面有少许碰伤，锥孔与刀柄锥面配合不良，有微量偏心；二是前轴承预紧力下降，轴承游隙变大；三是主轴自动夹紧机构内部分碟形弹簧疲劳失效，刀具未被完全拉紧，有少许窜动。

(3)故障排除　更换前轴承及润滑脂，调整轴承游隙，轴向游隙 0.003mm，径向游隙 0.002mm；自制简易研具，手工研磨主轴内销孔定位面，用涂色法检查，保证刀柄与主轴定心锥孔的接触面积大于 85%；更换碟形弹簧。将修好的主轴装回主轴箱，用千分表检查径向跳动，近端小于 0.006mm，远端 150mm 处小于 0.010mm。试加工，主轴温升和噪声正常，加工精度满足加工工艺要求。

【故障现象四】　某立式加工中心换刀时冲击响声大，主轴前端拨动刀柄旋转的定位键局部变形。

(1)故障分析　响声主要出现在机械手插刀阶段，初步确定故障为主轴准停位置误差和换刀参考点漂移。本机床采用霍尔元件检测定向，引起主轴准停位置不准的原因可能是主轴准停装置电气系统参数变化、定位不牢靠或主轴径向跳动超差。

（2）故障定位　　首先检查霍尔元件的安装位置，发现固定螺钉松动，机械手插刀时刀柄键槽未对正主轴前端定位键，定位键被撞坏。

（3）故障排除　　调整霍尔元件的安装位置后拧紧并加防松胶。重新调整主轴换刀参考点接近开关的安装位置，更换主轴前端的定位键，故障消失。

【故障现象五】　　某改装过的加工中心，主轴在定向后，如果受到一点点外力，主轴就会产生偏移。有时机床的自动换刀过程突然中断，在检查中也发现主轴的定向发生了偏移。

（1）故障分析　　对于数控加工中心，主轴的定向通常采用 3 种方式，即编码器、磁传感器、机械定向。如果使用编码器或磁传感器，在定向时除了调整元件的位置之外，还可以对机床的参数进行调整。这台机床的定向就是使用编码器。

（2）故障定位　　按下列步骤查找：

①　关断机床电源，重新送电开机，机床又能正常工作。故障时隐时现，又没有任何报警信息，难以着手查找。

②　仔细检查与主轴有关联的电气部分，未发现任何异常情况。对主轴的定向参数进行检查和调整，不能解决问题。

③　重新连接好断路的导线，出现主轴定位角度不准确的故障，反复检查没有找出故障原因。

④　冷静地分析，认为这台机床的光电编码器安装在主轴箱的底部，如果密封不好，会使润滑油浸入。将编码器拆下后检查得以证实。

（3）故障处理　　将编码器内油渍清洗干净后，故障不再出现。

【故障现象六】　　一台加工中心电主轴高速旋转时发热严重。

（1）故障分析　　电主轴单元的内部有两个主要热源：一个是主轴轴承，另一个是内藏式主电动机。电主轴单元最突出的问题是内藏式主电动机的发热。由于主电动机旁边就是主轴轴承，如果主电动机的散热问题解决不好，还会影响机床工作的可靠性。主要的解决方法是采用循环冷却结构，分外循环和内循环两种。冷却介质可以是水或油，使电动机与前后轴承都能得到充分冷却。主轴轴承是电主轴的核心支承，也是电主轴的主要热源之一。

（2）故障定位　　本加工中心高速电主轴采用角接触陶瓷球轴承。陶瓷球轴承具有以下特点：

①　由于滚珠质量轻，离心力小，动摩擦力矩小。

②　因温升引起的热膨胀小，使轴承的预紧力稳定。

③　弹性变形量小，刚度高，寿命长。

由于电主轴的运转速度高，对主轴轴承的动态、热态性能有严格要求。合理的预紧力、良好而充分的润滑是保证主轴正常运转的必要条件。

（3）故障排除　　采用油雾润滑，雾化发化器进气压为 0.25～0.3MPa，选用 20#透平油，速度控制在 80～100 滴/min，润滑油雾在充分润滑轴承的同时，还带走了大量的热量。前后轴承的润滑油分配是非常重要的问题，必须加以严格控制。进气口截面大于前后喷油口截面的总和。排气应顺畅，各喷油小孔的喷射角与轴线呈 15°夹角，使油雾直接喷入轴承工作区。

5. 维修总结

发生主轴定位方面的故障时，应根据机床的具体结构进行分析处理。先检查电气部分，确认正常后，再考虑机械部分。

6. 知识拓展

加工中心机床操作阐述如下。

(1) 建立机床坐标系。机床通电后，首先打开空气压缩机，检查润滑油和冷却液的液面高度。在主菜单下按点动【JOG】键，在第二级子菜单下按【MDI】键，在第二级子菜单下选择回参考点，分别选择 X、Y、Z 轴，再按【循环启动】按钮，各轴开始回参考点，回完之后，建立机床坐标系。

(2) 手动换刀。机床换刀除在程序中自动完成之外，还可手动完成。按【JOG】键，在第二级子菜单中按【MDI】键，在 MDI 编辑栏中输入所要换的刀具号，再按【循环启动】按钮，机床实现手动换刀。

(3) 手动对刀。前面已经介绍过数控车、铣设备的几种对刀方法，其中也适用于加工中心。在手动对刀时，主要依靠手轮方式的连续进给和增量进给来控制坐标轴的移动，实现对工件的试切来完成手动对刀。

(4) 程序的输入。该程序名是在字母"O"后加上 6 位数字。按【EDIT】键，进入二级子菜单中，选择编辑语言，输入程序，在编辑窗口中既可以直接输入新的程序，也可以编辑修改原有程序。

(5) 修改程序。在"EDIT"（编辑）窗口中，既可以输入新的程序，也可以编辑修改原有的程序。按【MODIFY】（修改）键，选择要修改的程序段，修改后，按下【ENTER】键加以确认。

(6) 程序复制。在"EDIT"窗口中，按【COPY BLOCK】（复制）键，可以拷贝一行或多行甚至全部程序。

(7) 程序模拟加工。模拟加工是程序正式运行前必不可少的环节，也是检验程序走刀线路是否正确的主要途径。首先将 M、S、T 功能锁住，在主菜单下按【SIMULATE】（模拟）键，选择要模拟执行的程序，进入"SIMULATE"子菜单中选择模拟方式和显示方式，然后清屏，再按【循环启动】按钮，即可在屏幕上显示刀具的走刀轨迹。

(8) 程序的执行。在程序模拟、单件试加工完成以后，就可以进行零件的直接加工了。在主菜单下按【EXECUTE】（执行）键，在"EXECUTE"子菜单中选择执行的程序和执行的方式及显示方式，然后按【循环启动】按钮，即可实现对零件的加工。

(9) 外部通信。通过数控机床在 DNC 工作方式下可以应用串行通信口，实现和外部的计算通信。将外部电缆分别与 CNC 和计算机串行口相连，在通信软件中设置好传输速率，在主菜单下选择工作方式为 DNC 方式，在 DNC 方式下按【DNC ON】键，激活通信通道，然后通过计算机进行通信。

任务 2　加工中心变频主轴常见故障诊断与维修

加工中心通过齿轮换挡变速而获得很宽的调速范围，以适应不同加工要求的需要。这类加工中心主轴用变频器驱动交流异步电动机进行变频调速。

在主轴驱动系统中，变频器的控制方式从最初的电压空间矢量控制（磁通轨迹控制）到矢量控制（磁场定向控制），直至发展为现在的直接转矩控制，从而方便地实现了无速度传感器。变频器中广泛采用脉宽调制（PWM）技术实现电流谐波畸变小、电压利用率最高、效率最优、转矩脉冲最小及噪声强度大幅度缩减的目标。变频器的主电路智能模块，使开关速度快、驱动电流小、控制驱动简单、故障率降低、干扰得到有效控制。

1. 技能目标

(1)能够读懂加工中心变频主轴电气控制的原理图。

(2)能够识别加工中心变频主轴系统常见故障。

(3)能够分析、定位和维修加工中心变频主轴故障。

2. 知识目标

掌握加工中心变频主轴故障诊断和排除的原则与方法。

3. 引导知识

变频器的维护和保养：

(1)保持变频器的清洁，不要让灰尘等其他杂质进入。

(2)特别注意避免断线或连接错误。

(3)牢固连接接线端和连接器。

(4)确保使用具有合适容量的熔断器、漏电断路器、交流接触器、电机连线。

(5)切断电源后应等待至少 5min，才能进行维护或检查。

(6)设备应远离潮湿和油雾、灰尘、金属丝等杂质。

4. 故障诊断与维修

【故障现象一】　某加工中心主轴齿轮换挡是通过液压缸活塞带动拨叉来完成的，在执行 M38 或 M39 指令换刀时，滑移齿轮不能正确地与相应的齿轮啮合，以致挂挡失败。

(1)故障分析　图 3-2-3 为该加工中心主轴变速的顺序框图。

图 3-2-3　加工中心主轴变速的顺序框图

主轴变速齿轮的挂挡与主轴的定向位置有直接关系。主轴只有在接受齿轮挂挡信号后准确定向，挂挡工作方可顺利完成，新的指令才能执行，主轴定向控制如图 3-2-4 所示。

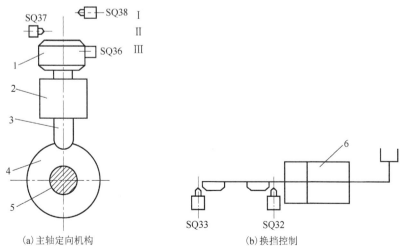

(a)主轴定向机构　　　　　　　(b)换挡控制

1-撞块；2-定向液压缸；3-定向活塞；4-定位盘；5-主轴；6-换挡液压缸

图 3-2-4　主轴定向控制

　　从主轴停止到新的 S 指令执行, 全部由 CNC 系统控制, 根据应答信号按顺序完成。当发出齿轮挂挡信号后, 定向液压缸上的撞块由 I 位置到 II 位置。开关 SQ38 释放, 主轴停, 开关 SQ37 接通后, 主轴开始蠕动直至到位后, 撞块由 II 位置到III位置, 液压缸定向活塞下端的定向销插入主轴定向机构的缺口内, 主轴锁定, 开关 SQ36 向数控系统发出定向完成的信号, 主轴变速齿轮开始挂挡。完成挂挡后, 撞块由 II 位置返回至 I 位置, 主轴开始执行新的指令。主轴变速的执行机构是通过液压系统实现的, 其动作及时序如图 3-2-5 所示。

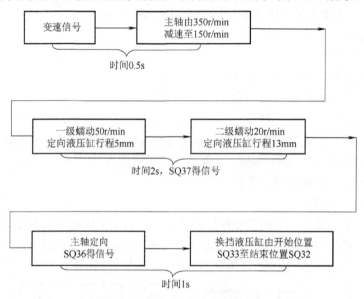

图 3-2-5　主轴变速时序

　　从收到主轴变速信号 3.5s 后, 新的 S 指令才开始执行。从表面上看, 故障出现在主轴定向完成后, 齿轮变速油缸的活塞本应经过 1s 后在新的齿轮挡值上, 也就是换挡活塞从行程开关 SQ33 脱开到行程开关 SQ32 压上 1s 后, 挂挡结束。但实际上活塞在从开关 SQ33 脱开 0.6s 左右时就突然停止, 活塞距 SQ32 开关尚有 0.4s 左右的移动距离。造成这种状况的原因是主轴定向位置与齿轮挂挡位置出现了偏差; 因此, 在定向位置不改变的情况下, 会出现变速齿轮相互干涉或顶齿现象, 造成挂不上挡的故障。

　　因此, 可以总结出引起挂挡故障的原因如下:

　　① 主轴换挡定向控制电路故障, 造成挂挡信号发出后, 主轴尚在蠕动时就发出了挂挡定向完成信号。由于主轴蠕动时的位置是任意的, 容易产生错误挂挡。

　　② 齿轮错位, 挂挡位置与正确位置出现角度偏差, 致使原挂的齿轮挂脱不开, 却又与需挂的齿轮发生顶齿, 因而造成挂不上挡的故障。

　　(2)故障定位　经检查主轴的定向完成信号没有脉冲, 也就是说数控系统没有接到定向完成信号, 导致挂挡动作不能完成。检查行程开关 SQ36, 发现开关内有切屑, 导致开关无动作。

　　(3)故障排除　清理和清洗行程开关 SQ36, 并对内部触点和电路进行检查后, 重新接入控制电路。开机上电后, 主轴能正常挂挡。

　　【故障现象二】　某加工中心, 配套 611A 主轴驱动器, 在执行主轴定位指令时, 发现主轴存在明显的位置超调, 定位位置正确, 系统无报警。

　　(1)故障分析　由于系统无报警, 主轴定位动作正确, 可以确认故障是由主轴驱动器或系统调整不良引起的。

(2) 故障定位 解决超调的方法有很多种，如减小加减速时间、提高速度环比例增益、降低速度环积分时间等。检查本机床主轴驱动器参数，发现驱动器的加减速时间设定为 2s，此值明显过大；更改参数，设定加减速时间为 0.5s 后，位置超调消除。

(3) 故障排除 修改变频器参数，适当增加加减速时间后，故障消除。

【故障现象三】 安川配套某系统的加工中心，开机时发现，当机床进行换刀动作时，变频主轴也随之转动。

(1) 故障分析 由于该机床采用的是安川变频器控制主轴，主轴转速是通过系统输出的模拟电压控制的。根据以往的经验，安川变频器对输入信号的干扰比较敏感，因此初步确认故障原因与线路有关。

(2) 故障定位 为了确认，再次检查了机床的主轴驱动器与刀架控制的原理图与实际接线，可以判定在线路连接、控制上两者相互独立，不存在相互影响。

(3) 故障排除 进一步检查变频器的输入模拟量屏蔽电缆线与屏蔽线连接，发现该电缆的布线位置与屏蔽线均不合理，将电缆重新布线并对屏蔽线进行重新连接后，故障消失。

【故障现象四】 某数控加工中心在加工过程中，启动主轴时突然提示 "Spindle drive not ready" 错误信息并自动停机。重新启动后系统没有错误提示，但进入加工程序启动主轴时再次提示上述错误信息，导致该系统无法工作。

(1) 故障分析 主轴不启动，手动调整 X、Y、Z 轴动作，各轴运动均正常，进而以编程方式不启动主轴进行 X、Y、Z 三轴运动，工作情况正常。因此，初步确定为主轴相关系统故障。

改用手动方式启动主轴，在高于 800r/min 转速方式时，加速过程再次出现上述相同的错误信息并自动停机；而介于 500~800r/min 转速方式时，启动主轴基本上正常，偶尔会出现相同的错误信息并自动停机；低于 500r/min 转速方式时，主轴启动过程正常并可正常地进行切削加工。

在 500r/min 转速下手动方式启动主轴，之后逐渐缓慢提高转速至 1200r/min，系统工作仍正常，但直接停止主轴转动时会再次出现相同的错误信息并自动停机。经过多次调试，系统工作正常，但停止主轴转动时必须先逐渐将转速缓慢降低至 500r/min 以下才能正常停转，因此，基本确定为主轴系统在加、减速控制过程中出现故障。

(2) 故障定位 对主轴传动系统进行分析可知，其变速过程是通过变频器结合 9 级齿轮换挡实现的。通过调整主轴转速，观察齿轮换挡情况正常，将变频控制部分作为故障点进行重点检测单元。为了确认错误信息的故障反馈来源，在确认 24V 工作电源正常的情况下，根据主轴驱动电路原理图，短接相关单元的报警触点 BTB1 和 BTB2，对可能出现的报警信号进行屏蔽。高速启动主轴，则变频驱动模块 SEMI7 出现过载保护信号并自动切断动力供给，数控系统提示 "Spindle drive overload"。同时，检测主轴机械传动部分动作及电机工作参数均无异常，故基本确定故障提示是变频驱动模块 SPM17-TA 出现过载保护信号所致。

手动调试验证过程中，因 PLC 单元是通过 DA 模块输出电压信号；并通过 SPM17-TA 模块的 SW+、SW-接线柱来控制主轴电机的转速，故为了验证上述分析结果的正确性，采用手动调整控制电压的方法来调整电机转速。

在实际调试过程中，断开 PLC 单元至变频驱动模块 SPM17-TA 得到 SW+、SW-接线柱的控制电压，然后通过 4.7kΩ 的可调电位器对 12V 的输入电压进行分压后直接加到 SW+、SW-

接线柱端作为调节信号。在各个速度段，当调节电压由 0V 开始逐渐缓慢提升时，相应的电机转速能准确地同步提高，而调节电压由较高开始逐渐缓慢降低时，相应的电机转速也能准确地同步降低。但如果控制电压由低电压快速调至高电压或由高电压快速调至低电压时，再次出现相同的故障。操作面板调整转速时，NC 单元通过 DA 模块输出的电压信号经测试正常，电机在启动正常的情况下也能正常工作。调试结果证明：故障现象与 PLC 控制过程、电机及相应的机械结构无关，由此判定故障点在变频驱动模块 SPM17-TA 上。

（3）故障排除　由于故障提示是变频驱动模块在主轴加减速过程出现过载保护信号所致，所以可能有如下两种原因：

① 变频驱动模块电路故障，导致在主轴加、减速过程中因工作电流异常而产生报警信号。

② 变频驱动模块中对电流额定值的设定不当或过小，导致在主轴加、减速过程中将正常工作电流视为异常而产生报警信号。

上述原因①可对变频驱动模块电路进行维修或更换；原因②可对变频驱动模块电路的相应设定进行调整。由于该变频驱动模块为 BOSCH 的产品，没有相关的资料，所以无法进行常规的维修或参数调整，若更换变频驱动模块，费用也较高。在测试过程中；当电机缓慢提速至额定转速后，其切削能力正常；在无法对 SPM17-TA 进行调整的情况下，可采用硬件或软件方法对 SW+、SW-接线柱端控制电压的变化串进行控制，保证控制电压值只能较缓慢地变化。

一种方法是以硬件方式在 SW+、SW-接线柱端增加一个类似 RC 电路，从而达到抑制由 PLC 输出控制电压变化串的目的。采用该方法，其 RC 电路的电路特性与原有电路的匹配问题较难解决，而且在原装配箱上必须作相应的修改安装；另一种方法是修改 PLC 的有关参数。

在实际维修过程中，采用了修改 PLC 有关参数的方法，以软件方式控制 PLC 输出电压的变化串。通过对 PLC 参数表功能的研究，修改了其中的 4 个参数。

机器中原默认参数值均为 0.0050，经多次实际调试后改变设置值为 0.0002，主轴电机在各转速段均能正常启动，加、减速和停转时，整个数控加工系统工作正常。

【故障现象五】　西门子 6SC6508 交流变频器调速系统停车时出现 F41 报警。

（1）故障分析　该变频器调速系统安装在 CWK800 卧式加工中心作主轴驱动用。在主轴停车时出现 F41 报警，报警内容为"中间电路过电压"。按复位后消除，加速时正常。试验几次后出现 F42 报警（内容为"中间电路过电流"）并伴有响声，断电后打开驱动单元检查，分析 A1 板（功率晶体管的驱动板）有一组驱动电路严重烧坏，对应的 V1 模块内的大功率晶体管基射极间电阻明显大于其他模块，而且并联在模块两端的大功率电阻 R100（3.9Ω、50W）烧断、电容 C100、C101（22pF、1000V）短路，中间电路熔断器 F7（125A、660V）烧断。

查阅 6SC6508 调速系统主回路电路图，知道该系统为一个高性能的交流调速系统，采用交流-直流-交流变频的驱动形式，中间的直流回路电压为 600V，而制动则是最先进、对元件要求最高的能馈制动形式。在制动时，以主轴电动机为发电机，将能量回馈电网。而大功率晶体管模块 V1 和 V5 就在制动时导通，将中间直流回路的正负端逆转，实现能量的反向流动。因此，该系统可实现转矩和转向的 4 个象限工作状态，以及快速启动和制动。

（2）故障定位　该系统出厂时内部参数设置中加速时间和减速时间均为 0。估计故障发生的过程如下：由于 V1 内的大功率三极管基射极损坏而无法在制动时导通，制动时能量无法回馈电网，引起中间电路电容组上电压超过允许的最大值(700V)而出现 F4l 报警，在做多次启停试验后，中间电路的高压使电容 C100、C101，模块 V1 内的大功率三极管集射极击穿，导致中间电路短路，烧断熔断器 F7 和电阻 R100，在回路中流过的大电流通过 Vl 中大功率二极管串联控制回路引起控制回路损坏。

(3)故障处理　更换模块 V1、V5，电容 C100、C101，电阻 R100，熔断器 F7 及驱动板 Al 后调速器恢复正常。为保险起见，把启动和制动时间均改为 4s，以减少对大功率器件的冲击电流，降低这一指标后对机床的性能并无影响。该系统经维修后工作半年无异常，工作性能稳定。这种由局部硬件故障引起数控系统无法正常工作的情况在许多数控系统维修实例中经常出现，上述检测方法及软件的解决方式对处理相关设备故障有一定的参考意义。

注意：交流调速系统出现故障后一定要马上停机仔细检查，找出故障原因，切忌对大功率电路进行大的电流或电压冲击，以免造成进一步的损坏。

5. 维修总结

通过逐渐缩小检测范围，并从采用外加控制信号的方法，能够有效地找出故障点。同时，在没有相关资料的情况下，不修改原有硬件电路，采用调整 PLC 有关参数的方法，用软件方式克服了由硬件故障引起的系统问题。采用该方法，大大节省了硬件维修的费用和工作量。

6. 知识拓展

变频主轴常见故障及处理阐述如下。

(1)主轴电机不转。故障原因：

① CNC 系统无速度控制信号输出。

② 主轴驱动装置故障。

③ 主轴电动机故障。

④ 变频器输出端子 U、V、W 不能提供电源。

造成此种情况可能原因是报警、频率指定源和运行指定源的参数设置不正确，智能输入端子的输入信号不正确。

(2)电机反转。故障原因：

① 输出端子 U/T1、V/T2 和 W/T3 的连接不正确(应使电机的相序与端子连接相对应，通常来说，正转(FWD)=U-V-W，反转(REV)=U-W-V)。

② 控制端子(FW)和(RV)连线不正确((FW)用于正转，(RV)用于反转)。

(3)电机转速不能到达。故障原因及排除方法：

① 如果使用模拟输入，是否用电流或电压"O"或"O/I"：

(a)检查连线。

(b)检查电位器或信号发生器。

② 负载太重：

(a)减少负载。

(b)重负载激活了过载限定。

(4)电机过载。故障原因：

① 机械负载有突变。

② 电机配用太小。

③ 电机发热绝缘变差。

④ 电压是否波动较大。

⑤ 是否存在缺相。

⑥ 机械负载增大。

⑦ 供电电压过低。

(5) 变频器过载。故障原因：

① 检查变频器容量小。

② 机械负载有卡死现象。

③ V/F 曲线设定不良，需重新设定。

(6) 主轴转速不稳定。故障原因：

① 负载波动太大。

② 电源不稳。

③ 该现象若出现在某一特定频率下，可以稍微改变输出频率，使用跳频设定将有问题的频率跳过。

④ 外界干扰。

(7) 主轴转速与变频器输出频率不匹配。故障原因：

① 最大频率设定不正确。

② V/F 设定值与主轴电机规格不匹配。

③ 比例项参数设定不正确。

(8) 主轴与进给不匹配(螺纹加工时)。当进行螺纹切削或用每转进给指令切削时，会出现停止进给、主轴仍继续运转的故障。要执行每转进给的指令，主轴必须有每转一个脉冲的反馈信号，一般情况下为主轴编码器有问题。可以用以下方法来确定：

① CRT 画面有报警显示。

② 通过 PLC 状态显示观察编码器的信号状态。

③ 用每分钟进给指令代替每转进给指令来执行程序，观察故障是否消失。

任务3 加工中心伺服主轴常见故障诊断与维修

1. 技能目标

(1) 能够读懂加工中心伺服主轴电气控制的原理图。

(2) 能够识别伺服主轴系统常见故障。

(3) 能够分析、定位和维修加工中心伺服主轴故障。

2. 知识目标

(1) 掌握伺服主轴常见的故障表现。

(2) 掌握伺服主轴故障诊断和排除的原则与方法。

3. 引导知识

伺服电主轴系统原理：交流伺服主轴驱动系统由主轴控制器、主轴驱动单元、主轴电动机和检测主轴速度与位置的编码器 4 部分组成，主要完成闭环速度控制，但当主轴准停时则完成闭环位置控制。主轴驱动单元的位置控制与速度控制均由内部的高速信号处理器及控制系统实现，其原理框图如图 3-2-6 所示。

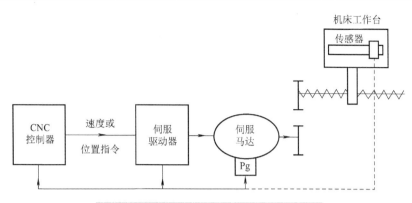

图 3-2-6 电主轴驱动原理框图(虚线为可选)

CNC 控制器向主轴驱动单元发出速度指令或位置指令,驱动单元根据该指令执行相应的速度与位置控制。与此同时,CNC 控制器也接收来自于主轴电动机编码器的分频输出(或终端传感器的输出信号)来对其指令进行校正,当然,此信号也用于系统过程偏差的检测,如速度偏差检测等。

4. 故障诊断与维修

【故障现象一】 XH713 型加工中心,配数控系统 FANUC 0i M,在自动换刀过程中,操作员听到异常响声。

(1)故障分析 经检查,发现在更换刀具时,主轴定位不准。在手动方式下,单独使用 M19 指令操作,发现主轴在正、反两个方向执行定向停指令时,电动机都转动无力,转动速度低于指令值,同时主轴伴有明显的抖动现象,这说明定向停止伺服控制存在故障。用手转动主轴,感觉主轴旋转正常,不存在异常的机械阻力。更换主轴编码器、调整主轴定向停的各项参数,都不能排除故障。与另一台机床互换主轴伺服控制板后,故障不再出现。拆开控制板检查,没有发现明显的故障。

(2)故障排除 将主轴伺服控制板发往北京 FANUC 公司,进行售后维修。

【故障现象二】 立式加工中心配数控系统 SINUMERIK 810M,主轴在定位时,连续不断地振荡,始终不能完成定位。

(1)故障分析 这台机床刚刚进行过维修,更换了主轴编码器,观察发现,机床在执行主轴定位时,减速动作正确无误。

(2)故障定位 怀疑故障与主轴位置反馈极性有关。如果编码器的输出信号线接错,就会出现正反馈,产生振荡和不能定位的故障现象。

(3)故障排除 对编码器的输出信号 Ual/Ua2、*Ual/*Ua2 进行交换,以改变主轴编码器的极性。当主轴的定位由 CNC 控制时,也可以通过修改 SINUMERIK 810M 系统的参数来实现定位。主轴位置反馈极性参数是 MD5200bit10。修改 MD5200bit10 参数后,故障得以排除。

【故障现象三】 主轴无法定向,负载超出,08 号报警。

(1)故障分析 通过查阅机床维修手册,08 号报警为主轴定向报警。在交流主轴控制器线路板上找到 7 个发光二极管(6 绿 1 红)。这 7 个指示灯分别表示定向指令、低速挡、磁道峰值检测、减速指令、静定向、定向停完成、试验方式(红色)。观察 7 个指示灯,1 号灯亮,3 号、5 号灯闪烁。这表明定向指示灯已发出,磁道峰值已检测到,但是系统不能完成定向,主号轴仍在低速运行,故 3 号、5 号灯不断闪烁。调节主轴控制器上电位器 rv5、rv6、rv7,

仍不能定向。

(2)故障定位　从以上分析，怀疑是主轴箱上的放大器有问题。分析这个不正常现象，判断就是该软管盘绕使主轴定向偏移而不能准确定向，造成 08 号报警。

(3)故障排除　将主轴上的夹紧液压缸软管顺直后装好，再将主轴控制器中的调节器 rv11 进行重新调节，故障排除，报警消除，机床恢复正常运行。

【故障现象四】　一台配套某系统的立式加工中心，主轴在低速(低于 120 r/min)时，S 指令无效，主轴固定以 120 r/min 的转速运转。

(1)故障诊断　由于主轴在低速时固定以 120r/min 的转速运转，可能的原因是主轴驱动器有 120 r/min 的转速模拟量输入，或是主轴驱动器控制电路存在不良。

(2)故障定位　为了判定故障原因，检查 CNC 内部 S 代码信号状态，发现它与 S 指令值一一对应；但测量主轴驱动器的数模转换输出(测两端 CH2)，发现即使在 S 为 0 时，D/A 转换器虽然无数字输入信号，但其输出仍然为 0.5V 左右的电压。由于本机床的最高转速为 2250 r/min，当 D/A 转换器输出 0.5V 定心时，电动机转速应为 120 r/min 左右，因此可以判定故障是 D/A 转换器(型号 DAC80)损坏引起的。

(3)故障排除　更换后，故障排除。

【故障现象五】　某加工中心，配套 6SC6502 主轴驱动器，在调试时，出现主轴定位点不稳定的故障。

(1)故障分析　维修时通过多次定位进行反复试验，确认本故障的实际故障现象如下：

① 该机床可以在任意时刻进行主轴定位，定位动作正确。

② 只要机床不关机，不论进行多少次定位，其定位点总是保持不变。

③ 机床关机后，再次开机执行主轴定位，定位位置与关机前不同，在完成定位后不开机，以后每次定位总是保持在该位置不变。

④ 每次关机后，重新定位，其定位点都不同，主轴可以在任意位置定位。因为主轴定位的过程，事实上是将主轴停止在编码器零位脉冲不固定引起的。

(2)故障定位　分析能引起以上故障的原因如下：

① 编码器固定不良，在旋转过程中编码器与主轴的相对位置在不断变化。

② 编码器不良，无零位脉冲输出或零位脉冲受到干扰。

③ 编码器连接错误。

(3)故障排除　根据以上可能的原因，逐一检查，排除了编码器固定不良、编码器不良的原因。进一步检查编码器的连接，发现该编码器内部的零位脉冲 Ua0 与-Ua0 引出线接反，重新连接后，故障排除。

【故障现象六】　DM4600 加工中心，在更换了主轴编码器后，主轴定位时不断振荡，无法完成定位。

(1)故障分析与定位　由于该机床更换了主轴位置编码器，机床在执行主轴定位时减速动作正确，分析故障原因应与主轴位置反馈极性有关，当位置反馈极性设定错误时，必然引起以上现象。

(2)故障排除　更换主轴编码器极性可以通过交换编码器的输出信号 Ua1/Ua2、Ua1′/Ua2′ 进行，当编码器定位由 CNC 控制时，也可以通过修改 CNC 机床参数进行。在本机床上通过修改主轴位置反馈极性参数(硬件配置参数中主轴编码器的部件号)，主轴定位恢复正常。

【**故障现象七**】　一进口加工中心，在机床和主轴伺服驱动器通电后，还没有键入 M、S 辅助功能代码，主轴便旋转起来。旋转方向是 M04 逆时针方向，转速是 50r/min，此时再键入 M03 或 M04 及 S×× 转速代码，均不能执行且处于失控状态。

（1）故障分析与定位　这台机床的数控系统中含有 PLC 接口，故障可以从梯形图着手查找。

① 从梯形图可知，主轴伺服驱动器通电后，首先应该定向，以便于更换刀具。而此时主轴自行地逆时针旋转，处于失控状态，由此怀疑主轴定向装置有故障。

② 检查 PLC 中有关的部分。通电后，PLC 输出端 w7-6 的状态为"1"，其连接的继电器 KA12 也吸合了，KA12 的常开触点就是控制主轴伺服定向的开关信号，此时它的状态为"1"，这说明主轴定向控制部分没有问题。

③ 检查定向检测电路。用示波器测试旋转变压器的输入、输出信号波形，没有异常现象，而且信号已经输送到主轴伺服系统的 7# 印刷电路板。

④ 进一步检查，7# 板中的双运放集成电路 CA747 已被烧坏，不能对旋转变压器送来的定向检测信号进行处理。

（2）故障排除　更换集成电路 CA747，故障得以排除。

5. 维修总结

主轴故障涉及机械、低压电器、PLC、传感器等多科知识，维修人员应熟知自动换刀装置的机械结构与控制原理以及常用测量工具的使用方法，根据故障现象，剖析原因，确定合理的诊断与检测步骤，以便迅速排除故障。同时也要求操作人员加强保护措施、延长使用寿命，如提高车间电源质量，保持良好的加工环境条件；防止积尘并定期清除，以完善维护和保养制度为根本，减少机床停机率，有效地提高生产率。

6. 知识拓展

1）主轴伺服系统故障诊断

当主轴伺服系统发生故障时，通常有 3 种表现形式：

（1）CRT 或操作面板上显示报警内容或报警信息。

（2）在主轴驱动装置上用报警灯或数码管显示主轴驱动装置的故障。

（3）主轴工作不正常，但无任何报警信息。

2）主轴伺服系统常见故障

（1）过载。故障原因是，切削用量过大，频繁正、反转等均可引起过载报警。故障现象是主轴电动机过热、主轴驱动装置显示过电流报警等。

（2）主轴不能转动。故障原因：

① CNC 系统无速度控制信号输出。

② 检查使能信号是否接通：通过 CNC 显示器观察 I/O 状态，分析机床 PLC 梯形图（或流程图），以确定主轴的启动条件，如润滑、冷却等是否满足。

③ 主轴电动机动力线断裂或主轴控制单元连接不良。

④ 机床负载过大。

⑤ 主轴驱动装置故障。

⑥ 主轴电机故障。

（3）机械故障。机械方面，主轴不转常发生在强力切削下，可能原因如下：

① 主轴与电机连接皮带过松或皮带表面有油，造成打滑。

② 主轴中的拉杆未拉紧夹持刀具的拉钉(在车床上就是卡盘未夹紧工件)。

③ 主轴转速异常或转速不稳定。主轴转速超过技术要求所规定的范围,原因可能如下:

a. CNC 系统输出的主轴转速模拟量(通常为 0~10V)没有达到转速指令的值,或速度指令错误。

b. CNC 系统中 D/A 变换器故障。

c. 主轴转速模拟量中有干扰噪声。

d. 测速装置有故障或速度反馈信号断线。

e. 电动机过载。

f. 电动机不良(包括励磁丧失)。

g. 主轴驱动装置故障。

(4)主轴振动或噪声太大。首先要区别噪声及振动发生在主轴机械部分还是电气部分。检查方法如下:

① 在减速过程中发生,一般是由驱动装置造成的,如交流驱动中的再生回路故障。

② 在恒转速时,可通过观察主轴电动机自由停车过程中是否有噪声和振动来区别,若存在,则主轴机械部分有问题。

③ 检查振动的周期是否与转速有关,若无关,一般是主轴驱动装置未调整好;若有关,应检查主轴机械部分是否良好,测速装置是否不良。

电气方面的原因:

① 电源缺相或电源电压不正常。

② 控制单元上的电源开关设定(50/60 Hz 切换)错误。

③ 伺服单元上的增益电路和颤抖电路调整不好(或设置不当)。

④ 电流反馈回路未调整好。

⑤ 三相输入的相序不对。

机械方面的原因:

① 主轴箱与床身的连接螺钉振动。

② 轴承预紧力不够或预紧螺钉松动,游隙过大,使之产生轴向窜动,应重新调查。

③ 轴承损坏,应更换轴承。

④ 主轴部件上动平衡不好,应重新调整动平衡。

⑤ 齿轮有严重损伤,或齿轮啮合间隙过大,应更换齿轮或调整啮合间隙。

⑥ 润滑不良,因油不足,应改善润滑条件,使润滑油充足。

⑦ 主轴与主轴电机的连接皮带过紧,应移动电机座调整皮带使松紧度合适。

⑧ 连接主轴与电机的联轴器故障。

⑨ 主轴负荷太大。

(5)主轴加/减速时工作不正常。故障原因如下:

① 减速极限电路调整不良。

② 电流反馈回路不良。

③ 加/减速回路时间常数设定和负载惯量不匹配。

④ 驱动器再生制动电路故障。

⑤ 传动带连接不良。

(6)外界干扰。故障原因可能是：屏蔽或接地措施不良，主轴转速指令信号或反馈信号受到干扰，使主轴驱动出现随机和无规律性的波动。

鉴别有无干扰的方法是：当主轴转速指令为零时，主轴仍往复摆动，调整零速平衡和漂移补偿也不能消除故障。

(7)主轴速度指令无效。故障原因：

① CNC 模拟量输出(D/A)转换电路故障。

② CNC 速度输出模拟量与驱动器连接不良或断线。

③ 主轴转向控制信号极性与主轴转向输入信号不一致。

④ 主轴驱动器参数设定不当。

(8)主轴不能进行变速。故障原因：

① CNC 参数设置不当或编程错误造成主轴转速控制信号输出为某一固定值。

② D/A 转换电路故障。

③ 主轴驱动器速度模拟量输入电路故障。

(9)主轴只能单向运行或主轴转向不正确。故障原因：

① 主轴转速控制信号输出错误。

② 主轴驱动器速度模拟量输入电路故障。

(10)螺纹加工出现乱牙故障。数控车床加工螺纹，其实质是主轴的角位移与 Z 轴进给之间进行插补，主轴的角位移是通过主轴编码器进行测量的。一般螺纹加工时，系统进行的是主轴每转进给动作，要执行每转进给的指令，主轴必须有每转一个脉冲的反馈信号，乱牙往往是主轴与 Z 轴进给不能实现同步引起的，此外，还有以下原因：

① 主轴编码器或 Z 轴零位脉冲不良或受到干扰。

② 主轴编码器或联轴器松动(断裂)。

③ 主轴编码器信号线接地或屏蔽不良，被干扰。

④ 主轴转速不稳，有抖动。

⑤ 主轴转速尚未稳定，就执行了螺纹加工指令(G32)，导致了主轴与 Z 轴进给不能实现同步，造成乱牙。

(11)主轴定位点不稳定或主轴不能定位。主轴准停用于刀具交换、精镗进、退刀及齿轮换挡等场合，有 3 种实现方式：

① 机械准停控制由带 V 形槽的定位盘和定位用的液压缸配合动作。

② 磁性传感器的电器准停控制发磁体安装在主轴后端，磁传感器安装在主轴箱上，其安装位置决定了主轴的准停点，发磁体和磁传感器之间的间隙为(1.5±0.5)mm。

③ 编码器的准停控制通过主轴电动机内置安装或在机床主轴上直接安装一个光电编码器来实现准停控制，准停角度可任意设定。

上述准停均要经过减速的过程，如减速或增益等参数设置不当，均可引起定位抖动。另外，准停方式①中定位液压缸活塞移动的限位开关失灵，准停方式②中发磁体和磁传感器之间的间隙发生变化或磁传感器失灵均可引起定位抖动。

项目(三)　加工中心进给系统故障诊断与维修

加工中心进给系统在结构设计上要比普通数控机床设计得更完美，制造得更精密。加工中心的进给伺服系统都采用半闭环、闭环或者三环伺服系统。

任务 1　加工中心进给系统机械故障诊断与维修

目前，加工中心进给系统机械部件能实现高的进给和快移速度，工作台的运动具有较高的加速度且移动部件较轻，具有优良的热态特性和动静态特性。

1. 技能目标
(1)能够读懂加工中心进给传动系统图和机械装配图。
(2)能够拆装加工中心进给传动系统机械部件。
(3)能够分析、定位和维修加工中心进给系统机械故障。

2. 知识目标
(1)了解加工中心进给传动的布置形式。
(2)理解加工中心旋转轴的结构和工作原理。
(3)掌握加工中心进给系统故障的诊断方法。

3. 引导知识
五轴加工中心中的摆动轴和旋转轴的内部结构主要有两种形式。一种是以蜗轮、蜗杆方式传动的，此种结构较多，但蜗轮、蜗杆传动方式的转台速度较慢。例如，日本日研公司生产的数控分度转台，速度一般为 2.7～44.4r/min，属于普通数控转台，其运动是伺服电动机通过传动带或齿轮带动蜗轮、蜗杆，旋转台就是通过蜗轮、蜗杆来控制的。也就是说，电动机转动一圈，旋转台不是转动 360°，而是它们之间有一个传动比，旋转台型号不一样，传动比也不一样，一般有 1∶120、1∶60、1∶90、1∶45。以传动比为 1∶120 的转台为例，电动机旋转 120 圈，经减速之后旋转台才转动 360°。

此种数控转台如图 3-3-1 所示，转台内部结构中的蜗轮、蜗杆如图 3-3-2 所示。

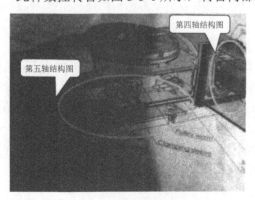

图 3-3-1　普通数控转台

图 3-3-2　转台内部结构中的蜗轮、蜗杆

另一种是直接连接结构，也就是通常所说的零传动结构。电动机与摆动轴、旋转轴通过联轴器直接连接，传动比为 1∶1，即电动机转动一圈旋转台转动 360°。旋转台的速度大小要

根据电动机的转速来定，速度一般为 50～1000r/min，甚至更高，高速五轴加工中心中一般选配此类转台。

正交五轴加工中心的基本结构主要有 3 种：双转台结构、双摆头结构、单转台单摆头结构。下面就以最基本的 3 种结构的五轴加工中心为例进行介绍。

1）双转台结构五轴加工中心

（1）机床结构。两个旋转轴均属转台类，A 轴旋转平面为 YZ 平面，C 轴旋转平面为 XY 平面。刀具轴线的变化是通过 A 轴的摆动加 C 轴的转动来实现的，再加上 X、Y、Z 三个直线轴的运动构成了五轴联动。一般两个旋转轴结合为一个整体构成双转台结构，放置在工作台面上，如图 3-3-3 所示。或者两个旋转轴构成摇篮式的结构直接作为工作台面。

图 3-3-3　旋转工作台

（2）加工特点。加工过程中工件固定在工作台上，旋转轴和摆动轴在运动的过程中带动工件转动和摆动。该机床的缺点是可加工工件的尺寸受转台尺寸的限制，适合加工体积小、重量小的工件。加工过程中主轴始终为竖直方向，刀具的切削刚性比较好，可以进行切削量较大的加工。

（3）旋转台结构。

① 蜗轮蜗杆结构。双转台的机械结构一般是蜗轮蜗杆形式，第四轴和第五轴的结构都是伺服电动机通过传动带带动蜗轮蜗杆来实现的，结构如图 3-3-4 和图 3-3-5 所示。

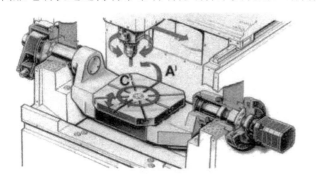

图 3-3-4　双转台结构机床　　　　　　图 3-3-5　蜗轮蜗杆传动结构

② 零传动结构。电动机与摆动轴和旋转轴直接连接，如图 3-3-6 所示。

图 3-3-6　电动机与摆动轴和旋转轴直接连接示意图

2）双摆头结构五轴加工中心

（1）机床结构。双摆头五轴机床的两个旋转轴均属摆头类。B 轴旋转平面为 ZX 平面，C 轴旋转平面为 XY 平面。刀具轴线的变化是通过 B 轴的摆动加 C 轴的转动来实现的，再加上 X、Y、Z 三个直线轴的运动构成了五轴联动。两个旋转轴结合为一个整体构成双摆头结构，如图 3-3-7 所示。

（2）加工特点。加工过程中工作台、工件均静止，适合加工体积大、重量大的工件；但因刀杆在加工过程中摆动，所以刀具的切削刚性较差，加工时切削量较小。国产双摆头结构机床的 C 轴受角度限制，不能在 360° 范围内旋转，一般的转动角度范围为 ±240°。

（3）旋转轴结构。旋转轴的蜗轮蜗杆结构如图 3-3-8 所示。

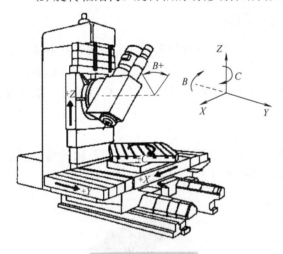

图 3-3-7　双摆头结构

图 3-3-8　旋转轴蜗轮蜗杆结构

3）单摆头单转台结构五轴加工中心

（1）机床结构。单转台单摆头五轴机床结构是刀杆摆动，工件转动。B 轴为摆头，旋转平面为 ZX 平面；旋转轴 C 为转台，旋转平面为 XY 平面。刀具轴线的变化是通过 B 轴的摆动加 C 轴的转动来实现的，再加上 X、Y、Z 三个直线轴的运动构成了五轴联动。

（2）加工特点。加工过程中工作台只旋转不摆动，刀杆只在一个旋转平面内摆动，加工特点介于双转台和双摆头结构机床之间。工件的大小和重量受到旋转台尺寸的大小和承载能力的限制。其适合加工的工件种类较多，加工自由度大。

（3）旋转台蜗轮蜗杆结构。旋转台的蜗轮蜗杆结构和双转台机床的蜗轮蜗杆结构相同。

4. 故障诊断与维修

【故障现象一】 一台加工中心多次出现程序中断故障，显示 W 轴伺服过载报警。

(1) 故障分析 出现程序执行中断，伺服过载的原因大都是进给传动系统运行不灵活。

(2) 故障定位 经检查是由于滑板放松指令的执行电磁阀卡死，造成前一段程序中断指令不够彻底，而后一程序段中指令 W 轴移动，使 W 轴电机伺服电源过负荷，致使程序中断。

(3) 故障排除 将该电磁阀拆下清洗，并清洗油路，重新连接，调试，故障消失。

【故障现象二】 TC500 型加工中心 INDRAMAT 的 X 轴交流伺服单元，一接通电源就发出停机现象。

(1) 故障分析 维修人员把 X 轴控制电压与其他轴伺服单元控制电压互换，其他调节器正常。拆下 X 轴伺服单元经过测量，直流电压+15V，在 X 轴伺服单元中有短路现象，+15V 与 0V 间电阻为 0。

(2) 故障定位与排除 检查出+15V 与 0V 在 PCB 上有 47μF、50V 电容被击穿，更换该电容后，再检查+15V 不再短路，伺服单元恢复正常。

【故障现象三】 1000 型加工中心在加工时出现 409#报警，停机重新启动可继续加工，加工中故障重新出现。

(1) 故障分析 发生故障时，主轴驱动放大器处于报警状态，显示 56 号报警。维修手册说明为控制系统冷却风扇不转或故障。拆下放大器检查，发现风扇油污较多，清洗后风干，装上试机故障未排除。拆下放大器打开检查，发现电路板油污严重，且有金属粉尘附着。

(2) 故障定位 故障因为设备工作环境因素：空气湿度大、干式加工、金属粉尘大。数控机床的系统主板、电源模块、伺服放大器等的电路板由于高度集成，大都由多层印刷电路板复合而成，线间距离小，容易受到污染。

(3) 故障排除 拆下电路板，用无水乙醇清洗，充分干燥后装机试验。

【故障现象四】 由某龙门数控铣削中心加工的零件，在检验中发现工件 Y 轴方向的实际尺寸与程序编制的理论数据之间存在不规则的偏差。

(1) 故障分析 从数控机床控制角度来判断，Y 轴尺寸偏差是由 Y 轴位置偏差造成的。该机床数控系统为 SINUMERIK840，伺服系统为 SINUMERIK 611A 驱动装置，Y 轴进给电动机为 1FT5 交流伺服电动机(带内装式的 ROD320)。

检查了 Y 轴有关位置参数，如反向间隙、夹紧允差等均在要求范围内，故可排除由于参数设置不当引起故障的因素。

检查 Y 轴进给传动链。传动链中任何连接部分存在间隙或松动，均可引起位置偏差而造成加工零件尺寸超差。

(2) 故障定位

① 将一个千分表座吸在横梁上，表头找正主轴 Y 运动的负方向；并把表头压缩到 50μm 左右，然后把表头复位到零。将机床操作面板上的工作方式开关置于增量方式(Inc)的×10 倍挡，轴选择开关量于 Y 轴挡，按负方向进给键，观察千分表读数的变化。理论上应该每按一下，千分表读数增加 10μm；在补偿掉反向间隙的情况下，每按一下正方向进给键，千分表的读数应减掉 10μm。经测量，Y 轴正、负两个方向的增量运动都存在不规则的偏差。

② 找一粒滚珠置于滚珠丝杠的端部中心，用千分表的表头顶住滚珠。将机床操作面板上的工作方式开关置于手动方式(JOG)，按正、负方向的进给键，主轴箱沿 Y 轴正、负方向连续运动，观察千分表读数无明显变化，故排除滚珠丝杠轴向窜动的可能。

③ 检查与 Y 轴伺服电机和滚珠丝杠连接的同步齿形带轮，发现与伺服电动机转子轴连接的带轮锥套有松动，使得进给传动与伺服电动机驱动不同步。由于在运行中松动是不规则的，从而造成位置偏差的不规则，最终使零件的加工尺寸出现不规则的偏差。由于 Y 轴通过 ROD320 编码器组成半闭环的位置控制系统，因此编码器检测的位置值不能真正地反映 Y 轴的实际位置值，位置控制精度在很大程度上由进给传动链的传动精度决定。

(3)故障排除　紧固带轮锥套后，故障排除。

5. 维修总结

(1)在日常维修中要注意对进给传动链的检查，特别是有关连接元件，如联轴器、锥套等有无松动现象。

(2)根据传动链的结构形式，采用分步检查的方式，排除可能引起故障的因素，最终确定故障的部位。

(3)通过加工零件的检查，随时监测数控机床的动态精度，以决定是否对数控机床的机械装置进行调整。

6. 知识拓展

交流伺服电机不存在电刷的维护问题，称为免维护电机，它的磁极是转子，定子与三相交流感应电机的电枢绕组一样，电机的检测元件包括转子位置检测元件和脉冲编码器。转子位置检测元件一般是霍尔元件或具有相位检测的光电脉冲编码器，由于伺服系统是通过转子位置信号来控制电机定子绕组的开、关，所以检测元件的松动错位以及元件故障都会造成伺服电机无法工作；脉冲编码器作为速度和位置检测元件为系统提供反馈信号。交流伺服电机常见故障如下：

(1)接线故障。由于接线不当，在使用一段时间后就可能出现故障，主要为插座接线脱焊、端子接线松动引起接触不良等。

(2)转子位置检测元件故障。检测元件故障会造成电机失控、进给振动等，由于转子位置检测元件的位置安装要求比较严格，所以应由专业人员进行调整设定。

(3)电磁制动故障。带电磁制动的伺服电机，当制动器出现故障时，出现得电不松开、失电不制动的情况。

交流电机故障判断方法如下：

(1)用万用表测量电枢的电阻，看三相之间的电阻是否一致，用兆欧表测量绝缘是否良好。

(2)电机检查时将机械装置与电机脱开，用手转动电机转子，正常时感觉有一定的均匀阻力，如果旋转过程中出现周期性不均匀的阻力，应该更换电机进行确认。

在检查交流伺服电动机时，对采用编码器转向的，若原连接部分无定位标记，则编码器不能随便拆离，不然会使相位错位；对采用霍尔元件转向的，应注意开关的接线顺序。平时不应敲击电机上安装位置检测元件的部位，因为伺服电机在定子中埋设了热敏电阻作为过热报警检测，出现报警的，应检查热敏电阻是否正常。

任务2　加工中心进给伺服系统故障诊断与维修

1. 技能目标

(1)能够判断加工中心伺服系统的类型。

(2)能够读懂加工中心伺服系统原理图。

(3)能够根据伺服驱动及数控系统的显示信息判断机床的工作状态。

(4)能够分析加工中心伺服系统常见故障成因。

(5)能够排除加工中心伺服系统常见故障。

2. 知识目标

(1)理解开环、半闭环、闭环伺服系统的工作原理及其特点、应用场合。

(2)掌握加工中心进给伺服系统的机械结构。

(3)掌握加工中心进给伺服系统常见故障的表现形式。

3. 引导知识

全数字伺服系统阐述如下。

随着微电子技术、计算机技术和伺服控制技术的发展，数控机床的伺服系统已经开始采用高速度、高精度的全数字伺服系统。

由位量、速度和电流构成的三环反馈全部数字化，应用数字 PID 算法，用 PID 程序来代替 PID 调节器的硬件，使用灵活，柔性好。

数字伺服系统采用了许多新的控制技术和改进伺服性能的措施，使控制精度和品质大大提高。位置、速度、电流三环结构如图 3-3-9 所示。

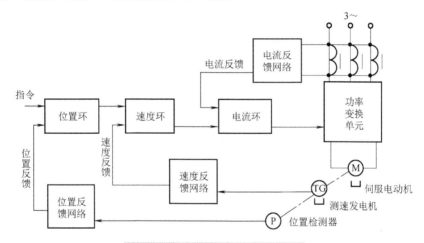

图 3-3-9　数字伺服系统结构示意图

1)电流环

电流环的输入是速度环 PID 调节后的那个输出，称为电流环给定，然后电流环给定和电流环的反馈值进行比较后的差值在电流环内做 PID 调节输出给电机，电流环的输出就是电机每相的相电流，电流环的反馈不是编码器的反馈而是在驱动器内部安装在每相的霍尔元件(磁场感应变为电流电压信号)反馈给电流环的。

2)速度环

速度环的输入就是位置环 PID 调节后的输出以及位置设定的前馈值，称为速度设定，这个速度设定和速度环反馈值进行比较后的差值在速度环做 PID 调节(主要是比例增益和积分处理)后输出就是上面讲到的电流环的给定。速度环的反馈由编码器反馈后的值经过速度运算器得到。

3)位置环

位置环的输入就是外部的脉冲(通常情况下，直接写数据到驱动器地址的伺服例外)，外部的脉冲经过平滑滤波处理和电子齿轮计算后作为位置环的设定，设定和来自编码器反馈的脉冲信号经过偏差计数器计算后的数值，在经过位置环的 PID 调节(比例增益调节，无积分微分环节)后输出和位置给定的前馈值的合值就构成了上面讲的速度环的给定。位置环的反馈也来自于编码器。编码器安装于伺服电机尾部，它和电流环没有任何联系，采样来自于电机的转动而不是电机电流，和电流环的输入、输出、反馈没有任何联系。而电流环是在驱动器内部形成的，即使没有电机，只要在每相上安装模拟负载电流环就能形成反馈工作。

4. 故障诊断与维修

【故障现象一】　某机械厂一台加工中心使用一段时间以后，偶尔出现"驱动器未准备好"报警，设备停止工作。

(1)故障分析　经检查，行程开关并未发现故障，只好采用关掉系统电源，使系统复位后更新启动来消除"驱动器未准备好"报警。后来这一故障出现的频率逐渐增高，每班作业都出现。使系统复位后重新启动来消除报警的办法也不能完全解除。

(2)故障定位　故障原因可能是外围设备的影响。集中检查了有关的外围设备以及联结件。多次检查后，把注意力还是放在几个行程开关上。怀疑某一个或几个行程开关故障是造成"驱动器未准备好"的原因。于是便更换了几个主要的行程开关。再次开动设备，故障消除。由此可确定，"驱动器未准备好"的故障原因是在行程开关上，但此前多次检查这些行程开关并没找到毛病。拆开换下的行程开关发现，这几只行程开关本身没有问题，接点灵敏可靠，内部防尘效果较好。问题出在行程开关前端活动空间内渗入了大量陶瓷原料微粉，故障就是由于陶瓷原料微粉阻碍了行程开关内部顶杆的运动而产生的。

(3)故障排除　要求设备操作人员，在设备使用一段时间后，必须将有关行程开关前端活动空间拆开并进行清理。作此规定后，相同问题未再发生。

【故障现象二】　加工中心的 Z 轴在高速运转时有"吱-吱-吱"的杂声，并明显伴有摩擦、颤动现象。

(1)故障分析　设备制造厂建议更改伺服电动机参数的设定，将 No.8266 的原有设置改为"-10"。参数改动后，Z 轴高速运转时的杂声和颤动稍有减小。不久，数控系统出现 424 伺服故障报警。

(2)故障定位　经检查发现，供给 Z 轴伺服电动机制动线圈的 90V 直流电时有时无，是造成 424 伺服故障报警的原因，与 No.8266 的原有设置无关。随后进行了处理，机床工作正常。可是过了不长时间又再次发生 424 伺服故障。

(3)故障排除　首先发现连接 90 V 直流电的供电变压器初级的 2A 保险芯熔断，更换开机后又立即熔断。便怀疑 90 V 硅整流桥质量不好，但一时又找不到同型号元件，于是自行制作了一个替换原来的 90 V 硅整流桥。为保险起见，在 90 V 直流回路上加装了一个 2A 保险。开机试车，一切正常，可以正常生产。

【故障现象三】　一台配套 FANUC 6M 系统的立式加工中心，在机床加工时，快速运动过程中发现碰撞，引起机床的突然停机，再次开机后，系统显示 ALM401，伺服驱动器主回路无法接通。

(1)故障分析　FANUC 6M 系统出现 ALM401 报警的含义是伺服驱动器的 READY 信号断开，即驱动器未准备好。检查 3 轴驱动器的主回路电源输入，发现只有 V 相有电压输入。

(2)故障定位　逐级测量主回路电源，最终发现输入单元的伺服主回路熔断器 F4、F6

熔断。

　　(3)故障排除　更换熔断器 F4、F6 后，机床恢复正常工作。

　　【故障现象四】　一台配套 FANUC 0i M 系统的数控车床，开机或加工过程中有时出现 NOTREADY 报警，关机后重新开机，故障可以自动消失。

　　(1)故障分析　在故障发生时检查数控系统，发现伺服驱动器上的报警指示灯亮，表明伺服驱动器存在问题。

　　(2)故障定位　为了尽快判断故障原因，维修时通过与另一台机床上同规格的伺服驱动器对调，开机后两台机床均正常工作，证明驱动器无故障。但数日后，该机床又出现相同报警，初步判断故障可能与驱动器安装、连接有关。

　　(3)故障排除　将驱动器拆下清理、重新安装，确认安装、连接后，该故障不再出现。

　　【故障现象五】　一台配套 FANUC 6M 的加工中心，在机床搬迁后，首次开机时，机床出现剧烈振动，CRT 显示 401、430 报警。

　　(1)故障分析　401 报警的含义是 X、Y、Z 等进给轴驱动器的速度控制准备信号(VRDY 信号)为"OFF"状态，即速度控制单元没有准备好；430 报警的含义是 Z 轴的位置跟随误差超差。

　　(2)故障定位　根据以上故障现象，考虑到机床搬迁的工作正常，可以认为机床的剧烈振动是 X、Y、Z 等进给轴驱动器的速度控制准备信号(READY 信号)为"OFF"状态，且 Z 轴的跟随误差超差的根本原因。

　　(3)故障排除　分析机床搬迁前后的最大变化是输入电源发生了变化，因此，电源相序接反的可能性较大。检查电源进线，确认了相序连接错误，更改后，机床恢复正常。

　　【故障现象六】　一台配备某系统的进口立式加工中心，在加工过程中发现某轴不能正常移动。

　　(1)故障分析　通过机床电器原理图分析，该机床采用的是 HSV-16 型交流伺服驱动。现场分析、观察机床动作，发现运行程序后，其输出的速度信号和位置控制信号均正常。再观察 PLC 状态，发现伺服允许信号没有输入。

　　(2)故障定位　依次排查，"刀库给定值转换/定位控制"板原理图逐级测量，最终发现该板上的模拟开关(型号 DG201)已损坏。

　　(3)故障排除　更换同型号备件后，机床恢复正常工作。

　　【故障现象七】　配备某系统的加工中心，在长期使用后，手动操作 Z 轴有振动和异常响声，并出现"移动过程中 Z 轴误差过大"报警。

　　(1)故障分析　考虑到机床伺服系统为半闭环结构，脱开与丝杠的连接，再次开机试验，发现伺服驱动系统工作正常，从而判定故障原因在机床机械部分。

　　(2)故障定位　利用手动方式转动机床 Z 轴，发现丝杠转动困难，丝杠的轴承发热，仔细检查，发现 Z 轴导轨无润滑，造成 Z 轴摩擦阻力过大。

　　(3)故障排除　重新修理 Z 轴润滑系统后，机床恢复正常。

　　【故障现象八】　一台配备 FANUC 系统的加工中心，在长期使用后，只要工作台移动到行程的中间段，X 轴即出现缓慢的正、反向摆动。

　　(1)故障分析　加工中心在其他位置时工作均正常，因此系统参数、伺服驱动器和机械部分应无问题。

(2)故障定位　　考虑到加工中心已经长期使用，加工中心机械部分与伺服驱动系统之间的配合可能会发生部分改变，一旦匹配不良，可能引起伺服系统的局部振动。

(3)故障排除　　根据 FANUC 伺服驱动系统的调整与设定说明，维修时通过改变 X 轴伺服单元上的 S6、S7、S11、S13 等设定端的设定，消除加工中心的振动。

【故障现象九】　　某配套 FANUC-OM 系统的数控立式加工中心，在加工中经常出现过载报警，报警号为 434，表现形式为 Z 轴发动机电流过大，电动机发热，停止 40min 左右报警消失，接着再工作一阵，又出现同类报警。

(1)故障分析与定位　　经检查，电气伺服系统无故障，估计是负载过重带不动造成的。为了区分是电气故障还是机械故障，将 Z 轴电动机拆下与机械脱开，再运行时该故障不再出现。由此确认是机械丝杠或运动部位过紧造成的。

(2)故障排除　　调整 Z 轴丝杠防松螺母后，效果不明显，后来又调整 Z 轴导轨镶条，机床负载明显减轻，该故障消除。

【故障现象十】　　一台配套 FANUC OMC，型号为 XH754 的数控机床，X 轴回零时产生超程报警。

(1)故障分析　　检查发现 X 轴报警时离行程极限位置相差甚远，而显示器显示的 X 坐标超过了 X 轴范围，故确认是软限位超程报警。

(2)故障定位与排除　　查参数 0704 正常，断电，按住【P】键同时按住 NC 电源，在系统对软限位不作检查的情况下完成回零；亦可将 0704 改称为-99999999 后回零，若没问题，再将其改回原值即可；还可按【P】键开机以消除报警。

【故障现象十一】　　某加工中心，在进行多次维修和长时间不用后，发现 Y 轴在运动过程中有明显的爬行。

(1)故障分析　　经检查，发现当手动移动 Y 轴 0.1mm 时，工作台连续移动 0.7mm 左右后，再以另一种速度缓慢移动至 0.1mm，因此，可能是移动速度太快或工作台阻力太大引起的故障。

(2)故障定位　　调整机床导轨链条并减小工作台移动速度，故障并未排除。在多次运行后发现每次工作台慢速移动的距离都差不多，因此打开参数页面，发现 029 号参数(Y 轴直线加减速时间常数)为 600，而对步进电动机来说一般设定为 450。

(3)故障排除　　修改后再试，故障排除。

【故障现象十二】　　一台加工中心，工件铣削精度超差，镗孔失圆。

(1)故障分析　　查已加工件，发现误差出现在横向，纵向正常；而横向加工对应 X 轴，故怀疑 X 轴有问题。

(2)故障定位　　手动移动 X 轴，发现 X 轴定位后位置坐标显值在 0.05 范围波动，而正常波动为 0.001，同时 X 轴电动机有轻微嗡嗡声，估计 X 轴漂移。

(3)故障排除　　打开电柜，在 X 驱动单元上找到标志位 drift 的电位器，仔细调节，使 X 轴波特率调为 0.001。再进行加工，精度恢复正常。

【故障现象十三】　　某配套 FANUC 0i Mc 系统的加工中心，在回参考点时发生 090 号报警。

(1)故障分析　　调试时发现只要 X 轴执行回参考点动作，CNC 就出现 090 报警。数控系统出现 090 报警的原因有起始位置离参考点太近和回参考点速度太低等。

(2)故障定位 在排除以上原因后,机床故障仍然存在。利用诊断参数检查 ADGNX1.4 信号,发现 X 轴在正常位置(参考点挡铁未压下时)时信号为"0",但电气原理图规定该信号应为"1",由此可知故障原因。

(3)故障排除 更换连接线后,重新执行返回参考点动作,机床恢复正常。

5. 维修总结

FANUC 数控系统确实稳定可靠,日常生产出现的大多数故障均是由外围设备、电路的问题造成的,维修检查重点应放在这些地方;数控机床的使用、维修需要较高的技术水平,相关人员应进行相应的技术培训,掌握相应的技术、知识。同时随机资料要完整、准确,以便出现故障时可以及时准确地查找毛病,提出解决方案。

6. 知识拓展

基准点是机床在停止加工或交换刀具时,机床坐标轴移动到一个预先指定的准确位置。机床返回基准点是数控机床启动后首先必须进行的操作,然后机床才能转入正常工作。机床不能正确返回基准点是数控机床常见的故障之一,机床返回基准点的方式随机床所配用的数控系统不同而异,但多数采用栅格方式(用脉冲编码器作位置检测元件的机床)或磁性接近开关方式。下面介绍几种机床返回基准点时的故障。

(1)机床不能返回基准点,一般有 3 种情况:

① 偏离基准点一个栅格距离。造成这种故障的原因有 3 种:减速挡块位置不正确、减速挡块的长度太短、基准点用的接近开关的位置不当。该故障一般在机床大修后发生,可通过重新调整挡块位置来解决。

② 偏离基准点任意位置,即偏离一个随机值。这种故障与下列因素有关:外界干扰,如电缆屏蔽层接地不良、脉冲编码器的信号线与强电电缆靠得太近;脉冲编码器用的电源电压太低(低于 4.75V)或有故障;数控系统主控板的位置控制部分不良;进给轴与伺服电机之间的联轴器松动。

③ 微小偏移。其原因有两个:电缆连接器接触不良或电缆损坏、漂移补偿电压变化或主板不良。

(2)机床在返回基准点时发出超程报警,这种故障有 3 种情况:

① 无减速动作。无论发生软件超程还是硬件超程,都不减速,一直移动到触及限位开关而停机。可能是返回基准点减速开关失效,开关触头压下后,不能复位,或减速挡块处的减速信号线松动,返回基准点脉冲不起作用,致使减速信号没有输入数控系统。

② 返回基准点过程中有减速,但以切断速度移动(或改变方向移动)到触及限位开关而停机。可能原因有:减速后,返回基准点标记指定的基准脉冲不出现。其中,一种可能是光栅在返回基准点操作中没有发出返回基准点脉冲信号,或返回基准点标记失效,或由基准点标记选择的返回基准点脉冲信号在传送或处理过程中丢失;或测量系统硬件故障,对返回基准点脉冲信号无识别和处理能力。另一种可能是减速开关与返回基准点标记位置错位,减速开关复位后,未出现基准点标记。

③ 返回基准点有减速,且有返回基准点标记指定的返回基准脉冲出现后的制动到零速时的过程,但未到基准点就触及限位开关而停机,该故障原因可能是返回基准点的脉冲被超程后,坐标轴未移动到指定距离就触及限位开关。

(3)机床在返回基准点过程中,数控系统突然变成"NOT READY"状态,但 CRT 画面却无任何报警显示。出现这种故障也多为返回基准点用的减速开关失灵。

(4)机床在返回基准点过程中，发出"未返回基准点"报警，其原因可能是改变了设定参数。

任务 3　　加工中心反馈装置故障与维修

加工中心常用的反馈装置有编码器、光栅尺、感应同步器、旋转变压器、磁栅尺等。这些装置的精度直接影响加工中心的精度。加工中心的精度要求高，使用反馈装置比普通数控机床多，所以反馈装置在加工中心中的故障率也很高。反馈装置的故障诊断与维修就显得尤为重要。

1. 技能目标

(1)能够识别加工中心反馈装置的常见故障。

(2)能够维护和维修加工中心反馈装置。

2. 知识目标

(1)理解磁尺、旋转变压器的工作原理。

(2)掌握对磁尺、感应同步器、旋转变压器工作环境的要求。

3. 引导知识

1)旋转变压器的结构及安装

图 3-3-10 是无刷旋转变压器的结构图。无刷旋转变压器由两部分组成：一部分叫分解器，其结构是由定子和转子组成的，定子与转子上均为两相交流分布绕组，相隔 90°；另一部分叫变压器，它的一次绕组与分解器转子轴固定在一起，并与转子一起旋转，它的二次绕组在定子轴线上。

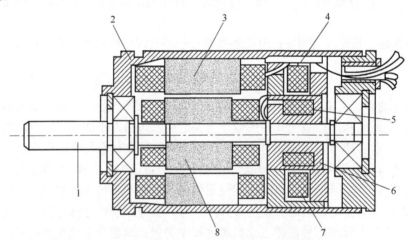

1-转子轴承；2-壳体；3-分解器定子；4-变压器定子；5-变压器一次绕组；
6-变压器转子轴线；7-变压器二次绕组；8-分解器

图 3-3-10　无刷旋转变压器的结构图

分解器定子绕组接外加的励磁电压，它的转子绕组输出的信号接到变压器一次绕组，从变压器的二次绕组引出最后输出信号。

无刷旋转变压器具有高可靠性、寿命长、不用维修以及输出信号大等优点，是数控机床主要使用的位置检测元件之一。

2) 磁尺测量装置

磁尺测量装置是将一定波长的方波或正弦波信号用记录磁头记录在用磁性材料制成的磁性标尺上，作为测量基准。

在测量时，拾磁磁头相对磁性标尺移动，并将磁性标尺上的磁化信号转换成电信号，再送到检测电路中去，把拾磁磁头相对于磁性标尺的位置或位移量用数字显示出来或转换成控制信号输送到数控装置。

磁尺测量装置由磁性标尺、拾磁磁头和检测电路组成。

(1) 磁性标尺。磁性标尺（简称磁尺）由两部分构成，即磁性标尺基体和磁性膜。磁性标尺的基体一般由非导磁材料（如玻璃、不锈钢、铜、铝或其他合金材料）制成。

磁性膜是采用涂敷、化学沉积或电镀等工艺方法，在磁性标尺基体上产生一层厚度为 $10\sim20\mu m$ 的磁性材料，由于该磁性材料均匀分布在磁性标尺的基体上，且呈膜状，故称磁性膜。

磁性膜上有用录磁方法录制的波长为 λ 的磁波。对于长磁性标尺，磁尺波长一般取 0.05mm、0.10mm、0.20mm、1mm。

在实际应用中，为防止磁头对磁性膜的磨损，一般在磁性膜上均匀地涂上一层 $1\sim2mm$ 的耐磨塑料保护层，以提高磁性标尺的寿命。

(2) 拾磁磁头。磁头是进行磁电转换的元件，它将反映位置变化的磁化信号检测出来，并转换成电信号输送给检测电路。

机床要求在低速甚至在静止时也能检测出磁性标尺上的磁信号，所以不能使用一般录音机用的磁头。机床上使用的磁头称为磁通响应型磁头，其结构如图 3-3-11 所示。

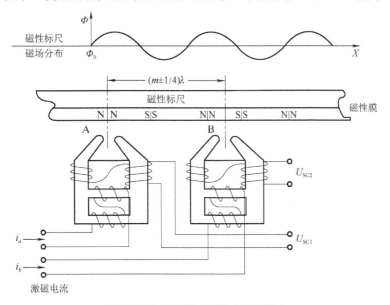

图 3-3-11　磁通响应型磁头的结构

磁通响应型磁头有两组绕组，绕在截面尺寸较小的横臂上的绕组 W1 是励磁绕组，绕在截面尺寸较大的竖杆上的绕组 W2 是输出绕组。

横臂铁心材料是可饱和铁心，所以励磁电流在一个周期内可使铁心材料饱和两次。

铁心材料饱和后，磁阻很大，磁路被阻断；铁心材料非饱和时，磁阻减小，磁路开通。

磁性标尺与磁头相对速度无关，而是由磁头在磁性标尺上的位置决定。

4. 故障诊断与维修

【故障现象一】　DHK40 型加工中心，主轴定向时转速偏低。

（1）故障分析　根据检修经验，这显然是机床没有接收到光电脉冲编码器发生的零标志信号，即"一转"信号。

（2）故障定位

① 检查编码器的 5V 直流电源，已达到 4.8V，虽然低一点，但还在正常范围，不会影响编码器的工作。

② 检查编码器的连接电缆，发现没有固定好，但是还在完好状态，没有断路、短路和接触不良的现象。

③ 打开机床侧面的防护盖板，拆下主轴脉冲编码器，发现其底部有一层粉末。将编码器全部拆开后，发现圆光栅上的条纹已经全部磨光，理所当然发不出信号。

（3）故障排除　更换新编码器后，主轴恢复正常的转速，故障得以排除。注意要修改主轴准停时的"停止位置偏移量"参数，使定向位置与原来相同。

【故障现象二】　某配套 SIEMENS 8M 系统的进口加工中心，出现 114 号报警，手册提示为 Y 轴测量有故障，电缆损坏或信号不良。

（1）故障分析　该机测量采用海德汉直线光栅尺，根据故障内容查 Y 轴电缆正常。为判断光栅尺是否正常，将 Y 轴光栅尺插到与其能配用的光栅数显表上通电，用手转动 Y 轴丝杠，发现 Y 轴坐标不变，则说明光栅尺故障。

（2）故障定位与排除　拆下该光栅尺，发现一光电池线头脱落；重新焊好后，通电检查，数显表显示跟随光栅变化，再将光栅尺装回机床，开机报警消除，机床恢复正常。

【故障现象三】　某配套 SIEMENS 8 系统的卧式加工中心，在工作过程中机床突然停止运行，CRT 出现 NC104 报警。重新启动机床，报警消除，可以恢复正常，但工作不久，故障重复出现。

（1）故障分析　查询 NC104 报警，其含义为"X 轴测量系统电缆断线"。根据故障现象和报警，先检查读数头和光栅尺，光栅密封良好，里面洁净，读数头和光栅没有受到污染，并且读数头和光栅正常；随后检查测量电路板，经检查未发现不良现象，经过这些工作后，把重点放在反馈电缆上。

（2）故障定位　测量反馈端子，发现 13 号线电压不稳，停电后测量 13 号线，发现有较大电阻，经仔细检查，发现此线在 X 轴运动过程中有一处断路，造成反馈值不稳，偏离其实际值。

（3）故障排除　经重新接线后，机床故障消除。

【故障现象四】　在加工过程中，主轴不能按指令要求进行正常的分度，主轴分度控制装置上的 ERROR（错误）灯亮，主轴慢慢旋转不能完成分度。除非关断电源，否则主轴总是旋转而不停止。

（1）故障分析　此故障多与检测主轴分度原点用的接近式开关及与分度相关的限位开关等有关电气部件以及机械上的传动及执行元件有关。

（2）故障定位　首先依照维修说明书关于该故障的排除流程图依次做了如下检查：

① 梯形图户 Y000.2＝1。

② 与分度相关的除液压缸动作良好，与分度相关的滑移齿轮啮合良好。

③ 通过诊断功能检查 LSCSEL 的开关状态 DGN X1.6=0。

以上均为正常状态，按流程图要求应该与制造商联系。但为慎重起见，又做了如下工作：

① 查主轴分度原点用接近开头，确认该开关与感应挡铁的间隙在 0.7mm 左右，符合说明书所说的其间隙在 1mm 以内即可的要求，但故障仍然存在。

② 由于故障未排除，进一步更换主轴分度控制装置 IDX-10A，以及分度用步进电动机、编码器、数控箱内的 DI/D03 A16B-1210-0322A 板等，并检查有关的电气连线，仍未解决问题。

正当感到无从下手之时，将一垫铁挨在接近开关的感应端面上，机床突然就完成了主轴分度动作，由此可判断是该接近开关的灵敏度降低了。

(3)故障排除　将该接近开关与感应挡铁的间隙调整为 0.1mm 左右，则机床恢复正常，故障排除。

5. 维修总结

当机床出现以上故障现象时，首先要考虑到是否是由检测器件的故障引起的，并正确分析，查找故障部位。

6. 知识拓展

检测器件是一种极其精密和容易受损的器件，日常一定要及时对其进行正确的使用和维护保养，进行维护时应注意以下几个方面问题。

(1)额定电源电压一定要为额定值，工作环境温度不能超标，以便于系统各集成电路、电子元件的正常工作。

(2)避免受到强烈振动和摩擦以防损伤代码板，同时避免受到灰尘油污的污染，以免影响正常信号的输出。

(3)避免外部电源、噪声干扰，要保证屏蔽良好，以免影响反馈信号。

(4)要保证反馈连接线的阻容正常，以保证正常信号的传输。

(5)各元件安装方式要正确，如编码器连接轴要同心对正，防止轴超出允许载重量，以保证其性能的正常。

项目(四) 加工中心辅助装置故障诊断与维修

随着技术的不断发展，加工中心的可控轴数逐渐增多，其辅助轴数量也不断增多，辅助装置也越来越复杂。加工中心与普通数控机床比较，增加了自动换刀装置、零件自动交换装置、零件自动装卸装置等辅助装置。

任务1 加工中心自动换刀装置故障诊断与维修

加工中心是一种具有刀库并能自动更换刀具，对工件进行多工序加工的数控机床。工件经一次装夹后，数控系统能控制机床连续完成多工步的加工，工序高度集中。自动换刀装置是加工中心的重要组成部分，主要包括刀库、刀具交换装置等部分。

1. 技能目标

(1)能够读懂加工中心自动换刀装置结构图。

(2)能够读懂加工中心自动换刀装置电气、液压、气动控制原理图。

(3)能够分析加工中心自动换刀装置故障。

(4)能够维修加工中心自动换刀装置常见的故障。

2. 知识目标

(1)了解加工中心自动换刀装置结构。

(2)理解加工中心自动换刀装置工作原理。

(3)掌握加工中心自动换刀装置故障诊断和排除的方法。

3. 引导知识

1)刀库

刀库是存放加工过程中所使用的全部刀具的装置，它的容量从几把刀到上百把刀。加工中心刀库的形式很多，结构也各不相同，常用的有鼓盘式刀库、链式刀库和格子库式刀库。

(1)鼓盘式刀库。鼓盘式刀库结构简单、紧凑，在钻削中心上应用较多。一般存放刀具数目不超过32把。目前，大部分刀库安装在机床立柱的顶面和侧面，当刀库容量较大时，为了防止刀库转动造成的振动对加工精度的影响，也有的安装在单独的地基上。

图3-4-1为刀具轴线与鼓盘轴线平行布置的刀库，其中图(a)为径向取刀式；图(b)为轴向取刀式。

图 3-4-2(a)为刀具径向安装在刀库上的结构，图 3-4-2(b)为刀具轴线与鼓盘轴线成一定角度布置的结构。这两种结构占地面积较大。

(2)链式刀库。链式刀库是在环形链条上装有许多刀座，刀座的孔中装夹各种刀具，链条由链轮驱动。链式刀库有单环链式和多环链式等几种，如图3-4-3所示。当链条较长时，可以增加支承链轮的数目，使链条折叠回绕，提高空间利用率。

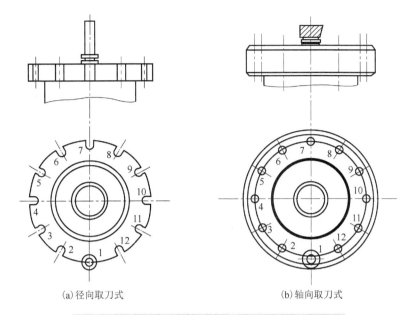

(a) 径向取刀式　　　　　　　　　　　(b) 轴向取刀式

图 3-4-1　刀具轴线与鼓盘轴线平行布置的鼓盘式刀库

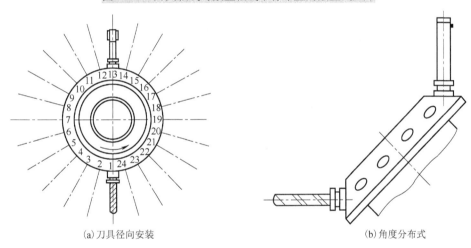

(a) 刀具径向安装　　　　　　　　　　(b) 角度分布式

图 3-4-2　径向安装与角度安装的鼓盘式刀库

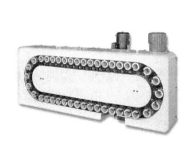
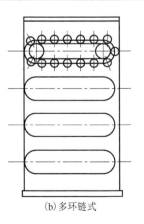

(a) 单环链式　　　　　　(b) 多环链式　　　　　　(c) 折叠链式

图 3-4-3　各种链式刀库

（3）格子盒式刀库。图 3-4-4 为固定型格子盒式刀库。刀具分几排直线排列，由纵、横向移动的取刀机械手完成选刀运动，将选取的刀具送到固定的换刀位置刀座上，由换刀机械手交换刀具。这种形式刀具排列密集，空间利用率高，刀库容量大。

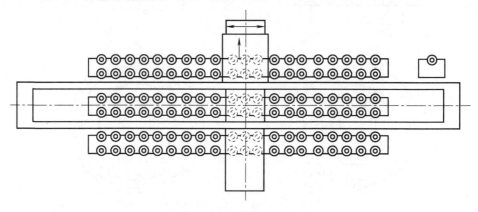

图 3-4-4　固定型格子盒式刀库

2）刀具的选择

按数控装置的刀具选择指令，从刀体中挑选各工序所需要的刀具的操作称为自动选刀。常用的选刀方式有顺序选刀和任意选刀。

（1）顺序选刀。刀具的顺序选择方式是将刀具按加工工序的顺序，一次放入刀库的每一个刀座内，刀具顺序不能搞错。

当加工工件改变时，刀具在刀库上的排列顺序也要改变。这种选刀方式的缺点是同一工件上的相同刀具不能重复使用，因此刀具的数量增加，降低了刀具和刀库的利用率，优点是它的控制以及刀库的运动等比较简单。

（2）任意选刀。任意选刀方式是预先把刀库中每把刀具（或刀座）都编上代码，按照编码选刀，刀具在工序中不必按照工件的加工顺序排列。任意选刀有刀具编码式、刀座编码式、附件编码式、计算机记忆式 4 种方式。

① 刀具编码式。这种选择方式采用了一种特殊的刀柄结构，并对每把刀具进行编码。换刀时通过编码识别装置，根据换刀指令代码，在刀库中寻找所需要的刀具。

由于每一把刀都有自己的代码，刀具可以放入刀库的任何一个刀座内，这样不仅刀库中的刀具可以在不同的工序中多次重复使用，而且换下来的刀具也不必放回原来的刀座，这对装刀和选刀都十分有利，刀库的容量相应减少，而且可避免由于刀具顺序的差错所发生的事故。但每把刀具上都带有专用的编码系统，刀具长度加长，制造困难，刚度降低，刀库和机械手的结构变复杂。

刀具编码识别有两种方式：接触式识别和非接触式识别，接触式识别编码的刀柄结构如图 3-4-5 所示。在刀柄尾部的拉紧螺杆上套装着一组等间隔的编码环，并由锁紧螺母将它们固定。

编码环的外径有大小两种不同的规格，每个编码环的大小分别表示二进制数的"1"和"0"。

通过对两种圆环的不同排列，可以得到一系列的代码。例如，图中的 7 个编码环，就能够区别出 127 种刀具。

通常全部为零的代码不允许使用，以免和刀座中没有刀具的状况相混淆。

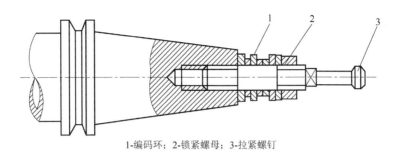

1-编码环；2-锁紧螺母；3-拉紧螺钉

图 3-4-5　编码刀柄示意图

当刀具依次通过编码识别装置时，编码环的大小就能使相应的触针读出每一把刀具的代码，从而选择合适的刀具。

接触式编码识别装置结构简单，但可靠性较差、寿命较短，而且不能快速选刀。非接触式刀具采用磁性或光电识别法。

磁性识别法是利用磁性材料和非磁性材料磁感应的强弱不同，通过感应线圈读取代码。编码环分别由软钢和塑料制成，软钢代表"1"，塑料代表"0"，将它们按规定的编码排列。

当编码环通过感应线圈时，只有对应软钢圆环的那些感应线圈才能感应出电信号"1"，而对应于塑料的感应线圈状态保持"0"不变，从而读出每一把刀具的代码。

磁性识别装置没有机械接触和磨损，因此可以快速选刀，而且结构简单、工作可靠、寿命长。

② 刀座编码式。刀座编码是对刀库中所有的刀座预先编码，一把刀具只能对应一个刀座，从一个刀座中取出的刀具必须放回同一刀座中，否则会造成事故。这种编码方式取消了刀柄中的编码环，使刀柄结构简化，长度变短，刀具在加工过程中可重复使用，但必须把用过的刀具放回原来的刀座，送取刀具麻烦，换刀时间长。

③ 附件编码式。这种选择方式在刀具上增加了一个带编码的附件：编码钥匙。预先给每把刀具都系上一把表示该刀具代码的编码附件，当将刀具插进刀库的刀座时，便同时也将该附件插入刀座的相应部位，这样便将附件上的代码转记到了刀座上，成为刀座的代码。这种编码方式的优点是在更换加工零件时只需将附件从刀座中取出，刀座上的代码便自行消失，灵活性大，对刀具管理和编程都十分便利，不易发生人为差错。缺点是刀具必须对号入座。

④ 计算机记忆式。目前加工中心上大量使用的是计算机记忆式选刀。这种方式能将刀具号和刀库中的刀座位置(地址)对应地存放在计算机的存储器或可编程控制器的存储器中。不论刀具存放在哪个刀座上，新的对应关系重新存放，这样刀具可在任意位置(地址)存取，刀具不需设置编码元件，结构大为简化，控制也十分简单。在刀库机构中通常设有刀库零位，执行自动选刀时，刀库可以正反方向旋转，每次选刀时刀库转动不会超过一圈的 1/2。

3) 刀具交换装置

数控机床的自动换刀装置中，实现刀库与机床主轴之间刀具传递和刀具装卸的装置称为刀具交换装置。自动换刀的刀具可靠紧固在专用刀夹内，每次换刀时将刀夹直接装入主轴。刀具的交换方式通常分为机械手换刀和无机械手换刀两大类。

(1)机械手换刀。采用机械手进行刀具交换的方式应用最为广泛，因为机械手换刀有很大的灵活性，换刀时间也较短。机械手的结构形式多种多样，换刀运动也有所不同。下面介绍两种最常见的换刀形式。

　　① 180°回转刀具交换装置。最简单的刀具交换装置是180°回转刀具交换装置,如图3-4-6所示。接到换刀指令后,机床控制系统便将主轴控制到指定换刀位置;同时刀具库运动到适当位置完成选刀,机械手回转并同时与主轴、刀具库的刀具相配合;拉杆从主轴刀具上卸掉,机械手向前运动,将刀具从各自的位置上取下;机械手回转180°,交换两把刀具的位置,与此同时,刀库重新调整位置,以接受从主轴上取下的刀具;机械手向后运动,将更换的刀具和卸下的刀具分别插入主轴和刀库;机械手转回原位置待命。至此换刀完成,程序继续。这种刀具交换装置的主要优点是结构简单,涉及的运动少,换刀快;主要缺点是刀具必须存放在与主轴平行的平面内,与侧置和后置的刀库相比,切屑及切削液易进入刀夹,刀夹锥面上有切屑会造成换刀误差,甚至损坏刀夹和主轴,因此必须对刀具另加防护。这种刀具交换装置既可用于卧式机床也可用于立式机床。

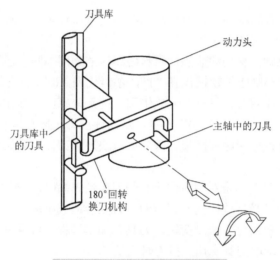

图 3-4-6　180°回转刀具交换装置

　　② 回转插入式刀具交换装置。回转插入式刀具交换装置是最常用的形式之一,是回转式的改进形式。这种装置刀库位于机床立柱一侧,避免了切屑造成主轴或刀夹损坏的可能。但刀库中存放的刀具的轴线与主轴的轴线垂直,因此机械手需要 3 个自由度。机械手沿主轴轴线的插拔刀具动作,由液压缸实现;绕竖直轴 90°的摆动进行刀库与主轴间刀具的传送由液压马达实现;绕水平轴旋转180°完成刀库与主轴上刀具交换的动作,由液压马达实现。其换刀分解动作如图3-4-7所示。

　　图(a):抓刀爪伸出,抓住刀库上的待换刀具,刀库刀座上的锁板拉开。

　　图(b):机械手带着待换刀具绕竖直轴逆时针方向转90°,与主轴轴线平行,另一个抓刀爪抓住主轴上的刀具,主轴将刀具松开。

　　图(c):机械手前移,将刀从主轴锥孔内拔出。

　　图(d):机械手绕自身水平轴转180°,将两把刀具交换位置。

　　图(e):机械手后退,将新刀具装入主轴,主轴将刀具锁住。

　　图(f):抓刀爪缩回,松开主轴上的刀具。机械手绕竖直轴顺时针转90°,将刀具放回刀库相应的刀座上,刀库上的锁板合上。

　　最后,抓刀爪缩回,松开刀库上的刀具,恢复到原始位置。为了防止刀具掉落,各种机械手的刀爪都必须带有自锁机构,如图3-4-8所示。

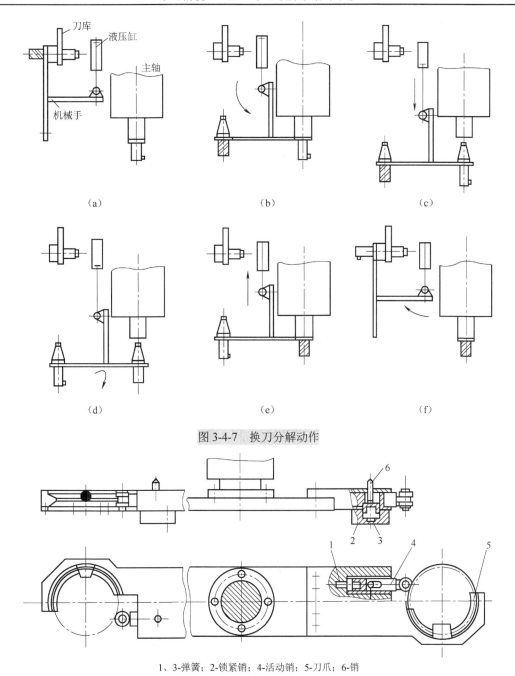

图 3-4-7　换刀分解动作

1、3-弹簧；2-锁紧销；4-活动销；5-刀爪；6-销

图 3-4-8　机械手臂和刀爪

它有两个固定刀爪 5，每个刀爪上还有一个活动销 4，它依靠后面的弹簧 1，在抓刀后顶住刀具。

为了保证机械手在运动时刀具不被甩出，有一个锁紧销 2，当活动销 4 顶住刀具时，锁紧销 2 就被弹簧 3 顶起，将活动销 4 锁住不能后退。

当机械手处于上升位置要完成拔插刀动作时，销 6 被挡块压下使锁紧销 2 也退下，因此可自由地抓放刀具。

（2）无机械手换刀。无机械手换刀的方式是利用刀库与机床主轴的相对运动实现刀具交换，也叫主轴直接式换刀。

XH754 型卧式加工中心就是采用这类刀具交换装置的实例。机床外形和换刀过程如图 3-4-9 所示。

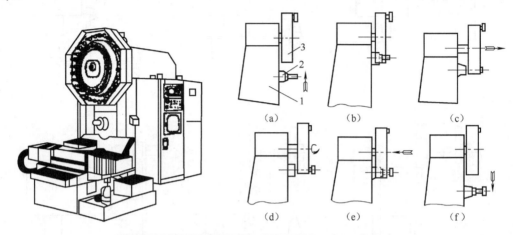

图 3-4-9　XH754 型卧式加工中心机床外形及其换刀过程

图(a)：当加工工步结束后执行换刀指令，主轴实现准停，主轴箱沿 Y 轴上升。这时机床上方的刀库的空挡刀位正好处在换刀位置，装夹刀具的卡爪打开。

图(b)：主轴箱上升到极限位置，被更换刀具的刀杆进入刀库空刀位，被刀具定位卡爪钳住，与此同时，主轴内刀杆自动夹紧装置放松刀具。

图(c)：刀库伸出，从主轴锥孔内将刀具拔出。

图(d)：刀库转位，按照程序指令要求将选好的刀具转到主轴最下面的换刀位置，同时压缩空气将主轴锥孔吹净。

图(e)：刀库退回，同时将新刀具插入主轴锥孔，主轴内刀具夹紧装置将刀杆拉紧。

图(f)：主轴下降到加工位置后启动，开始下一步的加工。这种换刀机构不需要机械手，结构简单、紧凑。由于换刀时机床不工作，所以不会影响加工精度，但机床加工效率下降。刀库结构尺寸受限，装刀数量不能太多。

这种换刀方式常用于小型加工中心，每把刀具在刀库上的位置是固定的，从哪个刀座上取下的刀具，用完后仍然放回哪个刀座上。

4．故障诊断与维修

【故障现象一】　加工中心装备 FANUC 11 数控系统。机床在 JOG 下加工工件时送刀盒将刀具送往主轴侧，但不能与主轴处的刀具相交换，过一会儿机床出现报警。

（1）故障分析　刀具不能正常交换说明相关信号不能满足，PMC 设定换刀动作时间无法得到保证，超过设定的时间就发生报警，并锁定机床。

（2）故障定位　按此思路，查看梯形图，发现刀库侧的 LS917、LS918 两红外线光电感应开关上覆盖了一层油膜，影响光电信号的接收。

（3）故障排除　擦洗两红外线光电感应开关后，机床恢复正常。

【故障现象二】　一台配套 SIEMENS 某系列交流伺服驱动系统的卧式加工中心，在开机调试时，手动按下刀库回转按钮后，刀库即高速旋转，导致机床报警。

（1）故障分析　根据故障现象，可以初步确定故障是由刀库交流驱动器反馈信号不正确或反馈线脱落引起的速度环正反馈或开环。

（2）故障定位与排除　测量确认该伺服反馈线已连接，但极性不正确，交换测速反馈极性后，刀库动作恢复正常。

【故障现象三】　刀具送入主轴时不能完全进入夹爪。

（1）故障分析　可能的原因：①拉杆与夹爪拉杆之间距离大于5mm；②主轴换刀压力不够。

（2）故障定位与排除　调整拉杆处的调整螺母，使其与拉杆之间的距离为1～5mm。检查换刀液压油是否足够，气液缸及其管路是否存在泄漏，压缩空气压力是否达到0.392MPa以上。若有上述现象，则检修，使主轴换刀压力达到3.92～6.868MPa。

【故障现象四】　工件加工质量变坏，如钻孔出现圆柱度变坏等。

（1）故障分析　可能的原因：①拉杆上的蝶形弹簧断裂。在主轴停止状态下，用手沿轴线方向上下拉动刀具，发现刀具有上下窜动现象。②夹爪破裂。在主轴停止状态下，置"寸动"模式，手动上下主轴上的刀具，感觉到刀具上下不灵活自如。

（2）故障定位与排除　更换蝶形弹簧，更换夹爪后，故障消失。

【故障现象五】　刀库转动时不能刹车定位。

（1）故障分析　可能的原因：刀库计数感应开关LS10损坏。此时，在"寸动"模式下，每按刀库旋转按钮一次，刀库只旋转一个刀位后立即停止转动，并且该刀位不能停止在规定的换刀位置。

（2）故障定位与排除　更换感应开关。

【故障现象六】　CRT屏幕显示报警"2023 ATC NOT HOME POSITION"（自动换刀装置不在原点位置）。

（1）故障分析　可能的原因：控制刀库转动的计数感应开关损坏，或感应开关的接线脱断，或感应距离太远。

（2）故障定位与排除　检查感应开关的接线状况，感应距离调整为1～5mm，若无效，则更换感应开关。

【故障现象七】　CRT屏幕显示报警"2027 TOOL NOT CLAMP"（刀具没有夹紧）。

（1）故障分析　可能的原因：①刀库旋转状态位置感应开关感应面上附着有铁屑等污物；②刀库上的刀套下降未到位，刀套升降气缸压力不足。

（2）故障定位与排除　清洁感应开关；检查气缸及其管道有无泄漏，使压力达到0.392～0.49MPa。

【故障现象八】　CRT屏幕显示报警"2028 ATC ARM NOT HOME POSITON"（自动换刀装置刀臂不在原点位置）。

（1）故障分析　可能的原因：①控制刀臂旋转的感应开关表面上附着有铁屑等污物；②控制刀臂旋转的感应开关损坏或接线不良。

（2）故障定位与排除　清洁感应开关表面，检查感应开关接线，若无效，则更换感应开关。

【故障现象九】　CRT屏幕显示报警"2029　POT　NOT　UP"（刀套没有处在上升状态）。

（1）故障分析　可能的原因：①刀套上升限位开关坏，接触杠杆动作不灵活，刀套上升后接触杠杆不能压入；②刀套下降限位开关坏，接触杠杆动作不灵活，刀套上升后接触杠杆不能弹出。

（2）故障定位与排除　检查限位开关的接触杠杆动作是否灵活，若无效则更换限位开关。

5. 维修总结

加工中心自动换刀装置常见故障可按所述方法比较快速地判断和排除，从而减少修机时间，提高加工中心的利用率。

6. 知识拓展

机床在自动运行过程中，换刀是靠程序自动完成的。在操作面板上设有此按钮（ATC），右侧有指示灯。

1）"ATC"按钮的功能

（1）刀具返回参考点。机床在 JOG、HANDLE、STEP 方式时，按下此按钮，则刀库返回参考点，刀库上的 1 号刀套定位在换刀位置上。刀库参考点是机床加工过程中保证刀具顺序号，进而保证正常加工的前提。当向刀库存储器输入之前，应使刀库返回参考点；在调整刀库时，如果刀套不在定位位置上，应使刀库返回参考点；在机床通电之后或是在机床和刀库调整结束、自动运行之前，应使刀库返回参考点。

（2）在 MDI 方式时用于换刀。在手动操作时，首先使 Z 轴返回参考点，再将"MODE SELECT"工作方式选择开关置于 MDI 方式，输入"M19"指令，完成主轴定向。仍然在 MDI 方式下，按下"ATC"按钮，使得换刀运动连续进行。即主轴上的刀具与换刀位置上的刀具交换，但刀库不动。

在 MDI 方式下操作"ATC"按钮的步骤如下：

首先将"MODE SELELT"开关置于 MDI 方式；将 Z 轴返回参考点，输入"M06"指令，得到刀具交换的连续动作。M06 指令中包含了主轴定向的动作；输入"T××"，使刀库转动，并将插有 T×× 的刀套定位在换刀位置上；输入"T××M06"，将现在位于换刀位置上的刀具与主轴位置上的刀具进行交换，之后，刀库转动，将 T×× 刀具转到换刀位置上。

在执行了 Z 轴返回参考点和主轴定向以后，使用 M80～M89 指令，可执行 ATC 动作。使用此换刀方法时，刀号存储器不能自动跟踪调整。加工中心换刀过程要经过刀套下翻 90°、机械手转 75°、刀具松开、机械手拔刀、交换两刀具位置、机械手插刀、刀具夹紧、机械手转 180°、机械手反转 75°、刀套上翻 90° 等 10 个动作。在执行每个动作时，彼此之间具有互锁作用，因此若在换刀过程中途停止换刀运动，当恢复工作时，需要根据换刀顺序使用 M80～M89 指令，将换刀过程分步完成，才可继续进行自动循环。

2）在刀库上装刀

在刀库一侧，有一个刀库回转按钮，每按一次按钮，刀库顺时针转过一个刀位。如因某种原因刀库不在定位点上，按此按钮将始终不能使刀库的任何刀套进入换刀位置。需进行刀库返回参考点的操作，才可以进行装刀：①按刀库转位按钮转出装刀装置；②将刀具插入刀套；③按动按钮，依次插入所有刀具。

刀库上刀具的夹紧、松开与刀盘的转动，均是由液压缸来驱动完成的。刀盘的定位采用鼠牙盘式结构，利用程序进行换刀时，刀库按照就近原则可顺时针、逆时针转动。手动时，在刀盘松开的情况下，可顺时针转动刀盘。

3）主轴上刀具的装取

主轴箱是有主轴刀具松开与夹紧按钮。正常情况下，主轴上的刀具处于夹紧的状态，按下此按钮，刀具松动，上方的指示灯亮，可装卸刀具；再按下，刀具被夹紧，指示灯灭。换刀时，松开主轴之前，要握住刀具，以免松开时，刀具下落损坏工作台。

4)主轴转速的设定

用手动方式启动主轴时，必须先设定主轴的转速。将"MODE SELELT"开关置于 MDI 方式，输入"S××××"即可。主轴的转速一经设定，在没有新的设定值取代原设定值之前，始终被保留。当机床出现故障急停、清除全部程序及断开电源时，该设定值消除，需要重新设定主轴转速。

主轴负载表是指电动机输出功率的倍率，分为白区、黄区和红区。机床连续运转时，应在白区使用电动机；机床重载时(超过 30min)，在黄区使用电动机，会引起电动机过热，造成主轴报警。

5)刀号表的设定

ATC 装置在换刀时只认刀具不认刀套，因此必须将 16 把刀具逐一编号，并按顺序将刀具插入刀库中对应的刀套上，由数控系统的 PC 设定刀具号，并记忆在 PC 中，这样不论刀具装在哪个刀套上，数控系统中的 PC 始终会跟踪它。

(1)将"MEMORY PROTECT"置于"ON"位置。

(2)刀库返回参考点，使用刀库转位按钮，按顺序将 16 把刀具分别装入对应的刀套中，将刀具进行编号。

(3)再次执行刀库返回参考点的操作。

(4)将"MODE SELECT"开关置于 MDI 方式。

(5)用"PARAM"键选出"PC PARAETER 01"画面。

(6)清除刀号表内的数据，设定"N4999"，按【INPUT】键。

(7)设定"N4001"按【INPUT】键，光标在 4001 下。

(8)设定"P01"按【INPUT】键，则 1 号刀设定完毕。

(9)按【CURSOR】键，将光标移动到 4002 下。

(10)设定"P02"按【INPUT】键，则 2 号刀设定完毕。以此类推，将 16 把刀具全部设定。

将"MEMORY PROTECT"开关置于"OFF"位置。

上述操作是建立刀号表的过程，并且将 16 把刀具位置设定在了 PC 中 4001~4016 的位置上。

任务 2　加工中心液压、气动及排屑装置常见故障

加工中心的辅助轴数量多，辅助装置复杂，加工中心的气液动力装置是加工中心不可或缺的组成部分，是实现数控加工高自动化的重要保证。

1.技能目标

(1)能够读懂加工中心的润滑系统图。

(2)能够按照原理图检测加工中心液压、气动系统。

(3)能够分析、定位和维修加工中心液压、气功系统故障。

2.知识目标

(1)了解加工中心气液系统的组成。

(2)理解加工中心气液系统的工作原理。

(3)掌握加工中心气液系统故障诊断和排除的方法。

3. 引导知识

1) 气液动力系统的结构组成

一个完整的气液动力系统由以下几部分组成：

(1) 动力元件：包括泵装置和储能器，输出压力油并储存能量。

(2) 执行元件：包括气液压缸和气液压马达等，用来带动运动部件，将气液体压力转换成工作部件运动的机械能。

(3) 控制元件：各种气液压阀，用于控制气液体的压力、流量和流动方向，从而控制执行部件的作用力、运动速度和运动方向，也可以用来卸载、实现过载保护等。

(4) 辅助元件：指系统中除上述部分以外的所有元件，如油箱、压力表、过滤器、管路、管接头、加热器和冷却器等。

2) 气液动力系统的日常维护

(1) 应保护气源、液压油的清洁，不能含有水分、杂质，压缩空气中应含有适量的润滑油，以保证气压元件润滑充分、动作正常。

(2) 应严格控制气液介质的温升。温度变化过大，将导致压力变化大、系统工作不稳定。

(3) 应定期检查气液系统的密封性，使用压力表或用涂抹肥皂水的办法检查，定期更换密封元件。

(4) 应定期检查气液泵、马达运动是否有异常噪声，气液压缸工作是否平稳。

(5) 应经常检查行程开关、限位挡块的位置是否有松动，油箱油量是否在标准值内。

(6) 应尽量避免气液动力系统在振动环境中工作，定期检查螺栓和接头是否松动，对松动的加以紧固。

(7) 应经常对气液压元件进行清洗和维修，保证其动作的灵敏度。

4. 故障诊断与维修

【故障现象一】　工作台自动交换(APC)装置是柔性加工单元重要的组成部分，它可以使工件加工和装卸同时进行，提高加工效率。APC 的控制是顺序逻辑定位控制。其中，机床侧传送器可实现机床与交换器之间工作台的交换；工件装卸侧传送器可实现工件装卸站与交换器之间工作台的交换，以便于零件的拆装。

(1) 故障现象　设托盘交换器的起始位置如图 3-4-10 所示，现要求Ⅱ号工作台经托盘运动至 A 位。当按下控制面板上的托盘回转启动按钮后，托盘即顺时针转动，当Ⅱ号托盘高速经过 A 位时，交换器的旋转运动紧急停止。如再按启动按钮，交换器又顺时针转动，在Ⅲ号托盘将到达 A 位时，开始减速，然后慢速到达 A 位停止。若一开始就选择Ⅲ号托盘，则Ⅲ号托盘在到达 A 位前也开始减速；然后慢速到达 A 位停止，不出现上述故障。若需要Ⅳ号托盘到 A 位，则Ⅳ号、Ⅲ号托盘经过 A 位时将出现两次急停的故障。

(2) 故障诊断

① 机械方面：由于托盘能够高速、减速运动及定位，可以排除机械卡死的因素。

② 电气方面：故障后再启动，托盘仍能回转，说明故障前后的电气逻辑是合理的。

故障现象一个很重要的特征就是：托盘高速回转到 A 位时故障就产生，而减速定位时无故障产生，说明高速回转时，由于某逻辑条件没有被满足而产生保护动作紧急停止。

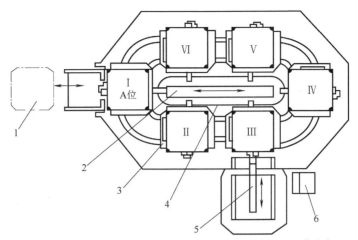

1-加工位；2-托盘传动系统；3-托盘；4-托盘基座；5-上件位；6-计数传感器

图 3-4-10 柔性加工单元 APC 示意图

分析托盘回转的运动过程如下：

托盘回转的条件是拉杆后退到"位停止"时撞块压在"位停止"行程开关上。由于托盘上的工作台在回转时要产生向外的离心力，所以工作台在拐弯处时依靠导向轨道回转，在托盘高速经过 A 位的瞬间，即处于缺口处时，工作台脱离导向轨道，依靠拉杆上的拉爪导向回转，此时，工作台对拉爪产生一个向外的撞击力。若拉杆的制动不佳，则撞击力促使拉杆抖动，从而引起行程开关的抖动，托盘回转条件失效，回转急停。

为了确定判断，调用控制梯形图实时观察，发现由行程开关输入的开关信号在故障出现前的瞬间闪烁了一下，这一现象与前述的判断分析相符。

为此，将故障诊断的重点放到拉杆的制动问题上来，检查制动器有何问题，并作相应的修理。

【故障现象二】 MC320 立式加工中心机床，其刮板式排屑器不运转，无法排除切屑。

分析及处理过程 MC320 立式加工中心采用刮板式排屑器。加工中的切屑沿着床身的斜面落到刮板式排屑器中，刮板由链带牵引在封闭箱中运转，切屑经过提升将废屑中的切削液分离出来，切屑排出机床，落入存屑箱。刮板式排屑器不运转的原因可能有：

① 摩擦片的压紧力不足：先检查碟形弹簧的压缩量是否在规定的数值之内；碟形弹簧的自由高度为 8.5mm，压缩量应为 2.6～3mm，若在这个数值之内，则说明压紧力足够了；如果压缩量不够，可均衡地调紧 3 只 MS 压紧螺钉。

② 若压紧后还是继续打滑，则应全面检查卡住的原因。

检查发现排屑器内有数只螺钉，其中有一只螺钉卡在刮板与排屑器体之间，将卡住的螺钉取出后，故障排除。

5. 维修总结

数控机床有些装置的故障表面看起来是电气故障，但最终是机械上的故障引起的。要多观察，熟悉机床各种运动的电气逻辑条件及机械运动过程，利用必要检测手段做出相应的诊断。

6. 知识拓展

加工中心科技含量较高，成本高且操作复杂，因此加工中必须严格按操作规程操作，才可以保证机床的正常运转，充分发挥机床功能，提高加工效率。操作者必须在了解加工零件的要求、工艺线路与机床特性后，方可操纵机床完成各项加工任务。

1) 工件加工的注意事项

(1) 机床通电后，检查各开关、按钮是否正常，机床有无异常现象。

(2) 检查电压、油压、气压是否正常，有手动润滑的部位先要手动润滑。

(3) 坐标轴手动回参考点。若某轴在回参考点位置前已处在零点位置，必须先将该轴移动到距离原点 100 mm 以外的位置，再进行手动回参考点。

(4) 在进行工作台回转交换时，工作台、导轨上不得有任何异物。

(5) 数控程序输入完毕后，应认真校对，确保无误。代码、指令、地址、数值、正负号、小数点及语法均应查对。

(6) 正确测量和计算工件坐标系，并对所得结果进行验证和验算。

(7) 按工艺规程安装找正夹具。

(8) 刀具补偿值(长度、半径)输入后，要对刀具补偿号、补偿值、正负号、小数点进行认真核对。

2) 工件加工中的注意事项

(1) 无论首次加工还是重复加工的零件，都必须按照工艺文件要求，逐把刀进行试切工件。

(2) 单段试切时，快速倍率开关必须位于低挡的位置。

(3) 每把刀首次使用时，必须先验证它的实际长度与刀具补偿值是否相等。

(4) 程序运行中，要注意观察数控系统上的几种显示。

① 坐标显示：了解刀具在机床坐标系与工件坐标系中的位置，了解这一程序段的运动量。

② 寄存器和缓冲寄存器显示：检查正在执行程序段各状态指令和下一程序段的内容。

(5) 主程序子程序：检查正在执行程序段的具体内容。

(6) 试切进刀时，在刀具运行到工件表面 $30 \sim 50$ mm 处，必须在进给保持下，验证坐标轴剩余量与 X、Y 轴坐标值以及图样是否一致。

(7) 对一些有试刀要求的刀具，采用渐进的方法。使用刀具半径补偿功能的刀具，可由小到大，边试切边修改。

(8) 试切和加工中，更换刀具、辅具后，一定要重新测量刀具长度并修改好刀具补偿值和刀具补偿号。

(9) 程序检索时应注意光标所指位置是否合理、准确，并观察刀具与机床运动方向坐标是否正确。

(10) 程序修改后，对修改部分一定要仔细计算、认真核对。

(11) 手摇进给和手动连续进给操作时，必须检查各种开关锁选择的位置是否正确，弄清正负方向，然后进行操作。

3) 工件加工完毕后的注意事项

(1) 工件加工完毕后，核对刀具号、刀具补偿值与工序卡中的刀具号、刀具补偿值是否完全一致。

(2) 从刀库中卸下刀具，按程序清理编号入库。整理保存工艺卡、刀具调整卡。

(3) 卸下夹具，清理工作台。

(4) 各坐标轴回零。

项目(五) 加工中心安装、调试与验收

数控加工中心是高精度机电一体化的产品,它集成了先进的制造技术和计算机控制技术,是一种具有刀库并能自动更换刀具,对工件进行多工序加工的数控机床。数控加工中心的安装与调试是指机床到用户处后按照机床提供商的要求安装到工作场地,并进行必要的调试。这些工作主要包括机床地基的准备、机床的连接、数控系统的连接与调整、通电试车以及机床精度和功能的测试。对于小型数控机床,这项工作比较简单,而数控加工中心一般由于体积过大,机床厂家通常在发货时要将机床解体成几个部分,等机床运到用户处后重新组装和调试,因此工作较为复杂。

任务1 加工中心安装

1. 技能目标
(1)能够正确选择和使用安装加工中心的工具。
(2)能够正确安装加工中心。

2. 知识目标
(1)了解加工中心安装工具的使用方法。
(2)掌握加工中心的安装方法及注意事项。

3. 引导知识
1)加工中心的初步安装

(1)机床初就位。用户在机床运到之前,应按照机床厂家事先提供的有关机床安装数据做好安装前的准备,如做好地基、预留好安装孔、提供机床电源等。机床运到后,按照装箱单清点零部件、电缆、资料等是否齐全。然后,按照安装说明把组成机床的各大部件分别在地基上一一就位。就位时,垫铁、调整垫板和地脚螺栓等也相应对号入座。

(2)机床连接。机床各部件组装前,首先应去除安装连接面、导轨和各运动面的防锈涂料,做好各部件的基本清洁工作。然后按装配图把各部件组装成整机,如将立柱、电柜、数控柜装在床身上,刀库、机械手等装在立柱上。组装时要使用原来的定位销、定位块,将安装位置恢复到机床拆卸前的状态。部件组装完成后,进行电缆、油管和气管的连接。说明书中有电气连接图、液压及气动管路连接图,根据这些图把它们打上标记,一一对号入座连接好。连接时要特别注意清洁,接触和密封要可靠,并要检查有无松动与损坏。在油管和气管的连接中要特别注意防止异物从接口进入管路,避免造成整个液压系统故障。

2)数控系统的连接和调整

数控系统是数控加工中心的核心部件,应对它的各种连接及其参数予以确认和调整。

(1)数控系统的开箱检查。检查包括系统本体和与之配套的进给速度控制单元、伺服电机、主轴控制单元、主轴电机。检查它们的包装是否完整无损,实物与订单是否相符。

(2)外部电缆的连接。外部电缆连接是数控装置与外部 MDI/CRT 单元、强电柜、机床操作面板、进给伺服电机、主轴电动机的动力线和反馈线的连接。地线要采用一点接地型,即

辐射式接地法，防止串扰。这种接地要求将数控柜中的信号接地、强电接地和机床接地等连接到公共的接地点上，而且数控柜与强电柜之间应有足够粗的保护接地电缆。

(3)数控系统电源线的连接。应在切断数控柜电源开关的情况下连接数控柜的输入电缆。

(4)各种设定确认。数控系统内的印刷电路板上有许多短路棒的短路设定点，这项设定已由机床厂完成，用户只需确认和记录一下。设定确认的内容随数控系统的不同而不同，但一般有以下 3 个方面：

① 确认控制部分印刷电路板上的设定。主要确认主板、ROM 板、连接单元、附加控制板以及旋转变压器或感应同步器控制板上的设定。

② 确认速度控制单元印刷电路板上的设定。在直流速度控制单元和交流速度控制单元上都有许多的设定点，用于选择检测元件的种类、回路增益以及各种报警等。

③ 确认主轴控制单元印刷电路板上的设定。无论在直流还是交流主轴控制单元上，均有一些用以选择主轴电机电流极限和主轴转速的设定点。但在数字式交流主轴控制单元上已用数字设定代替短路棒的设定，这时只能在通电时才能进行设定与确认。

(5)输入电源电压、频率及相序的确认。主要包括：

① 检查和确认变压器的容量是否满足控制单元和伺服驱动系统的能量消耗。在总负荷上应留有一定的余量。

② 检查电源电压的波动范围是否在数控系统的允许范围之内。有些大型精密机床对电源的要求很高，此时应外加交流稳压器，以保证机床平稳正常地运行。

③ 对于采用晶闸管控制元件的速度控制单元和主轴控制单元的供电电源，一定要检查相序。在相序不正确的情况下通电，可能使速度控制单元的输入保险丝熔断。相序的检查方法有两种：一种是用相序表测量，当相序接法正确时，相序表按顺时针方向旋转；另一种方法是采用示波器测量二者的波形，两相看一下，确定各相序。

(6)检查直流稳压电源的电压输出端对地是否短路。各种数控系统内部都有直流稳压电源单元，可为系统提供+5V、±15V、+24V 等直流电压。因此，在系统通电前，应检查这些电源的负载，看是否有对地短路的现象，可用万用表来测量和确认。

(7)接通数控柜电源检查各输出电压。接通电源后，首先应检查数控柜内各风扇是否运转正常，由此可确定电源是否接通。检查各印刷电路板上的供电电压是否正常，是否在正常波动范围之内。对+5V 电源的电压要求比较高，波动范围通常要求在±5%以内。

(8)确认数控系统中各参数的设定。设定系统参数的目的，就是当数控装置与机床相连时，能使机床具有最佳的工作性能。不同的数控系统，其参数是有所不同的，机床随机附带的参数表是机床的重要技术资料，应妥善保管。它对以后的机床故障维修和参数的恢复有很大作用。大多数厂家的产品可以通过按压 MDI CRT 单元上的【PARAM】(参数)键来显示已存入系统存储器的参数。

(9)确认数控系统与机床间的接口。现代的数控系统一般都具有自诊断功能，在 CRT 显示器上可以显示出数控系统与机床接口以及数控系统内部的状态，带有可编程控制器的机床，还可显示 PLC 梯形图的状态，对照厂家提供的梯形图说明书，可确认数控系统与机床之间各接口状态是否正常。

3)通电试车

在通电试车前，要按照说明书给机床加润滑油，加满润滑油油箱，在润滑点灌注规定的油液和油脂，清洗液压油箱及过滤器，灌入规定标号的液压油。在通电的同时，为了安全，应做好按压急停按钮的准备，随时切断电源。通电后，首先观察有无报警，然后用手动方式陆续启动各部件。试试各导轨的运行是否正常、主轴的运转是否正常、各种安全装置是否起作用、系统各部件的运行噪声是否正常等。在检查液压系统时，看看液压管路中是否形成油压、各接头有无渗漏等。

上述检查完毕后，调整机床的床身水平，粗调机床的主要几何精度、各主要运动部件与主机的相对位置等。这些工作完成后，就可固定地脚螺栓了，用快干水泥灌注预留孔，等水泥干了后，就可以进行下一步的试车工作。接下来主要是进一步确认机床各部件的运行情况，检查给出的运行指令和机床实际运行的情况是否相符，如不符，应检查有关参数的设定。还应检查机床的辅助装置是否可用，如机床的照明灯是否能点亮、冷却防护罩和各种护板是否完整、冷却液是否能正常喷出等。最后，应进行一次返回基准点的测试，看看每次回基准点的位置是否完全一致。

4)试运行

数控加工中心安装完毕后，要求整机在带一定负载的条件下进行一段较长时间的自动运行，较全面地检查机床功能及工作可靠性。可采用连续 2～3 天每天运行 8h 或连续运行 32h 的方法。试运行时可直接采用机床厂调试时用的考机程序，也可自行编制一个程序。

任务2　加工中心调试

1. 技能目标
(1)能够正确选择和使用调试加工中心的工具。
(2)能够调试加工中心。

2. 知识目标
(1)了解加工中心调试前的准备工作。
(2)掌握加工中心调试的方法。

3. 引导知识
机床调试的目的是考核机床安装是否稳固，各传动、操纵、控制等系统是否正常和灵敏可靠。

调试试运行工作依以下步骤进行：
(1)按说明书的要求给各润滑点加油，给液压油箱灌入合乎要求的液压油，接通气源。
(2)通电。各部件分别供电或备部件一次通电试验后，再全面供电。观察各部件有无报警，手动各部件观察是否正常，各安全装置是否起作用。使机床的各个环节都能操作和运动起来。
(3)灌浆。机床初步运转后，粗调机床的几何精度，调整经过拆装的主要运动部件和主机的相对位置。将机械手、刀库、交换工作台等的位置找正。这些工作做好后，即可用快干水泥灌注主机和各附件的地脚螺栓，将各地脚螺栓预留孔灌平。
(4)调试。准备好各种检测工具，如精密水平仪、标准方尺、平行方管等。
(5)精调机床的水平。使机床的几何精度达到允许误差的范围内。采用多点垫支撑，在自由状态下将床身调成水平，保证床身调整后的稳定性。
(6)用手动操纵方式调整机械手相对于主轴的位置，使用调整心棒。安装最大重量刀柄时，要进行多次刀库到主轴位置的自动交换，做到准确无误，不撞击。

(7)将工作台运动到交换位置，调整托盘站与交换工作台的相对位置，达到工作台自动交换动作平稳，并安装工作台最大负载，进行多次交换。

(8)检查数控系统和可编程控制器PLC装置的设定参数是否符合随机资料中的规定数据，然后试验各主要操作功能、安全措施、常用指令的执行情况等。

(9)检查附件的工作状况，如机床的照明、冷却防护罩、各种护板等。

一台加工中心安装调试完毕后，由于其功能繁多，在安装后，可在一定负载下经过长时间的自动运行，比较全面地检查机床的功能是否齐全和稳定。运行的时间可每天8h连续运行2～3天或过24h连续运行1～2天。连续运行可运用考机程序。

任务3　加工中心精度检验

1．技能目标
(1)能够正确选择和使用检测加工中心的工具。
(2)能够检测和验收加工中心。

2．知识目标
(1)了解加工中心几何精度、定位精度、切削精度的检测项目及目标要求。
(2)掌握加工中心几何精度、定位精度、切削精度的检测方法。

3．引导知识

加工中心的验收是一项复杂的检测技术工作。它包括对机床的机、电、液、气各部分的综合性能检测及机床静、动态精度的检测。验收质量直接关系到加工中心的加工精度、加工能力、使用效率、可维修性以及使用寿命等。在我国有专门的机构，即国家机床产品质量检测中心。用户的验收工作可依照该机构的验收方法进行，也可请上述机构进行验收。用户还可根据合同和机床出厂检验合格证上规定的验收条件，部分或全部地测定机床合格证上的各项指标。如测得的数据不合格，应及时向生产厂家交涉，要求重新调整机床。验收工作主要集中在以下几个方面：

1)加工中心几何精度检查

加工中心的几何精度是组装后的几何形状误差，其检查内容包括工作台的平面度、各坐标方向移动的相互垂直度、X轴方向移动时工作台面的平行度、Y轴方向移动时工作台面的平行度、X轴方向移动对工作台上下型槽侧面的平行度、主轴的轴向窜动、主轴孔的径向跳动、主轴箱沿Z坐标方向移动对主轴轴心线的平行度、主轴回转轴心线对工作台面的垂直度、主轴箱在Z坐标方向移动的直线度。

常用的检测工具有精密水平仪、直角尺、精密方箱、平尺、平行光管、千分表或测微仪、高精度主轴轴心棒及刚性好的千分表杆。每项几何精度按照加工中心验收条件的规定进行检测。

注意：检测工具的等级必须比所测的几何精度高一等级。同时，必须在机床稍有预热的状态下进行，在机床通电后，主轴按中等转速回转15min以后再进行检验。

2)机床性能验收

加工中心工作性能主要包括主轴系统性能，进给系统性能、自动换刀系统性能、电气系统性能，液(气)压装置、安全装置、润滑装置、冷却装置、自动排屑装置、工作台自动交换装置、接触式测头装置等性能。加工中心工作性能的检验是通过试车来完成的，试车时要注意机床通常的技术要求，如主轴、工作台、滑枕运行平稳性，换刀或工作台交换动作的灵活性和准确性，有无发热、噪声、爬行，电气系统过流、欠压、过压保护，液(气)压装置流量、压力调整是否正常，有无渗漏，到各润滑点的测量分配情况，冷却系统流量、压力调整是否正常，回路是否畅通，安全装置工作是否齐全可靠等。一般要通过主运转试验和负荷试验来评价加工中心工作性能。

加工中心空运转试验 30 h 左右，主轴轴承温度要小于(或等于)70℃，温升小于 30℃，噪声不得超过 80 dB。

加工中心负荷试验主要是为了检验设备在额定负荷下的工作能力。负荷试验可按加工中心设计功率的百分比递增方式顺序进行。在负荷试验中，要按规范检查轴承的温升状况，机床各部分有无泄漏(油、气、液)，液(气)压、润滑、冷却系统压力是否稳定，流量是否合适，各装置工作是否稳定等。

根据标准规定，负荷试验前后均应检验加工中心的几何精度。切削精度检查亦放在负荷试验后进行。对于预验收时已做过负荷试验，整体发运到用户的小型加工中心，总体验收时可免做。对于解体发运到用户的大、中型加工中心，因为重新安装、调试、试车，与预验收时的环境条件已不相同，总体验收时负荷试验不可免做。

《金属切削机床试验规范总则》规定的试验项目见表 3-5-1。

表 3-5-1 《金属切削机床试验规范总则》规定的试验项目表

可靠性	空运转振动	热变形	静刚度
抗振性切削	噪声	激振	定位精度
主轴回转精度	直线运动不均匀性	加工精度	

对机床做全面性能试验必须使用高精度的检测仪器。在具体的机床验收时，各验收内容可按照机床厂标牌和行业标准进行，见表 3-5-2。

表 3-5-2 加工中心精度检验项目

序号	检验项目	允差	实测值	检验工具
G1	X 轴轴线运动的直线度 A)在 ZX 垂直面内 在 XY 水平面内	A)和 B)为 0.015 局部公差在任意 300 测量长度上为 0.007		平尺和百分表
G2	Y 轴轴线运动的直线度 B)在 ZX 垂直面内 在 XY 水平面内	A)和 B)为 0.015 局部公差在任意 300 测量长度上为 0.007		平尺和百分表
G3	Z 轴轴线运动的直线度 C)在 ZX 垂直面内 D)在 XY 水平面内	A)和 B)为 0.015 局部公差在任意 300 测量长度上为 0.007		平尺和百分表
G7	Z 轴轴线运动与 X 轴轴线运动间的垂直度	0.020/500		平尺或平板角尺和百分表
G8	Z 轴轴线运动与 Y 轴轴线运动间的垂直度	0.020/500		平尺或平板角尺和百分表
G9	Y 轴轴线运动与 X 轴轴线运动间的垂直度	0.020/500		平尺或平板角尺和百分表

序号	检验项目	允差	实测值	检验工具
G10	主轴的周期性轴向窜动	0.005		百分表
G11	主轴锥孔的径向跳动 A) 靠近主轴端部 B) 距主轴端部300mm 处	A) 0.007 B) 0.015		检验棒和百分表
G12	主轴轴线和 Z 轴轴线运动间的垂直度	0.015/300		检验棒和指示器
G13	主轴轴线和 X 轴轴线运动间的垂直度	0.015/300		平尺、专用支架和百分表
G14	主轴轴线和 Y 轴轴线运动间的垂直度	0.015/300		平尺、专用支架和百分表
G15	工作台面的平面度	0.020 局部公差在任意 300 测量长度上为 0.012		精密水平仪或平尺、量块 和百分表或光学仪器
G16	工作台面和 X 轴轴线运动间的平行度	0.025		平尺、量块和百分表
G17	工作台面和 Y 轴轴线运动间的平行度	0.020		平尺、量块和百分表
G19	工作台纵向中央或基准 T 形槽和 X 轴 轴线运动间的平行度	在 500 测量长度上为 0.025		百分表、平尺和标准销

3) 数控功能验收

加工中心数控功能验收是按照加工中心配备的数控系统说明书和订货合同要求，对加工中心应具备的各项数控功能进行手动和编程自动试验，并检查数控系统提供的自诊断和报警功能。

用手动或 MDI 方式操作加工中心各部件进行试验，要求动作灵活、准确，功能可靠。用数控程序操作加工中心各部件进行试验，加工中心在空载下自动运行 16h 或 32h，要求动作灵活、准确，功能可靠。

加工中心数控功能试验要编制一个功能齐全的试机程序，它应包括：

(1) 主轴转速应包括低、中、高在内的 5 种以上正转、反转、停止和定位。其中调整运转时间一般不少于每个循环程序所用时间的 10%。

(2) 进给速度应把各坐标轴的运动部件在高、中、低速度和快速的正向、负向组合在一起，在接近全行程范围内运行，并可选任意点进行定位。运行中不允许使用倍率开关。高速进给和快速运行时间不少于每个循环程序所用时间的 10%。

(3) 刀库中各刀位上的刀具不少于两次的自动换刀(包括最重刀具和最长刀具)。

(4) 数控回转工作台的自动分度、定位不少于两个循环。

(5) APC 托盘站的托盘不少于 5 次的自动交换。

(6) 各联动轴的两轴联动、三轴联动(或多轴联动)运行。

(7) 各循环程序间的暂停时间不应超过 0.5min，用以上内容的程序连续运行，检查加工中心各项运动、动作的平衡性、准确性和可靠性，并且在规定时间内不允许出故障，否则要在修理后重新开始规定时间的考核。

4) 精度的验收

(1) 几何精度检查。几何精度综合反映了加工中心各关键零部件的几何尺寸、开关误差以及它们的装配误差，是保证加工中心高工作精度的基础。加工中心几何精度检查可按机床厂家提供的合格证的项目逐项检测，或参照《机床检验通则第一部分：在无负荷或精加工条件下机床的几何精度》(GB/T 17421.1—1998)、《加工中心检验条件》(JB/T 8771.1—1998)等有关标准的要求进行。所有的检测项目必须一次合格，如果有某项超差，则需要调整后再重新检测全体项目。检测时要在机床稍有预热的状态下逐一测定。

普通卧式加工中心主要检测项目有工作台面的平行度，各坐标方向移动的直线度，各坐标方向移动的相互垂直度，X、Z坐标方向移动时工作台面的平行度，X坐标方向移动时工作台面T形槽侧面的平行度，主轴的轴向窜动，主轴孔的径向跳动，主轴箱沿Z坐标方向移动时主轴轴心线的平行度，主轴回转轴心线对工作台面的平行度，回转工作台表面的振动，回转工作台回转90°的垂直度，回转工作台中心线到边界定位器基准面之间的距离精度，各交换工作台的等高度，分度回转工作台的分度精度。

常用的检具有精密(电子)水平仪、精密方箱、精密角尺、千分表、测微仪等，所用检具应比所检的精度高一个等级，有些特殊检具(如精密主轴检棒)应由机床厂家提供。鉴于数控技术的飞速发展，加工中心精度越来越高，推荐使用现代检测仪器，如激光干涉仪、直线度光学镜、垂直度光学镜、平面度光学镜、角度镜组件等检测加工中心几何精度。

(2)定位精度检查。加工中心的定位精度有其特殊意义。它是表明所测量的加工中心各运动部件(即可控坐标)在数控系统控制下运动所能达到的位置精度。加工中心的定位精度包括单轴(线性轴线和回转轴线)定位精度、单轴重复定位精度、反向误差、原点的复归精度等。定位精度的检测要在加工中心几何精度检测合格后方可进行。检测方法要依据合同规定的相应的检测标准进行。

目前加工中心定位精度的标准主要有5种，按其数据处理方法不同，分为两个体系。一种是日本JLS6336的代数极差法；一种是以国际标准ISO230-2为代表的数理统计法，包括国际标准《机床检验通则第二部分：数控轴线的定位精度和重复定位精度的确定》(ISO230-2—1997)、中国《机床检验通则第二部分：数控轴线的定位精度和重复定位精度的确定》(GB/T 17421.2—2016)、机床制造商协会NMTBA1997第二版《数控机床精度和重复度的定义及评定方法》、德国《机床工作精度和位置精度的统计检验原理》(VDI-DCQ33413：1977)。

日本工业标准JLS6336比较简单，对一条数控轴上选定的若干个目标位置每个只做一次定位测试，取任意两个位置上定位误差的最大差的1/2，附上±号作为定位精度结果，重复定位精度测7次。都是以代数差或极大极小值之差为结果，故称代数极差法。它的结果具有很大的偶然性，可靠性差。主要在日本和中国台湾地区生产的加工中心上采用。

以国际标准ISO为代表的定位精度评定体系从数理统计和概率论的前提出发，认为同一条数控轴上选定的若干个目标位置多次正、反向定位所测得的误差按正态曲线分布，用±2倍或±3倍的离散值代表定位精度，置信度为95.45%或99.74%。重复定位精度是取任意位置重复多次正、反向定位所测得的偏差的最大离散值。数理统计法得出的允差值，一般相同条件下比代数极差法大1.5～2倍。其定位精度曲线如图3-5-1所示。

加工中心定位精度的检测要注意环境因素对检测结果的影响，如振动、气流、温度等。检测时要消除震源、减少检测现场人员、减少人员流动、减少阳光辐射、关掉空调等。

现代加工中心普遍使用双频激光干涉仪直接完成线性轴线位置精度的各项检测。双频激光干涉仪利用光的干涉原理和多普勒效应产生频差的原理来进行位移检测。

虽然现代数控系统都可对加工中心的单轴定位精度进行补偿，但加工中心单轴重复定位精度反映的是进给驱动机构的综合随机误差，它无法用数控系统补偿来修正。因此，只有在单轴重复定位精度合格的情况下才允许对定位精度进行补偿。

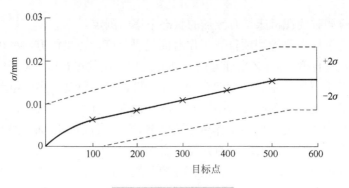

图 3-5-1　定位精度曲线

　　(3) 切削精度检查。加工中心的工作精度是通过切削加工综合体现出来的，切削精度反映了加工中心的动态加工能力。切削精度检查可分单项加工精度检查和综合性试件加工精度检查。综合性试件可采用标准的 NAS(美国国家宇航标准)试件，或者是用户自选的典型工件，也可以两者结合。试件加工完成后，要对试件进行精密测量，最后综合评价加工中心对试件的加工能力。一般情况下，各项切削精度的实测误差值为允差值的 50%是比较好的。对影响加工中心使用的关键项目，如果实测值超差，则视为不合格。

　　单项加工精度的主要检测项目有镗孔精度、镗孔孔距精度、端铣刀铣平面精度、端铣刀铣侧面精度、立铣刀铣四周侧面精度、立铣刀铣圆弧精度、两轴联动铣斜直线精度。

　　NAS 试件是美国 NAS979 规定的圆形-菱形-方形切削试验的试件，该试件切削试验的内容包括对加工中心点位控制加工精度和轮廓控制加工精度的试验。

　　综合性试件加工精度检查要注意的是：

　　① 铣圆时圆度误差的测量要在圆度仪上进行。

　　② 测试轮廓切削精度时要用接近满负荷切削深度和走刀量。

　　③ 精度验收时不仅要看几何精度、定位精度和切削精度记录，还要通过数控系统计算机内存查阅机床厂家出厂前的原始补偿数据，了解机床潜在的制造精度问题。

　　(4) 多轴联动精度检查。试件切削法虽能检查加工中心的工作精度，但较难分析和追踪加工中心误差产生的根源。多轴联动精度的检查方法主要有两种：一种是测量加工中心二轴联动运行长方体的 4 个对角位置和重复精度；另一种是评价多轴联动的造型精度，称为球杆测试。国际机床检验标准如 ISO230、ANSI B5.54 等采用球杆仪(DDB)来检测加工中心两轴联动精度。DDB 能快速、方便、经济地检测加工中心任意两轴联动的精度，并分析加工中心一些常见的误差源，如反向间隙、直线度、垂直度、伺服不匹配、传动链磨损等。DDB 由两个高精度的金属球通过一根可伸缩的连杆相连接，可伸缩的连杆内部装有光栅尺，如图 3-5-2 所示。DDB 系统的工作半径通常为 50～600mm。

　　DDB 在实际使用中还限于低速状态下加工中心两轴联动精度的测量，难以提示加工中心多轴复杂运动时的动态特性，且存在摩擦力、连杆重组等造成的机械误差问题。为此，提出了加工中心动态误差快速测量的一些新思路，如加工中心几何误差的九线测量法等。

　　随着数控技术和 CAD/CAM 技术的快速发展，现代加工中心编程、使用、维修的要求越来越高，有的机床生产厂家还开发了专用 CAM 编程系统，很多厂家出于技术保密的考虑，提供的有关技术文件和资料过于简单。用户必须把加工中心编程、使用、维修培训，专用校准工装、检具、刀具、特殊附件和关键配件的供应同时纳入验收范围，为加工中心的高效稳定运行奠定坚实的技术基础。及时、全面、科学地验收加工中心,将提高加工中心机床的技术管理水平,保证产品加工质量,并为今后的维修工作打下扎实的基础。

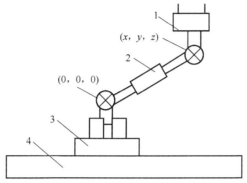

1-加工中心主轴;2-球杆仪;3-磁性架;4-工作台

图 3-5-2 球杆仪结构简图

评 价 标 准

本学习情境的评价内容包括专业能力评价、方法能力评价及社会能力评价三个部分。其中自我评分占 30%、组内评分占 30%、教师评分占 40%,总计为 100%,见表 3-5-3。

表 3-5-3 学习情境三综合评价表

种类别	项目	内容	配分	考核要求	扣分标准	自我评分占 30%	组内评分占 30%	教师评分占 40%
专业能力评价	任务实施计划	1. 实训的态度及积极性; 2. 实训方案制定及合理性; 3. 安全操作规程遵守情况; 4. 考勤遵守情况; 5. 完成技能训练报告	30	实训目的明确,积极参加实训,遵守安全操作规程和劳动纪律,有良好的职业道德和敬业精神;技能训练报告符合要求	实训计划占 5 分;安全操作规程占 5 分;考勤及劳动纪律占 5 分;技能训练报告完整性占 10 分			
	任务实施情况	1. 加工中心数控系统故障诊断与维修; 2. 加工中心主轴故障诊断与维修; 3. 加工中心进给系统故障诊断与维修; 4. 加工中心辅助装置故障诊断与维修; 5. 加工中心安装、调试与验收	30	掌握加工中心的拆装方法与步骤以及注意事项,能正确分析加工中心的常见故障及修理;能进行系统调试;任务实施符合安全操作规程并功能实现完整	正确选择工具占 5 分;正确拆装加工中心占 5 分;正确分析故障原因拟定修理方案占 10 分;任务实施完整性占 10 分			
	任务完成情况	1. 相关工具的使用; 2. 相关知识点的掌握; 3. 任务实施的完整性	20	能正确使用相关工具;掌握相关的知识点;具有排除异常情况的能力并提交任务实施报告	工具的整理及使用占 10 分;知识点的应用及任务实施完整性占 10 分			

种类别	项目	内容	配分	考核要求	扣分标准	自我评分占 30%	组内评分占 30%	教师评分占 40%
方法能力评价	1. 计划能力； 2. 决策能力	能够查阅相关资料制定实施计划；能够独立完成任务	10	能准确查阅工具、手册及图纸；能制定方案；能实施计划	查阅相关资料能力占5分；选用方法合理性占5分			
社会能力评价	1. 团结协作； 2. 敬业精神； 3. 责任感	具有组内团结合作、协调能力；具有敬业精神及责任感	10	做到团结协作；做到敬业；做到全责	团结合作能力占5分；敬业精神及责任心占5分			
合计			100					

年　　月　　日

教 学 策 略

本学习情境按照行动导向教学法的教学理念实施教学过程：包括咨讯、计划、决策、执行、检查、评估六个步骤，同时贯彻手把手、放开手、育巧手，手脑并用；学中做、做中学、学会做，做学结合的职教理念。

1. 咨讯

（1）教师首先播放一段有关加工中心故障诊断与维修的视频，使学生对加工中心故障诊断与维修有一个感性的认识，以提高学生的学习兴趣。

（2）教师布置任务。

① 采用板书或电子课件展示任务1的内容和具体要求。

② 通过引导问题让学生在规定时间内查阅资料，包括工具书、计算机或手机网络、电话咨询或同学讨论等多种方式，以获得问题的答案，目的是培养学生检索资料的能力。

③ 教师认真评阅学生的答案，对重点和难点问题，教师要加以解释。

针对每一个项目的教学实施：对于任务1，教师可播放与任务1有关的视频，包含任务1的整个执行过程；或教师进行示范操作，以达到手把手，学中做，教会学生实际操作的目的。

对于任务2，由于学生有了任务1的操作经验，教师可只播放与任务2有关的视频，不再进行示范操作，以达到放开手，做中学的教学目的。

对于任务3，由于学生有了任务1和任务2的操作经验，教师既不播放视频，也不再进行示范操作，让学生独立思考，完成任务，以达到育巧手，学会做的教学目的。

2. 计划

1）学生分组

根据班级人数和设备的台套数，由班长或学习委员进行分组。分组可采取多种形式，如随机分组、搭配分组、团队分组等，小组一般以4～6人为宜，目的是培养学生的社会能力、与各类人员的交往能力，同时每个小组指定一个小组的负责人。

2）拟定方案

学生可以通过头脑风暴或集体讨论的方式拟定任务的实施计划，包括材料、工具的准备，具体的操作步骤等。

3. 决策

由学生和老师一起研讨，决定任务的实施方案，包括详细的过程实施步骤和检查方法。

4. 执行

学生根据实施方案按部就班地进行任务的实施。

5. 检查

学生在实施任务的过程中要不断检查操作过程和结果，以最终达到满意的操作效果。

6. 评估

学生在完成任务后，要写出整个学习过程的总结，并做电子课件汇报。教师要制定各种评价表格，如专业能力评价表格、方法能力评价表格和社会能力评价表格，如表 3-5-3 所示，根据评价结果对学生进行点评，同时布置课下作业，作业一般选取同类知识迁移的类型。

参 考 文 献

陈泽宇，秦志强，2009．数控机床的装配与调试．北京：电子工业出版社．

龚仲华，2004．数控机床故障诊断与维修 500 例．北京：机械工业出版社．

郭士义，2005．数控机床故障诊断与维修．北京：机械工业出版社．

何宏伟，李明，2010．数控铣床加工技术(华中系统)．北京：机械工业出版社．

蒋林敏，张吉平，2007．数控加工设备．2 版．大连：大连理工大学出版社．

李方园，李亚峰，2010．数控机床电气控制．北京：清华大学出版社．

李敬岩，2013．数控机床故障诊断与维修．上海：复旦大学出版社．

林岩，2007．数控车床电气维修技术．北京：化学工业出版社．

刘本锁，2008．数控机床故障分析与维修实训．北京：冶金工业出版社．

刘丽萍，刘霞，隋秀梅，2012．常用机床电气控制系统安装与维修．北京：机械工业出版社．

刘永久，2009．数控机床故障诊断与维修技术(FANUC 系统)．2 版．北京：机械工业出版社．

陆启建，褚辉生，2010．高速切削与五轴联动加工技术．北京：机械工业出版社．

邵林波，邹建华，汪国庆，2011．液压与气压传动．南京：南京大学出版社．

沈兵，厉承兆，2009．数控系统故障诊断与维修手册．北京：机械工业出版社．

汤煊琳，2009．工厂电气控制技术(项目式教材)．北京：北京理工大学出版社．

王爱玲，2006．数控机床加工工艺．北京：机械工业出版社．

王延才，屈保中，黄长春，2012．变频调速系统设计与应用．北京：机械工业出版社．

杨中力，2006．数控机床故障诊断与维修．大连：大连理工大学出版社．

于润伟，2010．机床电气系统检测与维修．北京：高等教育出版社．

周兰，常晓俊，2005．现代数控加工设备．北京：机械工业出版社．